总主编 伍 江 副总主编 雷星晖

林轶南 严国泰 著

线性文化景观的保护与发展研究

——基于景观性格理论

Research on the Conservation and Development of Linear Cultural Landscape

内 容 提 要

本书以线性文化景观为研究对象，从概念出发，引入类型学方法进行分类，再引入景观性格理论进一步对其景观性格进行归纳，最终提出具有针对性的保护及发展策略。最后以闽江福建州段为例，研究其作为线性文化景观的总体类型和价值，采用景观性格理论对其资源进行分类和评价，并提出了相应的保护和发展策略。

本书可供历史文化景观保护方向的高校师生、研究人员以及相关从业者参考使用。

图书在版编目(CIP)数据

线性文化景观的保护与发展研究：基于景观性格理论／林铁南，严国泰著．—上海：同济大学出版社，2017.8
(同济博士论丛／伍江总主编)
ISBN 978－7－5608－6924－7

Ⅰ．①线…　Ⅱ．①林…②严…　Ⅲ．①景观设计—研究　Ⅳ．①TU983

中国版本图书馆CIP数据核字(2017)第090159号

线性文化景观的保护与发展研究
——基于景观性格理论
林铁南　严国泰　著
出 品 人　华春荣　　责任编辑　熊磊丽　　助理编辑　朱笑黎
责任校对　徐春莲　　封面设计　陈益平

出版发行　同济大学出版社　　www.tongjipress.com.cn
(地址：上海市四平路1239号　邮编：200092　电话：021－65985622)
经　　销　全国各地新华书店
排版制作　南京展望文化发展有限公司
印　　刷　浙江广育爱多印务有限公司
开　　本　787 mm×1092 mm　1/16
印　　张　17.5
字　　数　350 000
版　　次　2017年8月第1版　2017年8月第1次印刷
书　　号　ISBN 978－7－5608－6924－7

定　　价　125.00元

"同济博士论丛"编写领导小组

组　　长：杨贤金　钟志华

副 组 长：伍　江　江　波

成　　员：方守恩　蔡达峰　马锦明　姜富明　吴志强
　　　　　徐建平　吕培明　顾祥林　雷星晖

办公室成员：李　兰　华春荣　段存广　姚建中

“同济博士论丛”编辑委员会

袁万城　莫天伟　夏四清　顾　明　顾祥林　钱梦騄
徐　政　徐　鉴　徐立鸿　徐亚伟　凌建明　高乃云
郭忠印　唐子来　阊耀保　黄一如　黄宏伟　黄茂松
戚正武　彭正龙　葛耀君　董德存　蒋昌俊　韩传峰
童小华　曾国荪　楼梦麟　路秉杰　蔡永洁　蔡克峰
薛　雷　霍佳震

秘书组成员： 谢永生　赵泽毓　熊磊丽　胡晗欣　卢元姗　蒋卓文

总序

在同济大学110周年华诞之际，喜闻“同济博士论丛”将正式出版发行，倍感欣慰。记得在100周年校庆时，我曾以《百年同济，大学对社会的承诺》为题作了演讲，如今看到付梓的“同济博士论丛”，我想这就是大学对社会承诺的一种体现。这110部学术著作不仅包含了同济大学近10年100多位优秀博士研究生的学术科研成果，也展现了同济大学围绕国家战略开展学科建设、发展自我特色，向建设世界一流大学的目标迈出的坚实步伐。

坐落于东海之滨的同济大学，历经110年历史风云，承古续今、汇聚东西，秉持“与祖国同行、以科教济世”的理念，发扬自强不息、追求卓越的精神，在复兴中华的征程中同舟共济、砥砺前行，谱写了一幅幅辉煌壮美的篇章。创校至今，同济大学培养了数十万工作在祖国各条战线上的人才，包括人们常提到的贝时璋、李国豪、裘法祖、吴孟超等一批著名教授。正是这些专家学者培养了一代又一代的博士研究生，薪火相传，将同济大学的科学研究和学科建设一步步推向高峰。

大学有其社会责任，她的社会责任就是融入国家的创新体系之中，成为国家创新战略的实践者。党的十八大以来，以习近平同志为核心的党中央高度重视科技创新，对实施创新驱动发展战略作出一系列重大决策部署。党的十八届五中全会把创新发展作为五大发展理念之首，强调创新是引领发展的第一动力，要求充分发挥科技创新在全面创新中的引领作用。要把创新驱动发展作为国家的优先战略，以科技创新为核心带动全面创新，以体制机制改革激发创新活力，以高效率的创新体系支撑高水平的创新型国家建设。作为人才培养和科技创新的重要平台，大学是国家创新体系的重要组成部分。同济大学理当围绕国家战略目标的实现，作出更大的贡献。

大学的根本任务是培养人才，同济大学走出了一条特色鲜明的道路。无论是本科教育、研究生教育，还是这些年摸索总结出的导师制、人才培养特区，“卓越人才培养”的做法取得了很好的成绩。聚焦创新驱动转型发展战略，同济大学推进科研管理体系改革和重大科研基地平台建设。以贯穿人才培养全过程的一流创新创业教育助力创新驱动发展战略，实现创新创业教育的全覆盖，培养具有一流创新力、组织力和行动力的卓越人才。“同济博士论丛”的出版不仅是对同济大学人才培养成果的集中展示，更将进一步推动同济大学围绕国家战略开展学科建设、发展自我特色、明确大学定位、培养创新人才。

面对新形势、新任务、新挑战，我们必须增强忧患意识，扎根中国大地，朝着建设世界一流大学的目标，深化改革，勠力前行！

万　钢

2017 年 5 月

论丛前言

承古续今，汇聚东西，百年同济秉持“与祖国同行、以科教济世”的理念，注重人才培养、科学研究、社会服务、文化传承创新和国际合作交流，自强不息，追求卓越。特别是近20年来，同济大学坚持把论文写在祖国的大地上，各学科都培养了一大批博士优秀人才，发表了数以千计的学术研究论文。这些论文不但反映了同济大学培养人才能力和学术研究的水平，而且也促进了学科的发展和国家的建设。多年来，我一直希望能有机会将我们同济大学的优秀博士论文集中整理，分类出版，让更多的读者获得分享。值此同济大学110周年校庆之际，在学校的支持下，“同济博士论丛”得以顺利出版。

“同济博士论丛”的出版组织工作启动于2016年9月，计划在同济大学110周年校庆之际出版110部同济大学的优秀博士论文。我们在数千篇博士论文中，聚焦于2005—2016年十多年间的优秀博士学位论文430余篇，经各院系征询，导师和博士积极响应并同意，遴选出近170篇，涵盖了同济的大部分学科：土木工程、城乡规划学(含建筑、风景园林)、海洋科学、交通运输工程、车辆工程、环境科学与工程、数学、材料工程、测绘科学与工程、机械工程、计算机科学与技术、医学、工程管理、哲学等。作为“同济博士论丛”出版工程的开端，在校庆之际首批集中出版110余部，其余也将陆续出版。

博士学位论文是反映博士研究生培养质量的重要方面。同济大学一直将立德树人作为根本任务，把培养高素质人才摆在首位，认真探索全面提高博士研究生质量的有效途径和机制。因此，“同济博士论丛”的出版集中展示同济大学博士研究生培养与科研成果，体现对同济大学学术文化的传承。

“同济博士论丛”作为重要的科研文献资源，系统、全面、具体地反映了同济大学各学科专业前沿领域的科研成果和发展状况。它的出版是扩大传播同济科研成果和学术影响力的重要途径。博士论文的研究对象中不少是“国家自然科学基金”等科研基金资助的项目，具有明确的创新性和学术性，具有极高的学术价值，对我国的经济、文化、社会发展具有一定的理论和实践指导意义。

“同济博士论丛”的出版，将会调动同济广大科研人员的积极性，促进多学科学术交流、加速人才的发掘和人才的成长，有助于提高同济在国内外的竞争力，为实现同济大学扎根中国大地，建设世界一流大学的目标愿景做好基础性工作。

虽然同济已经发展成为一所特色鲜明、具有国际影响力的综合性、研究型大学，但与世界一流大学之间仍然存在着一定差距。“同济博士论丛”所反映的学术水平需要不断提高，同时在很短的时间内编辑出版 110 余部著作，必然存在一些不足之处，恳请广大学者，特别是有关专家提出批评，为提高同济人才培养质量和同济的学科建设提供宝贵意见。

最后感谢研究生院、出版社以及各院系的协作与支持。希望“同济博士论丛”能持续出版，并借助新媒体以电子书、知识库等多种方式呈现，以期成为展现同济学术成果、服务社会的一个可持续的出版品牌。为继续扎根中国大地，培育卓越英才，建设世界一流大学服务。

伍　江

2017 年 5 月

前言

在已经登录的世界遗产文化景观中，线性文化景观占有相当大的比重。此类文化景观既具有线性遗产的特征，又遵循文化景观的认识论，分散的遗产点通过河流、道路等有形线性形态连接，共同呈现出遗产地在时间和空间维度上的发展历程，是人类文明的宝贵财富。我国拥有丰富的线性文化景观，但相关研究很少，对线性文化景观概念的认识也存在误区。

本书以线性文化景观为研究对象，从概念着手，厘清了线性文化景观与其他线性遗产的异同；研究筛选世界遗产中的线性文化景观，分析了它们的提名标准和反映的价值取向，提出交流性、见证性、传统的土地利用方式和精神关联性是最受重视的四种特征。通过引入类型学方法，采用功能性—概念性并重的分类方式，研究进一步将线性文化景观分为谷地聚落、历史道路、历史边界、人工水道四种主要类型，并通过对国内外案例的比较，对线性文化景观形成的原因进行了分析，指出线性文化景观是多种驱动力共同作用的结果。

在对线性文化景观进行类型划分的基础上，研究引入了景观性格理论，通过景观性格评估体系，在不同尺度下对四种线性文化景观的景观性格进行提取和分类，归纳了它们的景观要素、景观要素之间的组合关系、景观特征和景观性格。

基于景观性格理论，本书进一步讨论了线性文化景观的保护方式和发展策略。景观性格评估体系可以作为评价线性文化景观"突出普遍价值"的一种方法;该体系为“真实性”和“完整性”的评价提供了具有系统性、层次性的工具。

基于对景观要素、景观特征、景观性格“真实性”和“完整性”检验侧重点的理解,研究对四种线性文化景观的保护方式进行了研究,将保护对象归纳为关键要素、“狭长线状区域”与要素的组合关系以及它们呈现的特征几个部分,并归纳了保护的重点;基于对四种线性文化景观的景观性格的理解,研究分别提出了有针对性的发展策略。

本书以闽江福州段为例,研究其作为线性文化景观的总体类型和价值,采用景观性格理论对其资源进行了分类和评价,并提出了相应的保护和发展策略。

目 录

第1章 绪论

1.1 研究涉及的名词解释

1.1.1 文化景观

“文化景观”(Cultural Landscape)是一个舶来的概念。从各学科对其概念的论述来看,其基本含义是:人类活动作用在自然区域而形成的景观。在这个共识的基础上,学者们衍生出一系列有针对性的解读,但都没有脱离“人与自然相互关系”的认识框架。

人文地理学将一切文化作用于自然的结果都识别为文化景观,即广义的文化景观。遗产领域则将那些突出、直接反映人与自然关系的区域识别为文化景观,即狭义的文化景观。还有一些学者将人作用的一切结果都视为文化景观,例如一座建筑、一个地区的某种活动、某个民族的服饰、装饰,甚至是某些文学作品,这是泛化的文化景观[1]。

世界遗产领域对文化景观的定义是“人与自然的共同作品,反映了人类社会和聚落在自然环境、社会进化、经济和文化力量驱动等限制条件或发展机会影响下的演变过程”①。世界遗产文化景观需要能够反映出“突出普遍价值”(Outstanding Universal Value,一般简称为OUV),相比人文地理学的观点,是一种狭义的文化景观。

---

① 原文为:Cultural landscapes are cultural properties and represent the “combined works of nature and of man” designated in Article 1 of the Convention. They are illustrative of the evolution of human society and settlement over time, under the influence of the physical constraints and/or opportunities presented by their natural environment and of successive social, economic and cultural forces, both external and internal. (OG, Annex 3, Para 47)

本书讨论的"文化景观",关注的是那些能够突出、直接反映人与自然关系的区域,也属于狭义的文化景观。

1.1.2 线性

本书使用的"线性"对应英语中的"linear"。

国内的绝大多数文献资料都将线性译作"linear",但准确地说,"linear"只适合那些具有物质上连续性的遗产地。常与其产生混淆的是系列(serial),关于这两个概念,ICOMOS 特别进行了解释①:

> 线性(linear)——为一项连续的遗产。
>
> 系列(serial)——由群落遗址组成、可不具连续性的遗产。

对于具有线性形态的遗产地来说,线性形态是一种客观存在,无论人们是否从线性的角度来识别它,该遗产地在物质上都是"线性的"。而系列遗产带有"人工将原本不具有连续形态的遗产地连接在一起"的含义,是跨越空间或时间维度的认识论的体现。遵循这个逻辑,线性遗产可以是系列遗产的一部分,反过来则不成立。

1.1.3 线性文化景观

线性文化景观(Linear Cultural Landscape)即呈线性形态的文化景观,其核心往往是河流、道路、山谷、岸线等自然或人工的狭长的线性区域,以及由这些线性区域串联的一系列聚落和其他人类活动的遗址。

遵循遗产领域文化景观的认识论,本书研究的线性文化景观具有如下特点:

(1) 核心的狭长线性区域应具有明显且连续的物质形态(physical form)

线性文化景观事实上是一种物质文化遗产,因此带有非物质性的路线,如抽象的"丝绸之路",不能被认为是线性文化景观;但曾作为"丝绸之路"一段的、连续且完整的历史道路,以及沿线的聚落遗迹,则可被认为是线性文化景观。

(2) 核心的狭长线性区域在整个文化景观形成的过程中扮演了重要作用

---

① 原文为:"As such, a proper inventory of the structures and settlements along the route seems essential to establish the nature of the route and the most appropriate way of inscription, being linear (one continuing property), serial (a property consisting of clusters of sites, which can be discontinue), or mixed." (UNESCO Mission to The Chinese Silk road as World Cultural Heritage Route, P11)

例如以河流为核心的线性文化景观,河流为沿线的聚落提供了水源、耕地和便利的交通,整个文化景观的形成与河流的存在息息相关。

(3) 线性文化景观整体应反映出单一且明确的特征

线性文化景观的各个组成部分一般具有同质性,因此线性文化景观整体能反映出单一且明确的特征,例如法国的"卢瓦尔河谷",其特征大体是"河谷+城堡+葡萄田";以色列的"内盖夫的沙漠城镇",其特征大体是"沙漠+灌溉系统+商路"。这些特征也正是线性文化景观的价值之所在。

综上所述,研究将涉及的线性文化景观定义为:人类与自然共同创造并留存至今,能够真实而完整地反映出人类社会发展和聚居演化,且具有明显而连续的物质线性形态的区域性遗产。

1.1.4 文化线路

文化线路(Cultural Route)是一种系列遗产(serial heritage)。

文化线路是略晚于"文化景观"出现的概念,在世界遗产的框架中被称为"遗产线路"(Heritage Routes),是一种巨尺度线性文化遗产。我国的大运河和丝绸之路(包括海上丝绸之路)都明确以"文化线路"作为申报类型。

文化线路的概念经文化线路科学委员会多次修订,最终在 2005 年以"遗产线路"的名义增列入《操作指南》。在《操作指南》中的定义为[①]:

> 遗产线路的概念是丰富多彩的,它提供了一种特殊构架,对相互理解、对待历史的多样态度与和平文化都将起到一定作用。遗产线路由各种有形的要素组成,这些要素的文化意义来自跨国界或跨地区的交流和多维对话,它们说明了在这条线路上运动在空间和时间上的交互作用。

文化线路是易与线性文化景观混淆的概念,隶属于国际古迹遗址理事会的文化线路科学委员会(ICOMOS - CIIC)在 2002 年和 2008 年先后发表《马德里共识》和《文化线路宪章》,辨析了文化线路和线性文化景观的区别。本书的第 3 章对此进行了比较详细的论述。

简单地说,相比线性文化景观,文化线路尺度更大,也更强调文明沟通与交

① 原文为:A heritage route is composed of tangible elements of which the cultural significance comes from exchanges and a multi-dimensional dialogue across countries or regions, and that illustrate the interaction of movement, along the route, in space and time. (OG, Annex 3, Para 23)

流中体现的非物质性；线性文化景观通常具有区域以下的尺度，强调连贯的物质性。文化线路通常包括更多的遗产类型，而线性文化景观则呈现相对单一且明确的特征。

1.1.5 景观性格

与建筑、构筑物不同，除了人为设计的园林，大多数文化景观并不具有清晰的边界和精确的尺寸，也很难归类为某一种风格；但是文化景观又能给予人独特的感觉。这种独特的、可识别的、统一的格局，称为“景观性格”（Landscape Character）①。

景观性格没有优劣之分，只是表示某一个区域的景观有别于另一个区域的景观。如图 1－1 所示，在传统的景观资源认识论中，通常认为左侧的牧场比右侧的牧场要“差”；景观性格的资源认识论则认为，它们只是具有不同的“性格”。

图 1－1　两片具有不同景观性格的牧场（来源：Historic Landscape Characterisation Report of Buckinghamshire）

景观性格理论还包括几个重要的概念，这些概念将在研究中得到反复使用，列举如下[2]：

（1）景观要素（Landscape Elements）——构成景观的个体，例如景观中的树木、绿篱、建筑等。如图 1－1 中的景观要素包括植被、栅栏、丘陵等。

---

① Landscape Character 有多种译法。香港译作“景观特色”；李华东等认为应译作“景观特征”；韩锋等认为应译作“景观性格”。为了与 Landscape Character 理论中的“特征”（Characteristics）有所区别，本书采用“景观性格”译法，下文所用到的“景观性格”含义均等同于 Landscape Character，此注。

(2) 景观格局(Landscape Patterns)——各种景观要素在空间上的排列和组合模式。如图 1-1 的景观格局由均匀分布的牧场、绵延的丘陵和规律间隔的栅栏组成。

(3) 景观特征(Landscape Characteristics)——在一个区域的景观性格的形成过程中起到突出作用的景观要素或景观要素的组合。如图 1-1 中的景观特征包括连续的白色栅栏、一片退化的牧场和一片未退化的牧场。

(4) 景观性格(Landscape Character)——一种独特的、可识别的、统一的、由景观要素组成的景观格局。景观性格将一片区域与另一片区域区分开来,但并不评价它们谁“更好”或“更坏”。

1.2 研究背景

1.2.1 文化景观遗产增加与文化景观认识的缺失

2013 年 6 月 22 日,在柬埔寨金边召开的第 37 届世界遗产大会上,中国的“红河哈尼梯田文化景观”顺利通过审议表决,入选《世界遗产名录》。这是中国第 45 处世界遗产,同时也是第 4 个世界遗产文化景观。

作为 1992 年就正式设立的世界遗产类型,文化景观(Cultural Landscape)在中国的发展走过了漫长的道路。1996 年 12 月 6 日,庐山成为中国的第一处世界遗产文化景观;时隔十三年,五台山也在 2009 年登录世界遗产。遗憾的是,这两处遗产地最初都以混合遗产(即“自然和文化双遗产”)申报,只是在专家的建议下才改以“文化景观”登录。这种奇特的现象,一方面反映了中国对世界遗产的渴望,另一方面也反映了对文化景观概念的不了解。

2011 年杭州西湖的申遗成功打破了这个怪圈:这是中国第一处在初始阶段就以“文化景观”申报的遗产地。长久以来围绕西湖形成的城市历史景观(Historic Urban Landscape)被妥善而完整地保留下来,与自然和谐共生的人地关系成为遗产的核心。

红河哈尼梯田文化景观的登录,使中国成为世界遗产数量位居第二、世界遗产文化景观数量位居第三的国家[①]。与此同时,在国家文物局发布的《中国世界文

---

① 截至 2013 年,中国拥有 45 处世界遗产,仅次于意大利(49 处);中国拥有 4 处世界遗产文化景观,次于意大利(6 处)、法国(5 处),与英国相同。

化遗产预备名单》中，至少还有 6 处准备以文化景观类型申报世遗的遗产地①。

然而，在欣喜于中国世界遗产文化景观数量和类型增加的同时，也应当注意到，无论是学界、政府或是公众，对于文化景观的认识仍然处于懵懂的状态。五台山曾经在官方出版物中这样描述世界遗产的分类②：

(1) 自然与文化遗产(混合遗产)；
(2) 自然遗产；
(3) 文化遗产；
(4) 文化景观(略低于文化遗产)。

实际上，“文化景观”是“文化遗产”的一个子类，并不存在“高低之分”。不仅五台山如此，同属世界遗产文化景观的庐山，直到 2011 年才在联合国教科文组织的帮助下，第一次拥有一份完整解读其作为文化景观世界遗产价值的报告书[3]。福勒(P. J. Fowler)在《世界遗产文化景观 1992—2002》十年回顾报告中曾经挑选中国的 9 处世界遗产，指出这些遗产均符合文化景观的标准，却无一以文化景观类型申报[4]。究其原因，福勒所诟病的“管理问题”还是其次，对文化景观的认识和价值评判存在误区才是首要的问题。

国内对文化景观的研究开展较晚。2009 年五台山登录世界遗产、2010 年文化景观又被定为“中国文化遗产保护无锡论坛”的主题，学界对文化景观的关注才有了大幅提高，并在杭州西湖申遗成功后达到了顶峰。这一点从文化景观研究的文献数量分布上可见一斑(图 1-2)。

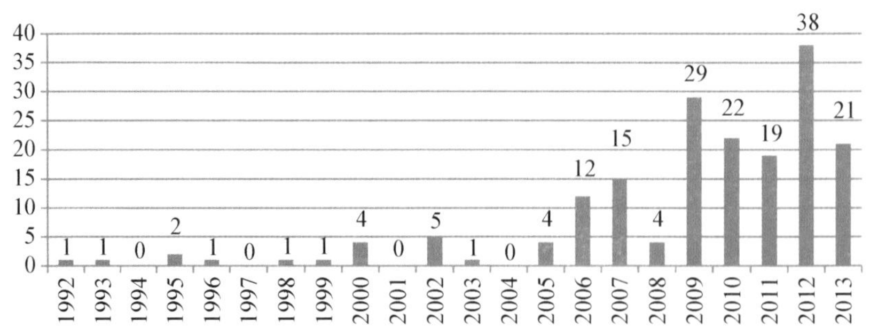

图 1-2　国内对文化景观进行研究的论文数量统计(1992—2013，据中国知网)

① 见附录。
② 《山西五台山申报世界自然与文化双遗产宣传册·世界遗产基本知识·世界遗产的分类》，P3.

1.2.2 线性遗产研究的开展与线性文化景观研究的缺失

在对文化景观展开研究的同时，国内学界也注意到线性文化遗产的重要性。线性文化遗产是指在拥有特殊文化资源集合的线形或带状区域内的物质和非物质的文化遗产族群。从形成的原因来看，线性文化遗产往往是出于人类的特定目的而产生，是历史上人类活动的移动、物质和非物质文化的交流互动等的结果[5]；从遗产的价值来看，线性文化遗产将看似独立的遗产点联系在一起，能反映出遗产在时间、空间的维度上的发展历程。

对线性文化遗产的重视，一方面是由于遗产理论的发展，更多的研究者将目光从孤立的遗产点转移到线状、网状的遗产地上；另一方面，世遗委员会在《实施〈保护世界文化与自然遗产公约〉的操作指南》①中为文化遗产增加了遗产线路(Heritage Routes，即文化线路)、遗产运河(Heritage Canals)等特殊的遗产类型，与中国的丝绸之路、茶马古道、大运河等巨尺度线性文化遗产能够匹配，也促使学界对这些遗产类型的内涵展开研究。

线性文化景观是具有线性形态的文化景观，既遵循文化景观的认识论和价值观，又有线性文化遗产的特点和属性，是文化景观和线性文化遗产两方面研究同步推进的产物。西方国家对线性文化景观的研究已经有一定的成果，从最初将其与文化线路混为一谈，进而通过尺度和特征的区别将其剥离，再到形成一定的管理方法(如美国的遗产廊道)。而在国内，对线性文化景观价值的研究很少，在认识论和保护方式上还存在明显不足。

1. 对线性文化景观概念的认识不足

由于尺度、主体和语境不同，线性文化遗产形成了数个不同的概念，如文化线路(Cultural Routes)、遗产运河(Heritage Canals)、遗产廊道(Heritage Corridor)、线性文化景观(Linear Cultural Landscape)等。这些概念既存在差异，又具有共同点，甚至一处遗产地能够同时兼容几种概念，因此学界在研究时往往出现相互混淆的情况，需要在概念上进行明确的辨析。

---

① 《实施〈保护世界文化与自然遗产公约〉的操作指南》(*Operational Guidelines for the Implementation of the World Heritage Convention*)是世界遗产委员会发布的用于指导各缔约国保护世界遗产的导则性文件，简称为“操作指南”或“OG”。如无特别标明，论文中对《操作指南》的引用均来源于2013年最新修订的英文版，下同。

2. 对线性文化景观的资源及其价值的认识不足

文化景观的资源本来就具有复杂性，而线性文化景观的资源不仅需要从文化景观的认识论入手，还需要考虑其作为线性文化遗产的特殊属性；线性文化景观的整体价值不仅是每个遗产点价值的叠加，还包括遗产点与遗产点之间、遗产点与线性形态之间的联系价值；而作为文化景观灵魂的人地关系也不能被忽略。

3. 缺乏对线性文化景观保护方式的研究

对线性文化景观资源和价值认识的不到位，直接导致保护方式的缺位。最常见的情况是将文化线路的保护方式套用到线性文化景观上，而作为巨尺度的线性文化遗产，文化线路更关注遗产点对整体的突出见证性，这也意味着许多对于本地尺度极富意义的遗产无法被纳入保护。线性文化景观需要建立一套有别于巨尺度线性文化遗产的保护方式，不仅能够保证其作为文化景观价值的存续，同时也保证其作为线性文化遗产、见证文明沟通与交流作用的延续。

1.2.3 线性文化景观广泛分布但面临危机

从对世界遗产文化景观进行的统计来看，线性文化景观占到文化景观总量的约 1/3，具有相当大的比重。相应的，尽管在文化景观认识方面存在缺失，但线性文化景观在中国的广泛分布是一个不争的事实，例如被作为文化线路进行研究的大运河、丝绸之路、茶马古道等，它们包含的大量段落都可被视为典型的线性文化景观。

遗憾的是，尽管中国拥有丰富的线性文化景观，由于多方面原因，线性文化景观普遍面临着危机。

1. 与文化线路相比，线性文化景观缺乏话语权

近年来对巨尺度线性文化遗产（尤其是文化线路）的研究汗牛充栋，一个重要的原因是申遗的数量限制。由于《凯恩斯决议》（*Cairns Decision*）规定一个国家一年只能提交 2 项世界遗产，其中还必须包括一处自然遗产，为了突破这一限制，中国更倾向于采用具有打包性质的“文化线路”，以使尽量多的遗产地跻身世界遗产之列。在这种情况下，线性文化景观很可能被视为“遗产点”，而不是独立的文化景观；例如根据“大运河（扬州段）遗产保护规划”，瘦西湖就被作为大运河的遗产点之一。尽管《马德里共识》明确指出，文化线路与线性文化景观并不冲突，文化景观仍然可以申报，但在实际操作中的可能性很小。更重要的是，文化

线路的保护框架具有纲要性，当保护工作落实到本地，由于缺乏对线性文化景观保护方式的研究，线性文化景观很难得到妥善的保护。

2. 对遗产代表性的片面追求导致线性文化景观走向破碎

与尺度更大的线性文化遗产不同，组成线性文化景观的遗产点一般具有同质性，可以归纳出单一且明确的特征，例如“河谷＋城堡＋葡萄田”之于卢瓦尔河谷、“沙漠＋灌溉系统＋商路”之于内盖夫的沙漠城镇。而在宏观视角下，每一片具有单一特征的区域仅仅需要挑选出最具代表性的遗产点，其他“价值低”的遗产点则遭到忽略，而这些“价值不同”的遗产点组成的线性文化景观对于本地有重要的意义。例如“海上丝绸之路”在福州有多段线性文化景观遗存，但最终申报的仅有 6 处文物点，其中甚至只有怀安窑址 1 处具有一定的区域属性。这种申报方式割裂了遗产与本地的关系，令线性文化景观走向破碎。

3. 缺乏公众参与和沟通协调机制导致线性文化景观走向衰亡

无论是从世界遗产的角度，还是从中国现有潜在的线性文化景观来看，大多数线性文化景观都处于比较偏僻的地区，一些甚至已经成为历史遗迹。相比建筑单体或园林，线性文化景观具有较大尺度，往往跨越不同的行政区划。区位和尺度的先天限制，线性文化景观的资源调查、保护和管理工作的开展带来极大挑战。对于线性文化景观，西方国家普遍采用政府引导、民间组织广泛参与的方式进行管理，而我国缺乏公众参与基础，区域之间的沟通协调机制也尚处在摸索阶段，管理部门无力对线性文化景观持续进行监控，各种违规违法的建设行为此消彼长。例如作为大运河一部分的“高邮运河故道”，其沿线就曾实施房地产项目，所幸因市民举报才得以停工①。这些不利因素，令线性文化景观逐渐走向衰亡。

1.3 研究方法

1.3.1 研究的两个视角

考虑到线性文化景观的由来和国际上的发展动向，研究确定了两个视角：

---

① 见 2013 年 9 月 23 日《扬州晚报》A04 版《保护运河："两个服从"成扬州铁律》。

（1）案例实证与比较研究相结合的视角

文化景观是在西方诞生的概念，在亚洲尤其是中国的运用往往引起质疑[6]。要研究线性文化景观，无论是依照文化景观的认识论“削足适履”，还是选取自身的资源“量体裁衣”，甚至以中国的类型寻求更普遍的认可[7]，首先都必须了解西方国家的类似案例，从中汲取经验，再在国内寻找具有潜力、能够匹配的遗产地。

（2）归纳原型的类型学视角

从杜兰（Durand）的古典类型学，到柯布西耶的“范型”，再到威尼斯学派的当代类型学，类型学经历了几百年的研究。罗西（Aldo Rossi）将类型学引入到建筑和城市，以归纳“模式-类型-模型”的步骤提取具有普遍性的简单形式（即原型 prototype），深刻影响了后世。相应的，线性文化景观纷繁复杂的表象也能够归结为几个普遍原型，研究将类型学应用于线性文化景观的分析，重点分析其形成原因、表现形态和景观资源的构成。

研究将在论文的数个部分采用类型学视角，包括对线性文化景观总体类型“原型”的归纳、对线性文化景观资源的分类等。需要指出的是，研究采用的景观性格理论，本质上也是一种归纳原型的类型学方法。

1.3.2 研究的具体方法

线性文化景观的研究属于多学科交叉的学术范畴，因此需要采用综合的研究方法，涵盖生态学、人文地理学、社会学、景观学、城市规划等学科的内容。具体方法如下：

（1）文献研究

主要包括对国际宪章、文件、相关书籍、学术期刊和网络资源的搜集整理。通过文献分析，掌握该课题最新的研究现状，同时探寻可资借鉴的经验与方法。

（2）实地调研

在论文研究期间，笔者对国内外多处线性文化景观进行了实地调研，对部分原住民、利益相关者、规划编制人员和管理人员进行了访谈。实地调研为研究提供了直观的第一手资料，相关人员的反馈也真实反映出线性文化景观研究的缺陷和保护存在的问题。

（3）规划实践

在论文撰写过程中，笔者先后参加大运河山东台儿庄段、山西广武雁门关长城、四川苍溪云台山、福建福州烟台山历史风貌区等项目的保护规划和旅游规划实践，这些遗产地有些既属于巨尺度线性文化遗产（如大运河、蜀道、海上丝绸之路），又包含着线性文化景观（如大运河台儿庄段、长城广武段、闽江福州段）。一系列规划实践为论文积累了素材，也为研究提供了反思的依据。

1.4 研究内容与框架

1.4.1 研究内容

本书的研究内容总体上分为四个部分。

（1）基础理论研究

研究线性文化景观的学科、时代、实践和理论背景，包括线性文化景观概念的出现和演变过程、与文化线路等巨尺度线性文化遗产概念的异同等；对涉及文化景观的重要的历史宪章和宣言进行解读，明确文化景观的价值观来源；对国内外线性文化景观相关的理论成果、保护方法进行回顾和总结，确定论文的研究方向和需要解决的问题。

（2）线性文化景观的总体类型研究

文化景观的概念首先出现在西方国家，因此研究首先选取最具代表性的、已登录《世界遗产名录》的线性文化景观为研究对象，研究它们登录的提名标准，归纳世界遗产框架下线性文化景观价值的取向。通过引入类型学，研究分析线性文化景观产生的背景，归纳普遍的原型，并研究线性文化景观形成的原因。

（3）线性文化景观的景观性格研究

引入景观性格（Landscape Character）理论，对不同类型的线性文化景观进行景观要素分类、景观特征提取和景观性格归纳。

（4）线性文化景观的保护方式和发展策略研究

将线性文化景观的景观性格分类与遗产的“真实性”、“完整性”结合，分析线性文化景观的保护对象、保护范围和保护的侧重点，提出保护方式；在此基础上进一步研究线性文化景观的发展策略。

1.4.2 研究框架

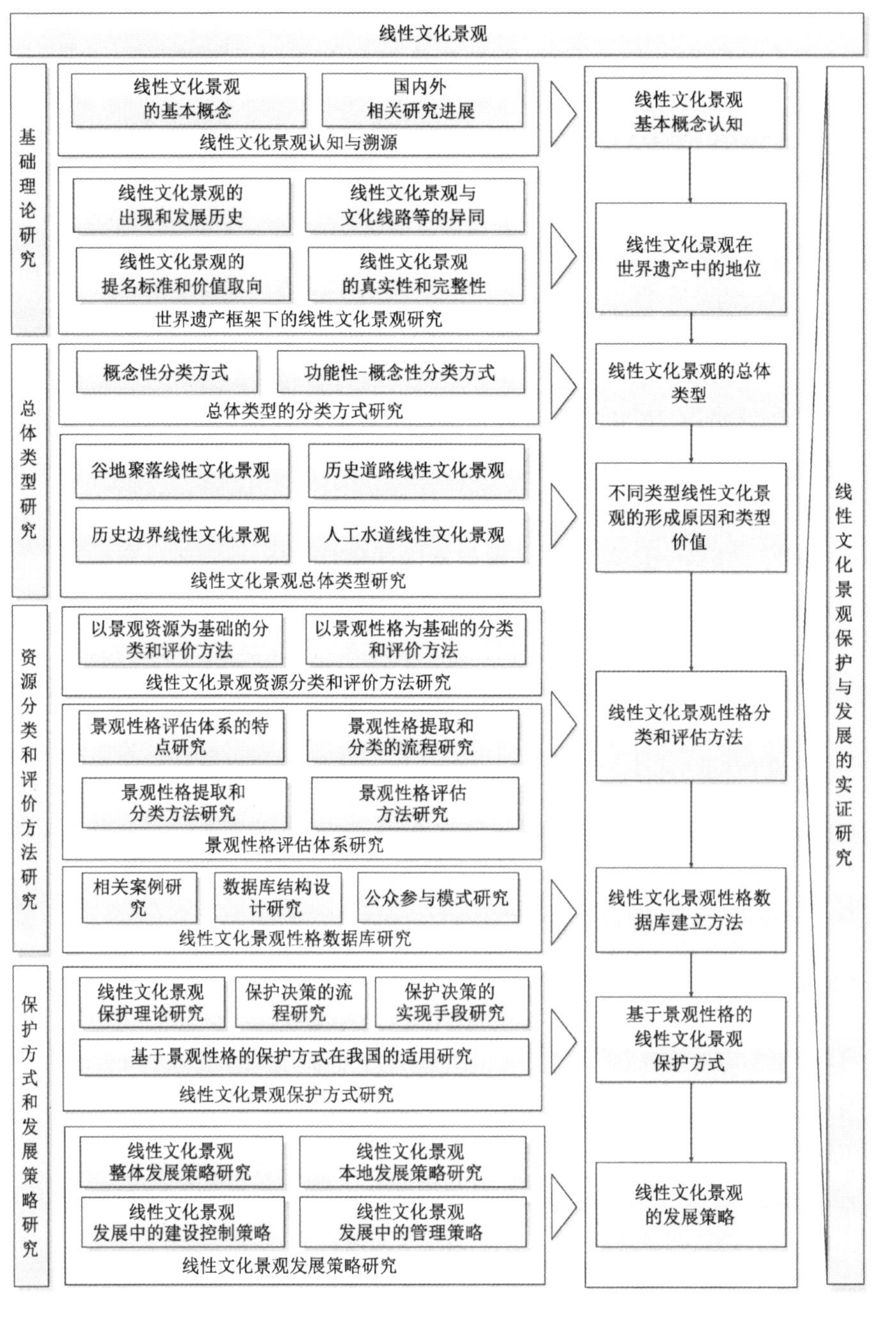

图 1－3　本书研究框架

1.5 研究意义

本书从文化景观和线性文化遗产两方面切入，对线性文化景观的成因、资源和保护方式进行了较为系统的研究。研究具有理论和应用的双重意义。

1.5.1 理论意义

（1）为文化景观保护理论的研究拓展新的领域

随着杭州西湖和云南红河哈尼梯田的登录，国内对文化景观的研究越来越多，但对文化景观的价值认识和保护方式的研究还比较少；对见证着沟通与交流的线性文化景观的研究更是凤毛麟角。论文从概念、类型、资源和方法四个方面对线性文化景观进行解读，提供从价值认知到保护策略的理论框架，拓展了文化景观保护理论研究的领域。

（2）为文化线路中包含的线性文化景观的保护和发展提供参考

随着大运河、丝绸之路等申遗工作的快速推进，国内对于巨尺度线性文化遗产的关注度越来越高，以文化线路类型申报大运河和丝绸之路也逐渐成为学界的共识。文化线路尺度巨大，在申报时不可能将涉及的每一个遗产点都纳入保护范围，只能遴选其中最具代表性的部分，这就造成其中一些具有线性文化景观属性的段落被概括为几个遗产点；同时，作为国家甚至更大尺度的文化线路，其保护工作不可能像传统的文化遗产那样由某一个机构进行操作，只能通过本地的政府和保护机构来实施。这也意味着，如果要对其中一段线性文化景观进行保护，就需要有更具针对性、更具体的保护理论的支撑。

（3）为解读更复杂的、网状的文化景观奠定基础

从理论的角度，线性文化景观是在物质上具有线性形态的文化景观。但在现实中，河流、山脊这些明显具有线性形态的自然地物往往有极多的分支，即它们不仅仅应被视为多处具有线性形态的文化景观，更应当被视为一组线性文化景观的集合，或可认为它们是具有网状属性的文化景观。这种类型的文化景观比单纯的线性文化景观更加复杂，而对线性文化景观进行的研究则为解读网状的文化景观奠定了基础。

1.5.2 应用意义

（1）为保护和管理规划的编制提供借鉴

从管理机构的角度，线性文化景观的保护仍然有赖于规划的编制。由于线性文化景观的资源具有复杂性，如何从文化景观的角度切入、准确而全面地认识遗产资源的价值，并提出有针对性的保护策略，是摆在规划编制人员面前的首要问题。本书试图提出一套适合线性文化景观的资源分类评估方式，并以之为基础建立保护框架，能够为未来线性文化景观保护和管理规划的编制提供借鉴。

（2）为公众参与线性文化景观保护和发展提供经验

线性文化景观尺度大、内容复杂，从资源调查到管理监督的每一个步骤都充满了动态性；同时，原住民与土地密切的人地关系也是线性文化景观最重视的因素之一，因此只有通过广泛的公众参与才能真正实现其保护与发展。在对“海上丝绸之路”福州史迹及闽江福州段沿线的城镇与村落进行研究的过程中，笔者建立了基于 ArcGIS 的“闽江福州段 GIS 数据库”，创办了完全向公众开放的 WIKI 网站“福州老建筑百科”，自行开发了 WebGIS 系统“地图上的福州老建筑百科”，并参与创办了本地的志愿者组织“福州老建筑群”，在两年的运行过程中，志愿者广泛参与了闽江沿线城镇与村落景观资源的建档，直接影响了数个保护规划的编制过程，并配合媒体对规划的实施和后期管理进行了监督。本书试图从实践中归纳出一些有益的经验，有助于国内其他地区的线性文化景观保护中的公众参与。

第2章 国内外相关研究进展

本章从几个方面对涉及线性文化景观及景观性格理论的研究成果进行了综述。综述分为四个部分：首先是对不同学科对文化景观研究的综述，主要包括人文地理学领域和遗产领域；研究回顾了文化景观概念在这两个领域的发展历史，阐述了它们对文化景观研究的基本出发点和重要结论，同时也对各方提出的保护文化景观的方式进行了归纳。其次是对线性文化遗产研究的综述，包括国内外学界对线性文化遗产概念的研究和辨析、对线性文化遗产资源分类、建档和评价方式的成果等。第三是对线性文化景观研究的综述，包括对线性文化景观的认识和保护方式的研究等。最后对研究采用的景观性格理论的相关进行了研究。

2.1 对文化景观的研究

2.1.1 人文地理学领域对文化景观的研究

文化景观是来源于地理学的概念。"文化景观"的首次提出是在德国地理学家拉采尔(F. Ratzel)的《人类地理学》书中，但当时多采用"历史景观"为表达方式[8]。拉采尔还第一次系统地提出了人地关系的理论，为后世对文化景观的研究奠定了基础[9]。在拉采尔之后，施吕特尔(Otto Schlüter)又在1906年提出"文化景观形态"的概念，试图将传统意义上的地理学定义为一门景观科学(landscape science)，并明确将景观划分为两种——原始景观和文化景观①，探究

① 原始景观(德文：Urlandschaft/英文：original landscape)，文化景观(德文：Kulturlandschaft/英文：cultural landscape)。

从原始景观转变为文化景观的过程[8]。地理学的研究内容也随即出现了分野：其一是因地质构造等自然运动形成的原始景观；其二是人类创造或改造自然所得的文化景观[10]。

美国学者索尔(C. O. Sauer)继承了施吕特尔的思想，提出："人类按照其文化的标准，对其天然环境中的自然和生物现象施加影响，并把它们改造成文化景观。"索尔进一步将非物质文化纳入文化地理学研究的范畴，并在此基础上创立了影响巨大的"文化景观学派。"[11]对文化景观起源和变迁的研究成为学者们关注的焦点。索尔的学生惠特尔西(D. S. Whittlesey)在新英格兰地区的实例研究中首创"相继占用"(sequent occupance)理论，提出文化景观的变化是一个阶段序列过程；道奇(S. D. Dodge)、汤姆斯(L. F. Thomas)、詹姆斯(P. E. James)和梅耶(A. H. Meyer)等对该概念进行了丰富和完善，成为后续研究重要的理论基础[12]。20 世纪末期，斯宾塞(J. E. Spencer)、霍华斯(R. J. Horvath)、乔丹(T. G. Jordan)、德伯里(H. J. de Blij)等分别从农业、文化、行为角度研究了文化景观；沃姆斯利(D. J. Walmsley)和刘易斯(G. J. Lewis)则将景观看作人们周围能见到的连续平面，它是人类利用环境的一种产物[13]。

中国在 1949 年后受苏联地理学派影响，以经济地理学取代了人文地理学，直到改革开放后才重新开始进行研究，起步较晚。近年来，由于文化景观形象地反映了各文化集团的特征[9]，逐渐成为国内学者研究的核心问题。李旭旦将人文地理学并列于自然地理和区域地理，并将文化景观阐述为"区域的文化特性常常表现为文化景观"[8]；董新认为文化景观是人文地理学的三大支柱之一[14]；顾朝林将区域差异、人地关系、景观、区位和区域综合研究并列为人文地理学的五个主要领域[15]；王恩涌系统阐述了文化景观研究的理论和方法[16]。

在国内人文地理学科对文化景观的研究中，聚落文化景观是较受关注的课题。金其铭[17]、谢凝高[18]等人在 20 世纪 80 年代就对聚落文化景观进行了一定的研究；吴必虎、肖笃宁、陆林、黄成林等人也相继发表了一系列研究成果[19]。王云才等人从传统地域文化景观的方面切入，研究了文化景观的空间特征、形成机理、图式语言等[20-22]。另一些研究则对文化景观进行了解构，例如许静波提出了文化景观的五个特性，即时代性、继承性、叠加性、区域性和民族性[23]。

在人文地理学对文化景观进行研究的早期，其关注尺度多在区域以上，例如索尔以美洲西南部、中美洲和加勒比海地区的农业生产方式为研究对象，试图寻找农业起源与传播的线索。近年来，随着人文地理学与考古学、人类学、生态学的交叉，其对文化景观的研究展现出多样性，也开始出现对本地、本地-区域尺度的关注，如对聚落的研究就是一例。

2.1.2　遗产领域对文化景观的研究

西方国家很早就在多种尺度上将文化景观视为一种遗产，并以类似保护区的方式对其进行保护[24]。罗文索①指出，这种对文化景观的珍视，是由于文化景观"总是被进化的自身不断替代，在层出不穷的消失和改变之下，我们只能通过执着缅怀那些残余的部分，来保持一点仪态"。[25] P. 霍华德（P. Howard）和 G. J. 阿什沃思（G. J. Ashworth）认为，文化景观是一个对欧洲具有特别意义的概念；其价值一方面在于审美上的吸引力，另一方面在于文化的见证性[26]。

人文地理学领域对文化景观的解读拓展了遗产领域的视野，被用来作为填补空白的有力武器，并迅速由理论渗透到遗产实践领域[27]。相比文化地理学领域，遗产领域对文化景观的研究要具体而微，更加重视多学科交叉。G. 阿尔平（G. Alpin）指出，文化景观的几种分类面向的是不同学科的侧重点；如考古学和历史学对于"化石景观"十分重要；面对"关联性景观"，人种学和人类学更加有用；而经济学以及对人类活动方式的研究则与"持续性景观"密切相关[24]。

文化景观被世界遗产接纳之后，西方学者对其展开了讨论。福勒（J. Fowler）在对世界遗产文化景观的十年回顾中解释了文化景观的提名标准[4]；S. 丹耶尔（S. Denyer）对世界遗产文化景观的真实性和完整性进行了探讨[28]；M. 罗斯勒（M. Rössler）回顾了文化景观纳入世遗以来的发展历程，通过一些例子阐述了文化景观的价值观[29]；阿尔平对世界遗产文化景观的意义进行了归纳，指出文化景观增强了对人类影响生境的理解、反映出对土地和自然资源的可持续利用，并使世人了解，没有哪一种文化、宗教或族群能够"垄断智慧"；它能令人类以更宽容的眼光审视与自己不同的文化[24]。这些研究增进了世界遗产文化景观概念的普及。

由于文化、观念乃至地理上的分异，每个国家对"什么是文化景观"的认识不同：即使在西方，也不是所有的国家都认同这个概念；在亚洲国家就更鲜为人知[30]。因此，一些学者致力于将文化景观的框架本地化，如 J. 卡罗瑟斯（J. Carruthers）讨论了文化景观概念在南非马蓬古布韦国家公园（Mapungubwe Naitonal Park）的应用[31]；赤川（N. Akagawa）等人研究了文化景观在亚太区域

① 大卫·罗文索（David Lowenthal，1923－　），英国人文地理学家，长期任教于伦敦大学学院（UCL）。其著作《过去是陌生的国度》（*The Past is a Foreign Country*）系人文地理学的必读书目之一。

应用的现状并提出了建议[32]，N. P. 埃尔万(N. P. Ellwand)等人则以日本八幡为例，对亚洲的有机进化景观进行了研究[33]。K. 泰勒(K. Taylor)亦先后数次撰文提出，在文化景观领域，亚太地区具有深厚的潜力，应寻求从国际经验到亚洲框架的转变[6, 34-35]。

西方国家在文化景观的资源评价、保护方式和发展策略方面已经积累了一定的研究成果。麦考利研究院(Macaulay Institute)对 20 世纪 70 年代以来的诸多针对景观的资源评价方式进行了综述，主要包括描述因子法(descriptive inventories)及偏好模型(preference models)两大类，又再细分为量化和非量化的许多方法。近年来，英美等国逐步放弃"择优量化"的评价方式，转而采用景观性格(Landscape Character，或译景观特征)作为评价的基本单元。英国的 C. 斯旺威克(C. Swanwick)等人对文化景观的特征评估进行了研究[36-37]，其创设的景观性格评估(LCA)体系已经在英国、澳大利亚、新西兰、香港等国家和地区得到实践；史蒂芬・里彭(Stephen Rippon)则采用历史景观性格评估(HLC)体系评价了场所精神与景观的联系[38]。

在文化景观遗产的保护方面，西方国家普遍将传统保护方法与 3S 等先进技术相结合，如 C. L. 奥格莱比(C. L. Ogleby)等人主导开发了针对乌卢鲁-卡塔曲塔国家公园的文化景观管理系统，收到了良好的效果[39]。M. 琼斯(M. Jones)等人还对文化景观的公众参与进行了研究[40]。文化景观的开发也是研究的重要方向，J. 维伯克(J. Verbeke)讨论了文化景观旅游化问题，并指出：文化景观的旅游化，有可能造成传统价值和地域凝聚力的失衡；作为一种重要的遗产资源，文化景观在开发的过程中必须注意管理，并严格监控其变化[41]。

在国内，韩锋 2007—2012 年的一系列文章梳理了文化景观的发展历程和研究热点，具有开创性意义[3, 6, 27, 30]；单霁翔介绍了文化景观从概念起源到成为遗产类型的过程[11, 42]；王毅通过对《操作指南》的分析，研究了文化景观的类型特征与评估标准[43]。总的来说，国内从世界遗产角度对文化景观进行的研究还比较少。

与国外的情况类似，国内的一些学者也讨论了文化景观与国内现状的匹配情况。如韩锋提出将文化景观的认识论应用于中国的风景名胜区[44]，并提出中国文化景观需要在空间、类型上进行深入的基础研究[45]。

在文化景观的资源评价方面，张祖群等人选取关中聚落为研究对象，提出构件中国传统聚落景观评价指标体系，尝试建立一种研究文化景观的定量模式[46]。杨晨采用 LCA 体系，对扬州瘦西湖的景观性格进行了研究和识别[47]；陈倩将 LCA 体系应用于中国的乡村景观评价[48]；林铁南将英国的 LCA 体系与国内风景名胜区的评价体系进行了比较[49]；李华东等人对英国的历史景观性格评估体系（HLC）进行了研究，归纳了其特点[50]。

国内对文化景观遗产保护方式和发展策略的研究比较零散。邬东璠研究了国内文化景观保护的现状，提出结合跨学科研究和新技术应用，对有物质载体的文化、非物质的文化以及自然三者进行综合的保护、修复和展示[51]。严国泰等人的研究指出，应建立文化景观遗产管理预警制度，在构建文化景观遗产利用的准入原则的基础上，通过技术预警系统，解决遗产资源开发建设过程中出现的问题，确保遗产可持续发展[52]。易红解析了文化景观遗产的内涵，针对中国各类别的文化景观提出基于地域的文化景观保护框架[53]。

2.1.3　与文化景观相关的国际宪章和宣言

作为世界遗产大家庭的一员，文化景观遵循已经颁布的一系列国际公约和宪章框架，如已为遗产学界熟悉的 1964 年《威尼斯宪章》、1981 年《佛罗伦萨宪章》、1987 年《华盛顿宪章》、2008 年《文化线路宪章》等。

学界对国际公约和宪章的研究汗牛充栋，各国自行发布的宪章和宣言也都以它们为基础，不再赘述。由于文化景观的特殊性，有一些国家采纳了 ICOMOS 提出的建议，发布了适合本国国情的宪章，如澳大利亚的《巴拉宪章》、中国的《中国文物古迹保护准则》等。此外，不同国家、地域、组织在历届会议中也提出许多宣言，它们未必完全针对文化景观，但文化景观的概念正是通过这些共识的滋养而慢慢走向完善的。

研究整理了涉及文化景观的、较为重要的、国家级别的宪章和组织宣言，试图以序列的方式寻找它们之间的关系，并从中抽象出文化景观的一些重要的价值取向：场所精神、人地关系、孕育景观的传统等。

1. “地方”概念的介入——从《巴拉宪章》到《中国文物古迹保护准则》

《巴拉宪章》（*The Burra Charter*）是澳大利亚在《威尼斯宪章》的基础上通过的一份适合本国情况的宪章，1979 年签署于采矿城市巴拉（Burra）。《巴拉宪章》提出了一整套遗产保护的原则和纲领，其特点是不仅仅针对建筑或构筑物，对遗址、花园乃至历史城区的保护都适用。

在《巴拉宪章》发布之时，“文化景观”尚未成为具有广泛共识的遗产类型，但《宪章》已经有预见性地采用了“地方”（Place）概念来概括遗产区域的一切物质和非物质遗产，同时以“构件”（Fabric）概念来表示遗产区域的物质遗产。在这两个概念以外，《宪章》还引入“文化意义”（Cultural Significance，也译作“文化重要性”），代表历史、美学、科学、社会或精神价值①。具有“文化意义”的“构件”就成为“地方”。更重要的是，“地方”并不完全等于“文化遗产”：黄明玉即指出，“地方”是处于流变之中而非稳固存在的概念，以“地方”概念来诠释遗产，不但能突破过去的古迹遗址概念而将许多活态要素纳入其中，也有助于以遗产保护的形式促进不同族群之间的理解和其对国家的认同[54]。也就是说，“地方”能够包容传统遗产理论无法解释，而文化景观特别强调的“有机进化的景观”，突破文物工作过去的抢救与被动管理思维。

尽管发布时间相隔 21 年之久，《中国文物古迹保护准则》与《巴拉宪章》有着千丝万缕的联系。1998 年，由王世仁先生主笔的《中国文物古迹保护纲要》初稿成型，这是《中国文物古迹保护准则》的雏形；同年，我国即组织了 12 人的研讨班，前往澳大利亚了解《巴拉宪章》的应用及经验。从 1998 年至 2000 年，《准则》十易其稿，澳大利亚遗产委员会提供了大量帮助。叶扬研究了《准则》成型的过程，其中文件的整体结构、强调管理人员的作用、案例和修复导则的引入、遗产地与周围环境的关系等，都是在澳洲专家的建议下加入或完善的[55]。

值得一提的是，2009 年，正在筹备西湖申遗事项的杭州在修订《杭州西湖文化景观保护管理办法》时根据有关申遗专家的意见，将《奈良真实性文件》及《中国文物古迹保护准则》作为西湖文化景观保护的指导性文件②。尽管《中国文物古迹保护准则》并没有照搬《巴拉宪章》的“地方”概念，但从 2009 年至今杭州西湖区域文化景观的保护情况来看，《准则》发挥了应有的作用。

2. 文化景观的思想革命——《欧洲景观公约》

欧洲是“文化景观”概念的发源地。《欧洲景观公约》的源起，是 1995 年发表的《多布日什的欧洲环境评估》（*Europe's Environment — The Dobris Assessment*），该评估指出，应在整个欧洲的层面上对景观进行保护。1998 年，欧洲理事会部长委员会（the Committee of Ministers of the Council of Europe）开

---

① The Australia ICOMOS Charter for the Conservation of Places of Cultural Significance — (The Burra Charter), http://australia.icomos.org/wp-content/uploads/BURRA - CHARTER - 1999_charter-only.pdf

② 2009 年第 51 次市政府常务会议直播：“关于《杭州西湖文化景观保护管理办法（修订草案）》的说明”，http://www.hangzhou.gov.cn/main/all/51cwhy/cl1/T308802.shtml

始组织专家编制一份涵盖全欧的景观保护公约，由文化遗产委员会（CDPAT）和欧洲理事会生物和景观多样性策略专家委员会（CO - DBP）提供支持。2000 年 7 月 19 日，欧洲理事会通过了最终文本，并在 2000 年 10 月，在意大利佛罗伦萨的“欧洲：共同的遗产”（Europe, a common heritage）活动中，作为一个非强制性公约，开放给欧洲各国签署加入。

《公约》中的“景观”与世界遗产中的“文化景观”既有相同又有不同。费勒等学者认为，在欧洲，“文化景观”的概念是没有意义的——与美国不同，欧洲几乎所有的景观都受到了人类影响，几乎不存在所谓的“荒野地”——从这个角度上说，欧洲所有的景观都可以视为“文化景观”。因此，整个《公约》都没有使用“文化景观”这个专有名词。

《公约》的根本思想，是（欧洲）所有的景观都是重要的，且景观本身就是一个文化概念。列名在《世界遗产名录》中的文化景观，是从无数景观中甄选的具有普遍突出价值（OUV）、极具代表性的典型；而《欧洲景观公约》的保护范围更大（尽管往往不现实），一切长期以来形成的景观实际上都属于《公约》的保护范畴。

同时，《欧洲景观公约》是一个由利益相关者（stakeholders）和非政府组织（NGO）参与制订的公约；《公约》的“保护”更接近“更新”（regeneration）；《公约》鼓励在不造成景观特征退化①的前提下进行的活化和重塑景观的行为，并明确提出景观具有跨界性，即不应受到行政区划的限制。此外，水体和海洋也被纳入景观范畴（在过去，这些区域往往仅被认为是“自然遗产”）。

作为世界上较早的保护文化景观的实践行为，《欧洲景观公约》被誉为文化景观领域的一场思想革命[56]。

3. 场所精神的重要性——《金伯利宣言》《西安宣言》《魁北克宣言》

场所精神（the Spirit of Place）来源于古罗马的 genius loci 一词。挪威建筑学家诺伯舒兹（Christian Norberg-Schulz）在 1979 年将场所精神引入了建筑现象学研究，引起了学界的注意。他认为，一个地方有别于别处的关键是其空间（space）和特征（character），并具有自证性（identification）及方向性（oritentation）；具有自证性的地方，会带给人们在地感（at home），这就是场所精神。社会、政治、经济的变迁很难轻易改变一个地方的场所精神[57]。

① “景观性格评估”（Landscape character assessment）是在欧洲国家广泛采用的景观评价体系。退化（decrease）指在该体系下，令某处景观有别于其他景观的特征（character）正在消退。具体可见 7.5.2 小节的论述。

2003 年，ICOMOS 在南非通过的《金伯利宣言》(*The Kimberley Declaration*)承诺，将无形价值(包括记忆、信仰、传统知识、地方情感等)，以及在纪念物与遗产地的管理、保存上扮演前述价值守护角色的原住民社区，列入保护范围进行考虑。2005 年，ICOMOS 第 15 次大会通过《西安宣言》，在阐述"周边环境"时再次强调[①]：

> 周边环境不仅具有实体和视觉方面的含义，还包括与自然环境之间的相互关系，如所有过去和现在的人类社会和精神实践、习俗、传统的认知或活动、创造并形成了周边环境空间的其他形式的非物质文化遗产，以及当前活跃发展的文化、社会、经济氛围。

2008 年，南美 ICOMOS 的阿根廷、智利、巴西、墨西哥、巴拉圭五国共同提出《伊瓜苏宣言》(*Declaration of Foz do Iguaçu*)，阐明有形遗产与无形遗产对已创造和传承其文化与历史意义的原住民社区特征的保存不可或缺。

综合这些宣言和宪章的精神，通过广泛磋商，2008 年 10 月 ICOMOS 在加拿大魁北克发布《魁北克宣言》(*Quebec Declaration on the Preservation of the Spirit of Place*)。《宣言》重新思考了场所精神，指出诸如气候变化、过度的旅游开发、城市化进程等都在威胁着传统的场所精神，希望通过互动、沟通、公众参与，捍卫和传递场所精神。《魁北克宣言》同时也提出[②]：

> 鼓励采用各种非正式(如口述历史、仪式、表演等)及正式(如教育、建立档案数据库、网站等)的传播方式；鼓励年轻的一带原住民、与社区有关的各种组织团体尽量参与公共事务。

实际上，在 1972 年签订的《世界遗产公约》中就已经提及了无形文化遗产(非物质文化遗产)的内容；从《金伯利宣言》到《魁北克宣言》的序列也可以看出，世遗委员会和 ICOMOS 对于场所精神的重视并非一蹴而就，而是经过漫长的讨论和完善过程的。在诸多遗产类别中，文化景观最重视场所精神，因为场所精神是保持文化景观生命力的关键。同样的，在以上的宣言中指出的威胁场所精神

---

① 见《西安宣言》"目标"部分第 1 条。

② Quebec Declaration on the Preservation of the Spirit of Place, http://whc. unesco. org/document/116778

延续的诸多因素，也是文化景观面临的挑战的来源。

4. 村落文化景观的保护——《贵阳建议》

2008 年 10 月，在国家文物局和联合国教科文组织的支持下，贵州省文物局承办了“中国・贵州——村落文化景观保护与可持续利用国际学术研讨会”。研讨会上，前国家文物局局长单霁翔等人发言，提出村落文化景观包含了人类与自然环境之间交互作用的多种表现形式，不仅具有历史研究价值，更重要的是它对于人类的现在和未来所具有的深刻启示和指导意义[58]。会议结束后，来自 9 个国家和地区的 80 多位专家学者共同提出了《关于“村落文化景观保护与发展”的建议》(简称为《贵阳建议》)，试图找到一条适合中国国情、对世界有一定借鉴意义的村落文化景观保护之路。

《贵阳建议》提及的“村落文化景观”，较多对应于世界遗产文化景观中第(ii)类的“有机进化的景观”子类，这一点在《贵阳建议》的“共识”部分已经明确指出了：

> 村落文化景观是自然与人类长期相互作用的共同作品，是人类活动创造的并包括人类活动在内的文化景观的重要类型，体现了乡村社会及族群所拥有的多样的生存智慧，折射了人类和自然之间的内在联系，区别于人类有意设计的人工景观和鲜有人类改造印记的自然景观，是农业文明的结晶和见证。

在“建议”部分，《贵阳建议》提出：

> (1) 鉴于村落文化景观的性质和特征，我们倡导保护村落文化景观，应当注重保护村落赖以生存的田地、山林、川泽及其生态环境，保护村落的居住环境，保护村落文化记忆，保持村落发展的基础和动力，实现自然和文化、物质和非物质、历史和现时的整体保护。
>
> (2) 鉴于村落文化景观是长期历史发展过程中形成的，并仍然在继续发展和不断变化，我们倡导尊重村落文化景观的演变特性，延续村落的文化脉络，维护现代社会文化多样性。
>
> (3) 鉴于村落文化景观保护和发展的复杂性，我们倡导政府在政策导向、法律体系构建、技术保障与资金筹措、资源整合等方面给予支持和引导。

> 村民是村落文化景观的重要组成部分和保护的主要力量，重视村落发展诉求，维护村落文化景观发展途径的多样性。

我国的历史文化名镇(村)体系比较重视村落的物质遗产，尤其是历史建筑和建筑群。《贵阳建议》采用了文化景观的认识论，更重视形成村落物质遗产的根源——不仅在物质包括传统生产模式的载体(如田园、山林、川泽)，还在精神上包含了传统生产方式、村民的价值观等。更重要的是，《贵阳建议》强调原住民(村民)的重要性、强调社区参与是文化景观保护的必经之路、强调在现有基础上进行的营建应尊重村民的诉求。

《贵阳建议》既不是法定文件，也不是一个被公开承认的宪章，不具有强制性。尽管如此，它在文化景观(尤其是"有机进化的文化景观")的保护领域所做的探索仍具有积极的意义。

5. 人的价值和人与景观的联系——《遗产景观纳克托什宣言》《历史城市景观、乡村景观及其关联性遗产价值杭州宣言》《关于景观的佛罗伦萨宣言》

《遗产景观纳克托什宣言》(*Natchitoches Declaration on Heritage Landscapes*)由美国ICOMOS于2004年在路易斯安那的纳克托什提出。《宣言》明确提出，遗产景观具有复杂性，体现出多方面的价值；遗产景观的核心是尊重原住民和当地社区，其保护和管理需要多元的意见，尤其是利益攸关者的声音[①]。

《杭州宣言》是在参阅包括《巴拉宪章》、《遗产景观纳克托什宣言》、《关于景观的佛罗伦萨宣言》(非最终版本)的基础上达成的，背景是当年"杭州西湖文化景观"的申遗成功[②]。与五台山、庐山不同，杭州西湖是我国第一个从申报开始就以"文化景观"作为遗产类型的遗产地，对遗产地中"人"的价值和权利的强烈认同在《杭州宣言》中显著地表达出来：

> 无论是城市还是乡村景观——是所有人类活动的环境，是人类不可分割的反观写照，居住于此的人们必须得到认可，获得支持并赋予权力管理他

---

① Natchitoches Declaration on Heritage Landscapes, http://www.usicomos.org/natchitoches-declaration

② 《杭州宣言——关于城市历史景观、乡村景观及其关联性遗产价值》，http://www.chsla.org.cn/cn/tabs/showdetails.aspx?tabid=100028&iid=1142

们的景观；文化景观理念提倡人、社会结构以及景观之间的相互依存。

《杭州宣言》吸取了《巴拉宪章》的精神，以“区域”取代“历史中心”或“建筑群”的保护方式。《杭州宣言》指出，“历史城市景观”（Historic Urban Landscape）这种积淀了历史上多层次文化和自然价值的城市区域分类方式，超越了孤岛式的“历史中心”或“建筑群”保护方式；应将历史城市景观的保护融入城市的总体规划中；公众参与也是不可或缺的。

在人与景观的联系方面，《杭州宣言》关注了乡村文化景观[59]：

> 认识并保护持续性乡村景观，尤其是世界上最丰饶的粮食产地的景观遗产具有重要意义……必须全面研究和认知与社区的关联性、延续的传统作业、生态可持续性、景观的历史及审美重要性；遗产地城市和乡村景观环境具有重要意义，以整体的视野考量，这些景观环境正日益遭受不断变化的生态、社会和经济价值的干预。

《杭州宣言》在撰写时参考了尚未发表的《关于景观的佛罗伦萨宣言》，而《关于景观的佛罗伦萨宣言》的最终版本直到2012年9月、世界遗产公约签订40周年的UNESCO“景观的国际保护”会议后才发布。《宣言》指出，不可能仅仅保护景观而忽视了孕育景观的地方传统知识技能，如若缺失了地方传统性的继承，将会导致遗产缺乏恰当的利用；《宣言》同时也强调参与性和基于当地知识的自下而上的活动、社区在决策中的合理权力、对人权的尊重、确保社区的生计和保护自有资源、共同归属及信仰的权力等[60]。总的来说，《关于景观的佛罗伦萨宣言》重点在于人与景观的联系。

2.2　对线性文化遗产的研究

2.2.1　对文化线路的研究

作为一种针对巨尺度线性文化遗产的保护类型，文化线路并不是本书讨论的重点，但了解文化线路的研究成果对线性文化景观的研究有着重要意义。线性文化景观往往是文化线路的一个段落，是文化线路存在的物质实证；同时，文化线路是线性文化景观的发生器，活态的文化线路能持续地产生线性文化景观，而反之则不能[61]。

“文化线路”概念的源头可追溯到1993年的“圣地亚哥之路”登录世界遗产。1994年11月，ICOMOS专家在西班牙马德里召开“线路：我们文化遗产的组成部分”(Routes as Part of our Cultural Heritage)会议，第一次明确提出将文化线路作为一种遗产类型的建议。1998年，国际古迹遗址理事会在西班牙的特内里夫召开会议；文化线路科学委员会(CIIC)在这次会议上正式成立。会议通过了《CIIC工作计划》、《CIIC章程》等一系列文件，《文化线路识别记录表》(*Record for identification of a cultural route*)还提出文化线路应识别和记录的27项内容，对于判定遗产地是否属于文化线路具有重要的参考价值。

CIIC的成立推动了文化线路研究和讨论的开展。在特内里夫会议之后，陆续又召开了圣克里斯托堡·德·拉·拉格拉会议(San Critobal De La Laguna，1998，西班牙)、伊比扎会议(Ibiza，1999，西班牙)、瓜拉吉托会议(Guanajuato，1999，墨西哥)和帕姆劳拉会议(Pamplona，2001，西班牙)。这些会议在1994年马德里会议和1998年特内里弗会议的基础上，分别就文化线路保护的预登记(preinventory)、保护中的物质与非物质遗产、具体文化线路的保护、文化线路评价标准、登记及世界遗产申报程序、格式等保护实践中更为具体的问题进行了讨论[62]。

2005年文化线路以“遗产线路”(Heritage routes)的名义被列入《操作指南》，成为文化遗产中的又一个新类型。当年ICOMOS在西安召开会议，其中有12篇论文对文化线路的理论和案例实践进行了探讨。M. C. 阿尔伯特(M. C. Alberto)从文化线路的定义和特征、判别标准等对西班牙圣地亚哥线路的保护和管理进行了详细的介绍，其中关于文化线路沿线聚落、环境和要素(elements)的保护的介绍具有较高的参考价值[63]。2008年ICOMOS又在加拿大魁北克通过《文化线路宪章》，全面论述了文化线路的遗产内涵、定义、遗产内容、背景环境及识别、保护、研究等。

国内对文化线路的研究基本在2000年以后。俞孔坚等人在2004年引入“遗产廊道”理论，提出对大运河进行整体保护，是国内最早涉及文化线路理论的文章[64](尽管没有明确提出“文化线路”一词)。吕舟在2006年发表的两篇关于文化线路的论文，开启了国内文化线路研究的先声[65-66]。丁援在解析文化线路概念的基础上提出“无形文化线路”理论，对一些看似分散、实质相连的非线性遗产提供了整体保护思路[67]。2008年《文化线路宪章》发布，作为回应，2009年的中国文化遗产保护无锡论坛将主题定为“文化线路遗产科学保护”，国内迎来了对文化线路进行研究的热潮。丁援首先对《文化线路宪章》进行了翻译[68]，王建波等对其进行了解读[69]。单霁翔亦撰文提出应关注文化线路遗产的保护[70]。

由于文化线路为大运河等巨尺度线性文化遗产的申报提供了比较适合的途径，国内对大运河作为文化线路的研究骤然增多。阮仪三等首先探讨了文化线路应用于大运河保护的前景[71]，王建波等对大运河水路遗产体系进行了研究[72]；冬冰等认为徽杭古道、新安江与大运河共同构成徽商的文化线路[73]；陈怡探讨了大运河作为文化线路的认识[74]；康新宇以大运河浙江段的五个城市为例探讨了其作为在用巨型文化遗产的保护方法[75]。除此之外，针对丝绸之路和茶马古道的研究也较多，如骆文伟在文化线路的视野下研究了海上丝绸之路泉州段申报世界遗产的可能[76]；余剑明、王丽萍等讨论了作为文化线路的茶马古道的现状与保护[77-78]。此外还有一些类似的论述，如赵逵、杨雪松等人认为川盐古道是潜在的文化线路，并对其进行了研究[79-81]；王倩等人将文化线路的概念延续到城市中，认为中轴线等都可视为城市中的文化线路[82]。

由于文化线路概念应用的时间不长，其尺度又特别大，针对文化线路保护方法的研究很少。周剑虹以丝绸之路陕西段为例，对文化线路保护和管理进行了研究[83]。其他的有阮仪三及丁援对大运河作为文化线路的价值提出的评估模型[71]、王建波对大运河的水路遗产体系的研究[72]等。单霁翔、王景慧等也分别发表文章，指出应注意文化线路遗产的保护，并归纳了一些保护方法[70, 84]。

2.2.2　对遗产廊道的研究

遗产廊道是绿道(Greenway)与线性文化遗产保护结合的产物。在尺度上，遗产廊道多为中尺度；在内涵上，它不仅关心绿道关心的自然风景，也关心沿线的历史文化内涵[85]。

美国城市学家威廉・怀特(W. H. Whyte)在 1959 年出版的《保卫美国城市的开放空间》一书中首先采用“绿道”一词[86]，提出建立连接城市和自然的绿色通道，以方便市民游憩。与此同时，美国的历史文化保护也在从孤立的点走向区域——美国人认识到，其文化中探险、殖民、开发和革命之类的历史与交通和通信息息相关，往往通过道路、运河、铁路等路线来体现，这些历史需要从整体区域的层面上来理解[87]。在这样的背景下，美国的第一个国家遗产区(同时也是第一条国家遗产廊道)——伊利诺伊-密歇根运河国家遗产廊道(Illinois and Michigan Canal National Heritage Corridor)在 1984 年 8 月 24 日由罗纳德・里根政府写入法律并生效。截至 2013 年，美国国会共批准了 8 条国家遗产廊道，分布在不同的州。

作为美国的一种法定的遗产类型，遗产廊道的大多数资料由美国国家公园管理局(NPS, National Park Service)公开发布。此外，也有一些美国学者对其进行了研究。其中许多研究与游憩紧密相关。如 E. H. 楚贝(E. H. Zube)在1995年发表文章介绍绿道和美国国家公园系统的发展，其中将遗产廊道和景观作为绿道的新的发展方向[88]；R. A. 罗伯逊(R. A. Robertson)研究了伊利诺伊-密歇根运河国家遗产廊道沿线的商业和工业对游憩的影响[89]；M. P. 科曾(M. P. Conzen)等则在2007年对该廊道的公共治理与区域改造形式的优缺点进行了评估[90]。P. H. 格博斯特(P. H. Gobster)以芝加哥河遗产廊道为例研究了其作为城市绿道的人体尺度[91]。

国内对遗产廊道的研究开始较晚，但论文数量较多。王志芳等在2001年对美国遗产廊道概念的介绍[85]，是国内较早研究遗产廊道的文章。此后，李伟等对文化线路与美国遗产廊道进行了比较和辨析[62]，奚雪松等人对美国国家遗产区域管理规划的编制体系进行了研究，其中也涉及了遗产廊道规划编制的方式[92]。朱强以工业遗产为例，讨论了遗产廊道规划的理论框架[93]。俞孔坚、王学环、刘海龙等人还提出将遗产廊道联系起来，构建中国遗产地整合保护网络[94-95]。

与文化线路相似，国内与遗产廊道有关的学术成果有相当数量属于实证研究，即在分析遗产廊道理论的基础上，提出将具有线性属性的区域构建为遗产廊道。其中数量最多的仍然是大运河，如俞孔坚、李迪华、朱强等的研究[96-98]；此外还有王肖宇等提出建立京沈清文化遗产廊道[87, 99-100]、王玏提出将北京河道构建为遗产廊道[101]等。

2.3 对线性文化景观的研究

国外对线性文化景观的研究已经有一些成果。由于线性文化景观与文化线路、遗产运河具有一定关联，已经登录的一系列世界遗产地，如法国的米迪运河(南运河, Canal du Midi)、荷兰的阿姆斯特丹防线(Defence Line of Amsterdam)、圣地亚哥线路法国段(Routes of Santiago de Compostela in France)，在它们的申遗文件中都出现将其识别为线性文化景观的叙述。

在绿道理论基础上发展的遗产廊道是一种保护线性文化景观的方式，因此国外线性文化景观的研究有相当一部分与遗产廊道和绿道有关。如C.卡梅隆(C. Cameron)认为“历史廊道是一种综合有文化和自然价值的线性文化景观”[102];T. G. 亚尼尔(T. G. Yahner)则以阿帕拉齐亚游憩道中的坎伯兰河谷段为例,从文化景观和景观生态两方面探讨了绿道资源调查、分析、评价的方法及规划策略[103]。此外,基于国民的交通出行方式和对尺度的认识,美国、澳大利亚等国家普遍将贯穿国土的公路作为一种线性文化景观,如A.格利福德(A. Gulliford)在研究美国西部的历史时,将66号公路(Route 66)作为一个典型的线性文化景观进行分析[104];在同样地广人稀、依赖汽车和高速公路的澳洲也存在类似的情况,如大洋路(Great Ocean road)、贝尔斯线路(Bell's Line of Road)等都被认为是线性文化景观。

国内对线性文化景观的研究较少。李伟等在2004年提出的以构建遗产廊道的方式保护线性文化景观[64]是较早的研究成果。朱强等在对绿道的研究中涉及了线性文化景观的内容[105]。针对线性文化景观与文化线路出现混淆的情况,一些学者进行了辨析,如刘小方对文化景观、线性遗产、文化线路等概念进行的比较研究[106]。严国泰等选取历史边界为研究对象,分析了其作为线性文化景观的价值构成,并提出构建历史边界线路的遗产保护体系[107]。

从国内外对线性文化景观研究的成果来看,国外在判定和保护线性文化景观的方面已经总结了一些经验,而国内的研究比较零散。究其原因,一方面是因为线性文化景观与文化线路等概念存在混淆,另外一方面,国内学界惯于以宏观视角对待线性遗产,当线性遗产的保护需要落实到区域乃至本地尺度(即线性文化景观的尺度),文化线路或遗产廊道的理论无法给予指导,现行的保护体系在这方面又存在缺陷,研究便遇到了瓶颈。

2.4 对景观性格理论的研究

景观性格理论是由英国率先提出并付诸应用的。英联邦国家普遍引入了这套理论体系,因此对景观性格理论的研究也主要集中在英联邦国家。Carys Swanwick等人主导编写的《英格兰及苏格兰景观性格评估指导书》是景观性格评估的基础资料[108],在这份导则性文件的指导下,英国和苏格兰各郡广泛应用LCA体系,并相继公布了分类、建立了GIS数据库。

英国在景观性格理论研究方面的成果丰硕。在景观性格理论的基础上,英国还发展了历史景观性格评估(HLC),并形成了与 LCA 类似的体系。如 J. Clark 等人撰写了 HLC 体系的导则[109];S. 特纳(S. Turner)等人将 HLC 体系应用于景观考古学[110];S. Rippon 则讨论地方感与历史景观性格的关联性[111]。

由于《欧洲景观公约》特别强调了景观性格,在专家们的建议下,欧洲建立了统一的景观性格分类体系。该研究由 D. M. 瓦舍尔(D. M. Wascher)、M. U. 谢尔(M. U. Cher)等人主导,并发表了研究成果[112]。欧洲国家也相继进行了类似的研究,如 G. 弗里(G. Fry)对挪威景观性格的研究[113]、R. 休斯(R. Hughes)等人对苏格兰景观性格的研究[114]、O. H. 卡斯佩森(O. H. Caspersen)对丹麦景观性格的研究等[115]。一些英联邦国家也采用了景观性格评估体系,例如 L. 布拉宾(L. Brabyn)对新西兰的景观性格分类进行了研究[116]。

此外还有一些研究将景观性格理论应用于线性文化景观的评价,例如 Z. 阿比丁(Z. Abidin)等人以马来西亚为例,研究了城市中的河流廊道进行景观性格评估的方法[117]。

国内对景观性格理论的相关研究很少。卡里斯·斯旺尼克(Carys Swanwick)和高枫在 2006 年发表的文章,是国内最早介绍景观性格理论的文章[118];吴伟等人也在 2008 年发表文章,介绍英国的 LCA 体系[119]。林轶南将英国的 LCA 体系与我国的风景名胜区评价体系进行了比较研究,指出 LCA 体系在某些方面具有优势[120]。

国内还有一些研究介绍了景观性格理论在实际规划项目中的应用。如张柔然发表的文章对英国谢菲尔德风力农场的规划手法进行了评述[121];杨晨对扬州瘦西湖的景观性格进行了研究[122];陈倩讨论了景观性格评估体系对中国乡村景观评价的借鉴意义,并将其应用于川西林盘的评价中[123]。朱杰也采用了景观性格评估体系,对吉首市的景观性格进行了评估[124]。

总的来说,景观性格理论是一种较新的景观分类和评估方法,在国内外的研究都还不多。英国是景观性格评估体系的发源地,也是最早将该体系应用于实践的国家,在工作框架、方法等方面积累了较多经验,研究成果也比较丰富。由于景观性格(landscape character)是西方人文地理学中常用的概念之一,在英文的语境中理解这个概念并不困难,越来越多的国家也开始采用该体系作为景观评估的工具,包括一些欧洲国家,以及新西兰、澳大利亚等英联邦成员国。相比之下,我国对“景观性格”的概念还很陌生,大多数研究还停留在引进、介绍经验、适用性研究的阶段。

2.5 本章小结

本章回顾了与线性文化景观相关的研究，目的是在现有成果中寻找突破点。由于线性文化景观既具有线性文化遗产的特征，又具有文化景观的属性，论文首先对这两个方面的已有成果进行了分析。

人文地理学和遗产领域都对文化景观进行了一系列研究。人文地理学领域对文化景观研究开展得比较早，其目的是通过分析理解文化景观的成因，研究尺度通常较大，对文化景观作为遗产的价值并不特别重视。遗产领域将文化景观作为一种体现社会多元性的遗产，其研究主要开始于 1992 年以后。从国内的研究情况来看，无论是人文地理学还是遗产领域，对文化景观的研究开始的都比较晚；遗产领域的研究成果主要集中于世界遗产文化景观的概念、提名标准和价值的分析，还处于文化景观研究的“初级阶段”。

线性文化遗产也是近年来学界关注的热点问题，其中最常被提及的两个概念是“文化线路”和“遗产廊道”。文化线路是一个年轻的遗产类型，从国外的研究来看，通过文化线路委员会(CIIC)的一系列会议，结合学者们的研究，文化线路的概念、适用范围、识别标准等已经形成了初步的体系；国内的研究大多数停留在对相关宪章、宣言的解释，或对一些符合文化线路定义的线性文化遗产进行实证研究。遗产廊道是美国对线性文化遗产(主要是线性文化景观)的一种保护方式，国外的研究成果主要来自美国学者，内容多与游憩相关；国内的研究一部分是对美国经验的介绍，另有相当数量为实证性研究。

对既属于线性文化遗产，又具有文化景观属性的“线性文化景观”，国外已经有一定的研究成果，以欧洲、美国的研究居多，以解读其类型、价值为主。相比之下，国内的研究还很少，且不少与“文化线路”等其他类型的线性文化遗产相互混淆。

本章还就景观性格理论的相关研究进行了综述。作为一种较新的、适用于文化景观的资源分类、评价方法，景观性格理论在欧洲得到了广泛的应用，其发源地英国更是发展了从理论到实践的一系列成果。国内学界近几年也注意到了该理论的应用前景，并进行了一些评介，但为数较少，还有很大的研究空间。

第3章 世界遗产框架下的线性文化景观

根据联合国教科文组织的统计，截至2013年，世界遗产名录中已有85处以“文化景观”列名文化遗产的遗产地，其中有4处跨越国境线的文化景观，还有1处因保护不善已遭除名。在这85处遗产地中，有26处具有明显的线性形态，占到总数的约1/3，其中数处是一条文化线路的一部分；此外，还有一些已经登录的文化遗产，尽管没有采用“文化景观”这个类型，但在申遗报告书中以“线性文化景观”对自身进行表述。

线性文化景观在世界遗产中占有重要地位。作为代表“突出普遍价值”的遗产地，世界遗产中的线性文化景观要遵循一定的提名标准，并反映出特定的价值取向。这些遗产地为什么以文化景观申报？为什么申报的范围呈现线性形态，而不是选取其中的一个点或一片区域？它们具有什么样的价值？

要解答这些问题，一方面需要了解世界遗产文化景观概念形成的过程和发展过程，另一方面需要了解其提名标准和价值取向；同时，通过分析具体的线性文化景观，能够了解这些遗产地如何在文化景观的框架中解读自身的遗产资源。这些研究为进一步探索线性文化景观的成因和总体类型奠定了基础。

3.1 线性文化景观概念的出现与发展

3.1.1 文化景观概念的出现和发展

1. 文化景观概念的出现

文化景观出现在世界遗产的框架内，是世界遗产不断对“人与自然关系”进行讨论和修正的结果。1972年诞生的《保护世界文化与自然遗产公约》，将“自然与人类的共同作品”(combined works of nature and man)写入了文化遗产的条目①；1977年至1992年的各版本《操作指南》随即出现了一系列"人与自然关系"的表述，包括"人类与其自然环境之间的相互作用"(man's interaction with his natural environment)、"自然与文化要素的结晶"(exceptional combinations of natural and cultural elements)等均出现在自然遗产应符合的标准中[1]。

然而，随着申报世界遗产项目的增多，一些遗产地遇到了缺乏匹配的识别和提名标准的问题。法国在准备预备申遗名单时发现，已经很少有纯粹未被人类干扰的自然景观，并提出法国的乡村景观具有突出普遍价值，应列入遗产名录②。英国湖区国家公园(Lake District National Park)在1986年和1989年两次申报混合遗产，但因为当时的《操作指南》没有对应的提名标准，最终失败[30]。通过这些例子，世遗委员会也发现《保护世界文化与自然遗产公约》的定义与标准存在偏差——早期对于人类与自然的互动由自然遗产标准评价，但按照《公约》的定义，它们只属于文化遗产[125]。

1984年，在世遗委员会第8次会议(08COM)中，法国的L. 沙巴松(L. Chabason)针对混合遗产和乡村景观(rural landscape)提出三个问题：其一是对其中体现和谐之美的人造景观(如东南亚的梯田、欧洲的葡萄田等)的识别问题；其二是这些活态景观的变化(如稳定、转化或退化等)问题；其三是这些景观在当地缺乏保护造成的完整性问题；他与其他委员建议，由IUCN牵头，ICOMOS及IFLA作为顾问，共同提交一份有针对性的导则并提交审议③。

08COM会议结束后的八年中，世遗委员会又召开了一系列会议，反复讨论了混合遗产、景观、乡村景观等问题。在1991年的第15次会议上，人文地理学领域广泛重视的"文化景观"被纳入讨论的范畴，专家们提出修改自然遗产的提名标准，提出文化景观的标准，并希望在1992年取得新的进展④。1992年10月，在法国小镇拉佩蒂特-皮耶尔(La Petite-Pierre)，世遗委员会专家会议对文化景观的分类、含义和评价标准提出了具体建议⑤，文化景观进入世界遗产大家

---

① Convention Concerning the Protection of the World Cultural and Natural Heritage, http://whc.unesco.org/en/conventiontext/

② "Elaboration of guidelines for the identification and nomination of mixed culturaland natural properties and rural landscapes" (SC-87/CONF. 005/3), http://whc.unesco.org/document/511

③ "Mixed Properties and Rural Landscapes" (08COM Ⅷ. 21-24), http://whc.unesco.org/en/decisions/3897/

④ "Revisions of the Operational Guidelines for the Implementation of the World Heritage Convention — Elaboration of criterion or criteria for cultural landscapes" (SC. 91/CONF. 002/11), http://whc.unesco.org/en/documents/1594

⑤ "Report on Cultural Landscapes", La Petite Pierre, Oct. 1992, http://whc.unesco.org/archive/pierre92.htm

庭的时机已经成熟。

1992年12月,世界遗产委员会在美国新墨西哥州的圣菲(Santa Fe)举行了第16次会议。会议正式采纳文化景观概念,提出由ICOMOS和IUCN分别对遗产地的文化和自然两方面价值进行评估,并要求各缔约国按照新的标准来指导文化景观类遗产地的申遗工作。文化景观成为文化遗产的一个特殊的子类型[①]。相应的,《操作指南》中也增加了文化景观的解释性段落,并将1972年《世界遗产公约》中"自然与人类的共同作品"(combined works of nature and man)的表述归入文化景观,自然遗产则在随后取消了相关的说明文字[②]。1993年,新西兰的汤加里罗国家公园(Tongariro National Park)成为世界上第一个世界遗产文化景观。

2. 文化景观概念的发展

从1987年文化景观正式出现在世界遗产的官方档案,到1990年混合遗产和乡村景观被提到特别优先的地位,再到1992年文化景观正式成为世界文化遗产的子类别,对文化景观的争论几乎贯穿了整个20世纪80年代。

文化景观对世界遗产"文化—自然"的二元结构提出了挑战,同时,随着对遗产理论认识的深入,文化景观也涵盖了越来越复杂的价值体系内容。1992年之后,世界遗产委员会召集专家召开了一系列会议,线性遗产、文化多元、乡村景观、关联性景观等问题相继进入文化景观的视野(表3-1)。这些会议催生了遗产运河(Heritage Canals)、遗产线路(Heritage Routes,即文化线路)等新的遗产类别,而这些新类别无一不受到文化景观价值观的影响,甚至本身就可视为一种特定形态的文化景观。

表3-1　与文化景观概念发展有关的世界遗产专家会议

年份	会　议	涉及的具体景观	文化景观分类
1994	关于"遗产运河"的专家会议	水利(人工运河、水渠、水道及沿线景观)	复合类型
	关于"作为我们文化遗产一部分的线路"的专家会议	道路(遗产线路及沿线景观)	复合类型

① "Revision of the Operational Guidelines"(16COM XIII. 1-3),http://whc.unesco.org/en/decisions/3476/

② 从1994年开始的各版本《操作指南》的自然遗产提名标准,不再包括"自然与人类的共同作品"等类似说明。

续　表

年份	会　　议	涉及的具体景观	文化景观分类
1995	关于“亚洲稻作文化及梯田景观”的区域性专题研究会议	农业(梯田景观)	有机进化景观
	关于“关联性文化景观”的亚太工作组	宗教(自然崇拜)	关联性景观
1996	关于“欧洲文化景观的突出普遍价值”的专家会议	农业(乡村景观)	有机进化景观
2001	关于“沙漠景观和绿洲系统”的专家会议	农业(沙漠和绿洲景观)	有机进化景观
	关于“亚太地区圣山”的主题性专家会议	宗教(圣山)	关联性景观
	关于“葡萄园文化景观”的主题性专家会议	农业(葡萄园)	有机进化景观
	关于“加勒比地区种植园系统”的区域性专家会议	农业(种植园景观)	有机进化景观
2005	关于“加勒比地区文化景观：识别与保护策略”的专家会议	农业(种植园景观)	有机进化景观
2007	关于“地中海地区农牧交错带文化景观”的主题性会议	农业(农牧交错带)	有机进化景观
2009	关于“地中海地区农牧交错带文化景观”的第二次主题性会议	农业(农牧交错带)	有机进化景观

从会议关注的内容可以看出文化景观自身逐渐完善的过程。1994 年的“遗产运河”和“遗产线路”是从文化景观析出的类型，与文化景观，尤其是线性文化景观有着紧密的联系；1995—2009 年对亚洲地区的梯田、欧洲的乡村、阿拉伯世界的沙漠绿洲、加勒比地区的种植园和地中海地区农牧交错带专题的研究，体现出对世界各地面貌迥异的农业遗产的关注。而 1995 年、2001 年对于自然崇拜和圣山的讨论，则提升了对关联性景观的认识，对待原始信仰的态度从居高临下转向理解。此外，还有一系列专家会议关心那些处于危险中的文化景观，如 2005—2013 年连续 7 次召开的关于巴米扬山谷文化景观保护的工作组会议。

3.1.2 线性文化景观概念的出现与发展

1. 对狭长线性形态区域的关注

在文化景观进入世界遗产的大家庭之后，专家们很快注意到，具有线性形态的文化景观在其中占有重要的地位。1993 年 4 月召开的世界遗产委员会常务理事会第 17 次会议(17th Session of the Bureau)提出对《操作指南》的文化景观部分进行修订，其中已经明确提出①：

> 文化景观的范围对应于它的功能性和可理解性。任何时候，甄选的文化景观的样本都必须能够真实地代表它所阐释的整个文化景观。那些能够代表具有重要文化意义的交通和通信网络，具有狭长、线性形态的区域，不应被排除在认定的行列之外。

1993 年版的《操作指南》接受了修订，在《操作指南》的指导下，各国都开始注意对线性遗产的识别和保护工作；其中最先得到关注的是遗产运河(Heritage Canals)和文化线路(Cutural Routes)。

2. 遗产运河概念的析出

1994 年 9 月，世界遗产专家们在加拿大安大略丽都运河(Rideau Canal，又作“里多运河”)畔的小镇查菲斯洛克(Chaffeys Lock)召开会议，议题为“遗产运河②”。会议讨论了运河的性质、范围、价值、具有代表性的方面、真实性和完整性、管理方式等问题，并对遗产运河进行了定义③：

---

① 原文为：“The extent of a cultural landscape for inscription on the World Heritage List is relative to its functionality and intelligibility. In any case, the sample selected must be substantial enough to adequately represent the totality of the cultural landscape that it illustrates. The possibility of designating long linear areas which represent culturally significant transport and communication networks should not be excluded.”见“Revision of the Operational Guidelines for the implementation of the Convention” (WHC. 93/CONF. 001/02)及 OG, Annex 3, Para 11.

② 遗产运河(Heritage Canals)系国内常用译法，但该类别也包括引水渠等水利设施，似作“遗产水道”更妥。为避免不必要的争论，本书仍采用常用译法。

③ 原文为：“A canal is a human-engineered waterway. It may be of Outstanding Universal Value from the point of view of history or technology, either intrinsically or as an exceptional example representative of this category of cultural property. The canal may be a monumental work, the defining feature of a linear cultural landscape, or an integral component of a complex cultural landscape.”见“Report on the Expert Meeting on Heritage Canals” (WHC. 94/CONF. 003/INF. 10)及 OG, Annex 3, Para 16, 17.

> 运河是一种人工水道。运河本身，或作为这种类型的文化项目的特殊的代表，可能从历史或技术的角度具有突出普遍价值。遗产运河可能是一项不朽的杰作、一种可以用来定义线性文化景观的特征，或作为一处复杂的文化景观的重要组成部分。

根据这项定义，遗产运河同时也有被视为线性文化景观的可能性，而这种线性文化景观由现存的河道、周围的设施和自然环境共同组成。而之所以将“遗产运河”从文化景观中独立出来，是因为这种类型的遗产具有普遍性（即在世界各地都有人工水道的存在），它们具有类似的形态和结构，更细化的导则有助于运河遗产的评价。

3. 文化线路概念的析出

在遗产运河得到关注的同时，1994 年 11 月，由西班牙政府邀请的专家组在马德里举行会议，议题为“作为我们文化遗产一部分的线路”。会议的缘由是 1993 年登录世界遗产的“圣地亚哥之路”（Route of Santiago de Compostela），西班牙政府希望能对这处以“文化遗产”登录的遗产地，从“文化线路”角度进行更深层次的讨论。

在这次会议中，与会专家没有采用欧洲理事会使用的“文化线路”（Cutural Routes），而是采用了“遗产线路”（Heritage Routes）一词，强调线路作为遗产的价值。会议向世界遗产委员会提交了一份报告，归纳了文化线路的概念、内涵和外延，其中报告的第 4 部分初步解读了文化线路与文化景观的关系[①]：

> 一条遗产线路可能也能被认为是一种具有特定的、动态的类型的文化景观。

与遗产运河相似，文化线路是由缔约国提出、通过具体实践、再被纳入世界遗产框架的概念——欧洲理事会早在 1987 年就将圣地亚哥线路列为“欧洲文化线路”；到 1994 年欧洲已经公布了 5 条各种类型的文化线路。其从文化景观中独立出来，是由于西班牙等国认为，文化景观无法涵盖巨尺度的遗产，也无法全

① 原文为：“A heritage route may be considered as a specific, dynamic type of cultural landscape.”见“Routes as Part of Our Cultural Heritage”（WHC－94/CONF. 003/INF. 13），http://whc. unesco. org/archive/routes94. htm

面反映跨越数个地理区域的、文明之间的沟通与交流。但从文化线路与线性文化景观长期的重叠、混淆，乃至《马德里共识》对两个概念进行的彻底辨析（参见3.2小节的论述），仍然可以看出两个概念间深远的联系。

以上两次会议所形成的报告，在1995年举行的世界遗产委员会第19次大会上被提交，专家们进行了相应的讨论。直到2005年12月，世界遗产委员会才修订了新版的《操作指南》，增加了遗产运河和文化线路（遗产线路）的相关条文。其中，遗产运河的定义被原封不动地增加到《操作指南》附件3的第17段，这也是"线性文化景观"一词第一次出现在《操作指南》中。

3.2 线性文化景观与文化线路的矛盾与辨析

3.2.1 线性文化景观与文化线路概念的矛盾

由于"线性文化景观"和"文化线路"（《操作指南》中称为"遗产线路"）这两个概念都与"线性"（linear）有关联，在早期又缺乏明确的比较和辨析，两个概念产生了严重的混淆。例如，1995年召开的"关于'关联性文化景观'的亚太工作组"会议，在向世界遗产委员会提交的报告中做了如下阐述[①]：

> 关联性文化景观可能包括连续或不连续的区域、（活动）路线、道路或其他线性景观，它们可以是实体的存在，也可以嵌入在人类的想象、文化传统和实践中。亚太区域重要的例子包括澳大利亚原住民的"梦幻小径[②]"、穿越太平洋的"波利尼西亚文化传播之路"，以及从中国到西方的丝绸之路。

报告举了三个具有线性形态的遗产地——梦幻小径、波利尼西亚文化传播之路和丝绸之路，认为它们属于线性文化景观，但从当前对文化线路的理解来看，至少后两者是明显的"文化线路"。与此相似的例子还有圣地亚哥之路，尽管其在1987年就被欧洲理事会列为"文化线路"，仍然有很多论著以"线性文化景

① "A Report by Australia ICOMOS to the World Heritage Committee: Where the physical and spiritual unite", http://whc.unesco.org/archive/cullan95.htm

② 梦幻小径（Dreaming tracks）又称为"歌之途"（Songline），是澳大利亚原住民创世神话中的一系列道路，对应于各种具有灵性的动物（图腾精灵）的歌声。这些道路在澳洲原住民的传统歌曲、故事、舞蹈和绘画中都有记载。

观”来称呼它。

3.2.2　两个概念的初步辨析——《马德里共识》

线性文化景观与文化线路在概念上的矛盾引起了文化线路科学委员会(ICOMOS-CIIC)的重视。2001年6月，在西班牙潘普洛纳举办的ICOMOS国际会议上，CIIC提出“全局视角下的无形遗产和文化线路”(Intangible Heritage and Cultural Routes in a universal context)的共识，明确指出①：

> 文化线路与文化景观是两个不同的科学概念。文化线路具有其流动性，包括非物质性和空间动态性，这是文化景观不具备的，尽管文化景观也具有穿越时间的很多特点，但是其本质特点更多地在于静态性和规定性。一条文化线路可能已经生成或将继续生成很多文化景观，但反过来，文化景观不会产生这样的情况(生成文化线路)。

同年，CIIC出版《无形遗产与文化线路的多元性》(*The Intangible Heritage and Other Aspects of Cultural Routes*)一书，收录了这段论述。2002年12月，CIIC又在西班牙马德里召开会议，会议以“与文化景观相关的文化线路在观念上与实质上的独立性”(The Conceptual and Substantive Independence o Cultural Routes in Relation to Cultural Landscapes)为题，会后通过了文化线路的重要文件——《马德里共识》(*Madrid: Considerations and Recommendation*)。

2001年的潘普洛纳会议是对“文化景观”和“文化线路”关系的辨析，而《马德里共识》则进一步将“线性文化景观”和“文化线路”区分开来。《马德里共识》主要包括三点：其一，是指出“文化线路”作为一种新概念，揭示了文化遗产中非物质的、富有生机的动态维度，并大大超越了(文化遗产的)物质内容；其二，是指出“文化线路”并不是由沿线的各种文化要素(如纪念物、历史城镇、文化景观等)

① 原文为：“Cultural routes and cultural landscapes are different scientific concepts. Cultural routes are characterized by their mobility and involve intangible and spatial dynamics not possessed by a cultural landscape, which is more static and restricted in nature, although it also possesses characteristics that develop over time. A cultural route usually encompasses many different cultural landscapes. A cultural landscape is not dynamic in a geographical context as vast as that which may potentially be covered by a cultural route. A cultural route may have generated and continue to generate cultural landscapes, but the opposite does not occur.”见 International Congress of the ICOMOS CIIC. Pamplona, Navarra, Spain. June, 2001. Conclusions

产生或定义，而恰恰相反：是因“文化线路”的持续存在，才创造了这些文化要素；最为重要的是第三点①：

> 因此，从严格的、逻辑的科学观点来看，不应将“文化线路”认为是“线性”或“非线性”的文化景观——有些文化景观尽管同属于一条“文化线路”，但可能完全不同，或在地理上彼此隔绝、相距遥远。

通过《马德里共识》的辨析，“文化线路”和“线性文化景观”的地位已经明确。文化线路是一个遗产束，甚至本身就是一个遗产体系[106]；而线性文化景观不具有文化线路那样宏大的视角，线性文化景观关心的是区域乃至本地尺度上的、具有明确、单一主题的、具体且物质存在的遗产。当文化线路包含线性文化景观的时候，线性文化景观是文化线路存在的实证(evidence)。

尽管《马德里共识》认为“文化线路”被作为“线性文化景观”是一种错误，并对此表达了不满②，但并没有提出以文化线路取代线性文化景观。2003 年 5 月，受世界遗产委员会的委托，CIIC 的专家再次在马德里召开会议，讨论了对《操作指南》部分条文的修改意见，其中对“世界遗产文化景观的登录”部分的第 11 条提出③：

> 文化景观的范围对应于它的功能性和可理解性。任何时候，甄选的文化景观的样本都必须能够真实地代表它所阐释的整个文化景观。那些能够代表具有重要文化意义的交通和通信网络，具有狭长、线性形态的区域，不应被排除在认定的行列之外。（我们建议从有关文化景观的这一段话中删

---

① 原文为：“Thus, from a logical and scientifically rigorous point of view, it can not be admitted that cultural routes are ‘linear’ or ‘not linear’ cultural landscapes, which even when are located within the path of a cultural route, may be completely different or geographically isolated and very distant from each other.”见“MADRID: CONSIDERATIONS AND RECOMMENDATION”, Scientific meeting of the International Committee on Cultural Routes (CIIC) on “THE CONCEPTUAL AND SUBSTANTIVE INDEPENDENCE OF CULTURAL ROUTES IN RELATION TO CULTURAL LANDSCAPES” (Madrid, 4 de diciembre, 2002), http://www.icomos-ciic.org/CIIC/MADRID2002_ingl.htm

② 原文为：“The magnitude of this misconception is evidenced by the fact that even now cultural routes are referred to as ‘linear cultural landscapes’ in official nomenclature, a term which is both an ‘immobilist’ or tradition-bound negation of their true nature and a fundamental conceptual mistake.”来源同上。

③ “Item 5 of the Provisional Agenda: Revision of the Operational Guidelines” (Meeting of Experts on Cultural Routes, http://www.icomos-ciic.org/CIIC/NOTICIAS_reunionexpertos.htm

除此句，因为该句话实质上指向一个新的、不同的概念，也就是‘文化线路’。）

该修改意见希望以“文化线路”取代“线性文化景观”。不过，由于线性文化景观和文化线路具有不同层面的含义，文化线路也还处于比较模糊的阶段，世界遗产委员会没有接受这个提议，截至 2013 年的所有版本的《操作指南》都保留“线性文化景观”的表述。

3.2.3　两个概念的共存——《文化线路宪章》

1992 年以来，文化景观的发展势头迅猛，迄今已有 85 处遗产地以该类型登录。相比之下，新生的文化线路（遗产线路）似乎并未完全得到世界遗产的接纳，自 1994 年正式提出之日起，符合 CIIC 标准的世界遗产尚没有一处直接以文化线路的身份列入世界遗产名录[106]。

显然，作为一种强调流动（movement）和对话（dialogue）的遗产类型，文化线路与线性文化景观具有不同的关注重点，它们不能也没有必要取代对方。基于这种认识，2008 年 10 月，国际古迹遗址理事会在加拿大魁北克召开第 16 届大会，大会通过了《文化线路宪章》（*The ICOMOS Charter on Cultural Routes*），这是文化线路保护领域具有标志性意义的事件。

《文化线路宪章》继承了《马德里共识》的认识，非常明确地指出①：

> 将文化线路作为一种新概念或类别，并不与文化遗产现有的范畴或类型相冲突或重叠；例如已有的古迹遗址、城镇、文化景观和工业遗产等等，也可能存在于特定文化线路之内。文化线路只是将这些个体包含在一个联合系统中，提升它们的价值。

通过《文化线路宪章》的解读，就不难理解为什么一条圣地亚哥之路能为西班牙带来好几处的世界遗产——圣地亚哥・德・孔波斯特拉老城（Santiago de

① 原文为：“The consideration of Cultural Routes as a new concept or category does not conflict nor overlap with other categories or types of cultural properties — monuments, cities, cultural landscapes, industrial heritage, etc. — that may exist within the orbit of a given Cultural Route. It simply includes them within a joint system which enhances their significance.”见“The ICOMOS Charter on Cultural Routes”, www.international.icomos.org/charters/culturalroutes_e.pdf

Compostela Old Town)在1985年列入世界遗产,但这并不影响圣地亚哥之路整体在1993年成为另一处世界遗产(而非老城的扩展项目)。

根据同样的逻辑,线性文化景观和文化线路也实现了共存,因为它们"并不冲突或重叠"。文化线路可以包括线性文化景观,线性文化景观则作为文化线路存在、或曾经存在的例证。

3.2.4 不同的发展走向

从前文可以归纳出"线性文化景观"和"文化线路"存在的几点关键不同。

(1)"线性文化景观"和"文化线路"具有不同的尺度。

从《马德里共识》的第三点、《文化线路宪章》的定义都可以看出,"文化线路"的尺度比"线性文化景观"大得多。文化线路强调的是巨尺度(一般是国土、区域尺度)线性空间上文明的交流和传播;"线性文化景观"则往往是"文化线路"上物质留存较好、反映特定文化现象的一小段。

(2)"文化线路"比"线性文化景观"更关注遗产的流动性(mobility)。

"文化线路"是通过某一个主题将一系列遗产串联在一起,这个主题可以是物质上的(如"丝绸"之于丝绸之路),也可以是精神上的(如"信仰"之于圣地亚哥之路),但一定要具有流动性,如丝绸作为商品的流动创造了丝绸之路,天主教作为宗教信仰的传播(流动)创造了圣地亚哥之路。相比之下,"线性文化景观"是一种例证,例如ICOMOS专家将丝绸之路分成52条遗产廊道,每一条廊道都是一条线性文化景观,而每一条线性文化景观都证明了丝绸之路的存在,以及"丝绸"作为商品的流动性[①]。线性文化景观在这里扮演了一种"静态"的角色。

(3)"文化线路"比"线性文化景观"具有更丰富的遗产类型。

这一点在CIIC对两个概念进行辨析的文档中有所涉及:"一条文化线路常常包含很多不同的文化景观。一处文化景观在地理背景下不是动态的,也没有文化线路潜在包含的内容丰富。"即"文化线路"可以容纳多种不同类型(无论是文化特质或形态特征)的遗产,而"线性文化景观"则聚焦某一种文化特质或形态特征,并甄选出其中具有"突出普遍价值"(Outstading universal value)的个例。

---

① The Silk Roads: Thematic Study (Working Report of Ashgabat Silk roads coordination meeting, May 2011).

3.3　世遗名录中的线性文化景观

从 1992 年到 2013 年，共有 85 处文化景观登录《世界遗产名录》，其中相当一部分具有线性形态，这也符合《操作指南》所指出的，在文化景观的申报中，"那些能够代表具有重要文化意义的交通和通信网络，具有狭长、线性形态的区域，不应被排除在认定的行列之外"。这些线性文化景观是本书的主要研究对象。

此外，还有一些具有线性形态的遗产地也可以被认为是线性文化景观。它们或因登录时间较早，或因"文化景观"无法全面表达其突出普遍价值，而选择以更宽泛的"文化遗产"登录。在这些遗产地的申遗报告书、专家评估报告和相应的研究成果中，往往能找到将它们认定为"线性文化景观"的描述。因此，本书将它们也纳入研究的范围。

3.3.1　研究样本的选择标准

从已登录世遗名录的文化景观中筛选出线性文化景观，首先要设定选择标准。如何判断一处"文化景观"具有"线性"(linear)属性？

尽管《操作指南》中提出了"不应排除狭长线性区域"的指导性条文，但长期以来，世界遗产的官方文档对"线性"的概念一直没有给出明确的解释。2003 年，世界遗产中心组织专家对丝绸之路进行了考察，并在 2004 年发布《作为世界遗产线路的中国丝绸之路：鉴别和提名的系统途径》(*The Chinese Silk Road as World Cultural Heritage Route — A systematic Approach towards Identification and Nomination*)的报告书[126]。报告书针对丝绸之路，从文化线路的角度详细阐述了的甄别和提名标准，其中对已经登录世遗名录的一些线性遗产进行了比较，并特别对(作为文化线路部分的)线性文化景观进行了阐述①：

① 原文分别为：Cultural routes as "linear landscapes", as referred to in the Operational Guidelines, may not always be lines, but can take the form of a matrix, or a network, and it would be more appropriate to refer to them as a system. If a road is considered as a (segment of a) line, with a start and end point, a considerable length and limited width, theoretically a heritage route as a linear nomination constitutes a continuous nomination, where every point along the line is proposed for inscription. UNESCO mission to the Chinese Silk Road as world cultural heritage Route: a systematic approach towards identification and nomination, P10, P11, http://unesdoc.unesco.org/images/0013/001381/138161eo.pdf

> 作为“线性景观”的文化线路，如《操作指南》所述，并不一定呈线状；(由线构成的)矩阵或网络形态同样也可以被认为是线性景观，当然更适合的是将它们认定为一个系统。
>
> 如果将一条道路定义为：“一条直线或其中的一段，有起点和终点，有一定的长度和有限的宽度”，那么理论上一条备选的遗产线路是一条连续的遗产，位于其上的每个点都应被登录。

显然，线性文化景观并不只是一条“线”，还有可能是由多条“线”构成的复杂的系统性遗产。从已登录的一些线性文化景观遗产来看，至少能够区分出曲线形态(图 3－1)、分支形态(图 3－2)、环形形态(图 3－3)三种类型。无论是简单或者复杂的线性文化景观，都可以分解为一定数量的“有起点和终点，有一定的长度和有限的宽度”的段落，这样也就为研究样本的选择提供了标准。

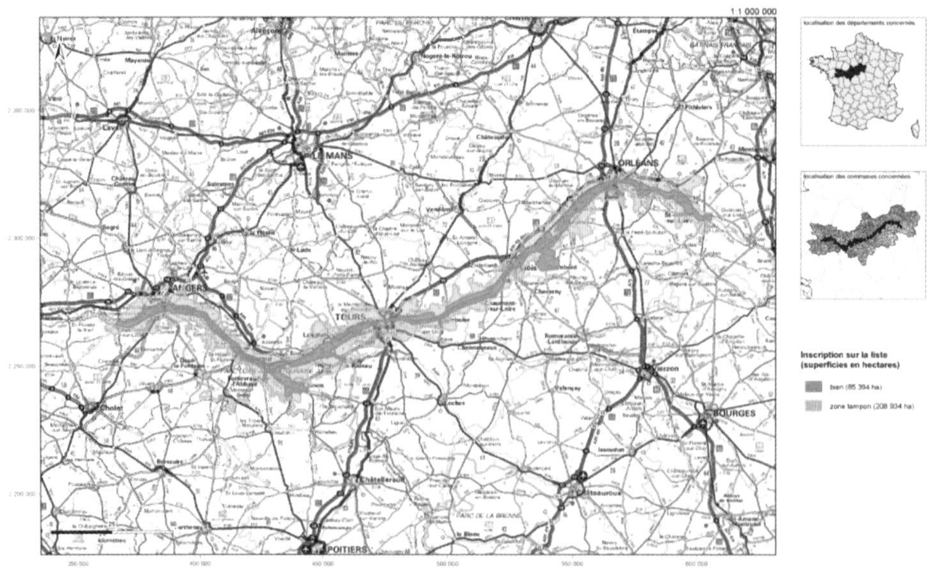

图 3－1　曲线形态(卢瓦尔河畔叙利与沙洛纳间的卢瓦尔河谷，来源：http://whc.unesco.org/download.cfm?id_document=9675)

总的来说，满足以下四个条件的遗产地，就可作为论文研究的样本：

(1) 研究样本应当具有一条或多条在物质空间上(phsical form)有起点和终点、有一定的长度和有限的宽度(通常在 10∶1 以上)的线性要素(linear element)，例如河流、道路等，并以其为核心。

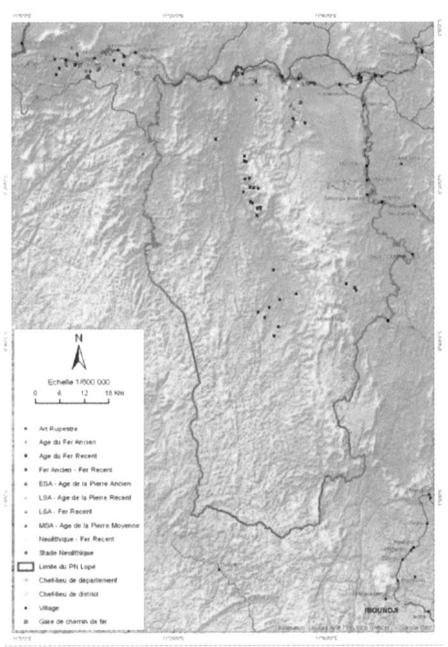

图 3 - 2　分支形态(洛佩—奥坎德生态系统与文化遗迹景观，来源：http://whc.unesco.org/download.cfm?id_document=101940)

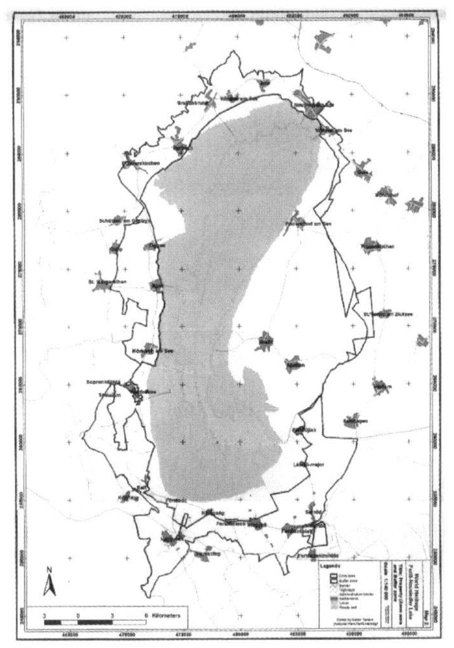

图 3 - 3　环形形态(新锡德尔湖与费尔特湖地区文化景观，来源：http://whc.unesco.org/download.cfm?id_document=115735)

(2) 研究样本中的线性要素应当是整体文化景观成型的诱因，或文化景观在成型过程中造就了线性要素，且围绕其发展；典型的例子如自然河谷和人工运河，它们分别是人类利用自然和改造自然的结果。

(3) 线性要素及围绕线性要素的一系列遗产点，能够共同反映出整个地区在文化上的突出普遍价值，而不仅仅是通过线性要素将遗产点连接在一起。

(4) 如果研究样本是呈现矩阵或网络形态，而组成它们的是多条符合定义(1)的线性空间，那么也可以将其作为线性文化景观进行研究。

3.3.2　以“文化景观”类别登录的线性文化景观

在前一小节设定的选择标准下，研究从世界遗产文化景观类目中筛选出 26 处线性文化景观，如表 3 - 2 所示。

表 3-2 以“文化景观”登录的线性文化景观①

英文名称	中文名称	国别	列入时间
Cultural Landscape and Archaeological Remains of the Bamiyan Valley	巴米扬山谷的文化景观和考古遗迹	阿富汗	2003
Madriu-Perafita-Claror Valley	马德留-配拉菲塔-克拉罗尔大峡谷	安道尔	2004
Quebrada de Humahuaca	塔夫拉达·德乌玛瓦卡	阿根廷	2003
Hallstatt-Dachstein/Salzkammergut Cultural Landscape	哈尔施塔特-达特施泰因萨尔茨卡默古特文化景观	奥地利	1997
Wachau Cultural Landscape	瓦豪文化景观	奥地利	2000
Fertö/Neusiedlersee Cultural Landscape	新锡德尔湖与费尔特湖地区文化景观	奥地利、匈牙利	2001
Viñales Valley	比尼亚莱斯山谷	古巴	1999
Coffee Cultural Landscape of Colombia	哥伦比亚咖啡文化景观	哥伦比亚	2011
Jurisdiction of Saint-Emilion	圣艾米伦区	法国	1999
The Loire Valley between Sully-sur-Loire and Chalonnes	卢瓦尔河畔叙利与沙洛纳间的卢瓦尔河谷	法国	2000
Ecosystem and Relict Cultural Landscape of Lopé-Okanda	洛佩—奥坎德生态系统与文化遗迹景观	加蓬	2007
Upper Middle Rhine Valley	莱茵河中上游河谷	德国	2002
Dresden Elbe Valley	德累斯顿的埃尔伯峡谷	德国	2004
Tokaj Wine Region Historic Cultural Landscape	托卡伊葡萄酒产地历史文化景观	匈牙利	2002
Incense Route — Desert Cities in the Negev	熏香之路——内盖夫的沙漠城镇	以色列	2005
Costiera Amalfitana	阿马尔菲海岸景观	意大利	1997
Iwami Ginzan Silver Mine and its Cultural Landscape	石见银山遗迹及其文化景观	日本	2010

① 注：详表还包括线性文化景观的长度、宽度、类型、保护区面积、缓冲区面积、文化景观登录类别，见附录。

续　表

英　文　名　称	中　文　名　称	国别	列入时间
Sacred Sites and Pilgrimage Routes in the Kii Mountain Range	纪伊山地的圣地与参拜道	日本	2004
Sulaiman-Too Sacred Mountain	苏莱曼-图圣山	吉尔吉斯斯坦	2009
Ouadi Qadisha (the Holy Valley) and the Forest of the Cedars of God (Horsh Arz el-Rab)	夸底・夸底沙(圣谷)和神杉林	黎巴嫩	1998
Curonian Spit	库尔斯沙嘴	立陶宛、俄罗斯	2000
Kernavė Archaeological Site (Cultural Reserve of Kernavė)	克拿维考古遗址(克拿维文化保护区)	立陶宛	2004
Orkhon Valley Cultural Landscape	鄂尔浑峡谷文化景观	蒙古	2004
Alto Douro Wine Region	葡萄酒产区上杜罗	葡萄牙	2001
Cultural Landscape of the Serra de Tramuntana	特拉蒙塔那山区文化景观	西班牙	2011
Lavaux, Vineyard Terraces	拉沃葡萄园梯田	瑞士	2007

从数量上来看,以“文化景观”类别登录的线性文化景观(26 处)占目前已登录的世界遗产文化景观总数(85 处)近 1/3,这显然是受到《操作指南》“具有狭长、线性形态的区域,不应被排除在认定的行列之外”影响的结果。从地域分布情况来看,这些线性文化景观散布在四个大洲的 21 个国家,相距遥远;从所处环境来看,这些线性文化景观绝大多数与谷地有关,其中分布在河谷中的有 12 处、分布在山谷中的有 6 处,还有 4 处沿海岸线分布。此外,以道路和湖区作为核心的还各有 2 处。

从这些线性文化景观的长度和宽度来看,最长的卢瓦尔河谷绵延 280 公里有余,最短的苏莱曼—图圣山仅长 1.7 公里;长宽比例上,既有特拉蒙塔纳山区文化景观这样有一定纵深的(长 90 公里,宽 15 公里),也有如日本的石见银山(长 19.5 公里,平均宽度 3.3 米)和纪伊山地的圣地与参拜道(长 307.6 公里,平均宽度 1 米)这样的细线。由于各国对文化景观的理解不尽相同,受到政治、经济等因素影响,遗产区的划界方式也不一样,仅凭数据对比很难体现线性文化景观的内涵，还需要对这些线性文化景观的提名标准和价值取向做进一步的研究。

3.3.3 以"文化遗产"类别登录的线性文化景观

在"文化景观"类别出现之前已经登录世遗名录的遗产地中，也有一些具有明显的线性形态；在"文化景观"类别出现之后，一些具有线性文化景观性质的性质，因各种原因没有选择以"文化景观"作为申报类别，但在它们的申遗报告书或专家评价报告中也出现"线性文化景观"的阐述，在保护工作实施的过程中或多或少基于文化景观的认识论。这些例子都属于本书研究的范畴(表 3-3)。

表 3-3 以"文化遗产"类别登录的线性文化景观

英文名称	中文名称	国别	登录时间	依　　据
Frontiers of the Roman Empire	罗马帝国的边界(由"哈德良长墙"扩展)	德国、英国	1987 2006, 2008(扩展)	"哈德良长墙的案例向我们展现，对一处线性文化景观进行管理，需要许多不同的伙伴的通力合作。"①
Canal du Midi	米迪运河	法国	1996	"根据《操作指南》第 39 段，它也可以被认为是一处文化景观，尽管法国并没有以该类别提交申请。"②
Defence Line of Amsterdam	阿姆斯特丹防线	荷兰	1996	"不应被忽视的是，'阿姆斯特丹的防御线'事实上也是一处高质量的、完整的文化景观。"③
Routes of Santiago de Compostela in France	法国圣地亚哥-德孔波斯特拉朝圣之路	法国	1998	"根据《操作指南》第 40 段，它也可作为一条线性文化景观。"④

① World Heritage Cultural Landscapes: A Handbook for Conservation and Management, P100

② Advisory Body Evaluation of Canal du Midi, http://whc.unesco.org/archive/advisory_body_evaluation/770.pdf

③ Advisory Body Evaluation of Defence Line of Amsterdam, http://whc.unesco.org/archive/advisory_body_evaluation/759.pdf

④ Advisory Body Evaluation of Routes of Santiago de Compostela in France, http://whc.unesco.org/archive/advisory_body_evaluation/868.pdf

续　表

英文名称	中文名称	国别	登录时间	依　　据
Semmering Railway	塞默灵铁路	奥地利	1998	“根据 1995 年的《操作指南》第 35—39 段，它也可被认为是一处线性文化景观。”①
Derwent Valley Mills	德文特河谷工业区	英国	2001	“德文特河谷工业区的文化景观具有突出的价值，理查德·阿克莱特发明的新技术在这里得到运用，并建立了现代的工厂制度。”②
Aflaj Irrigation Systems of Oman	阿曼的阿夫拉贾灌溉体系	阿曼	2006	“（该灌溉体系）的拓展应考虑以一系列文化景观的名义提名，因为它们代表了独特的、长时间的、可持续的、活态的管理水资源的方式。”③
Rideau Canal	丽都运河	加拿大	2007	“遗产运河可能是一项不朽的杰作、一种可以用来定义线性文化景观的特征，或作为一处复杂的文化景观的重要组成部分。”（《操作指南》）

表 3－3 列举的遗产地均有明确的依据，如 ICOMOS、IUCN 等组成的顾问团（Advisory Body，AB）提交的价值评估报告，证明它们属于“线性文化景观”。除了这些有“官方证明”的遗产地之外，还有一些遗产地，因登录时间较早、遗产类型特殊等原因，缺乏官方依据，但通过参照前述案例，可以认为它们也是线性文化景观（表 3－4）。

① Advisory Body Evaluation of Semmering Railway，http://whc.unesco.org/archive/advisory_body_evaluation/785.pdf

② Advisory Body Evaluation of Derwent Valley Mills，http://whc.unesco.org/archive/advisory_body_evaluation/1030.pdf

③ Advisory Body Evaluation of Aflaj Irrigation Systems of Oman，http://whc.unesco.org/archive/advisory_body_evaluation/1207.pdf

表 3-4　缺乏官方依据但可认为是线性文化景观的文化遗产

英 文 名 称	中文名称	国别	登录时间	依　　据
The Great Wall	长城	中国	1987	参照"罗马帝国的边界(哈德良长墙)"
Route of Santiago de Compostela	冈斯特拉的圣地亚哥之路	西班牙	1993	参照"法国圣地亚哥—德孔波斯特拉朝圣之路"
Mountain Railways of India	印度山地铁路	印度	1999 2005,2008 (扩展)	参照"塞默灵铁路"
Rhaetian Railway in the Albula/Bernina Landscapes	阿尔布拉/伯尔尼纳文化景观中的雷蒂亚铁路	意大利、瑞士	2008	
Pontcysyllte Aqueduct and Canal	庞特斯沃泰水道桥与运河	英国	2009	参照"米迪运河"、"丽都运河"

3.3.4　包含在"文化线路"中的线性文化景观

在论文的 3.2 小节已经辨析过"线性文化景观"和"文化线路"两个概念。根据《马德里共识》和《文化线路宪章》，文化线路可以包括文化景观及其他各种类型的遗产，并将它们统一在一个主题下。与之相应，线性文化景观可以作为文化线路存在的例证，尤其是在反映出交流和通信功能的存在的方面。

从实际案例来看，前述的一系列线性文化景观中也有相当数量与文化线路存在联系(表 3-5)。

表 3-5　包含在"文化线路"中的线性文化景观

线性文化景观	国别	相关的文化线路	跨越国家	备　　注
巴米扬山谷的文化景观和考古遗迹(Cultural Landscape and Archaeological Remains of the Bamiyan Valley)	阿富汗	丝绸之路(the Silk Road)	欧亚北部及东北非地区的数十个国家	2014 年中国与哈萨克斯坦、吉尔吉斯斯坦将联合申报"丝绸之路起始段与天山廊道的路网"，使用吉尔吉斯斯坦的申遗名额。

续　表

线性文化景观	国别	相关的文化线路	跨越国家	备　注
塔夫拉达·德乌玛瓦卡（Quebrada de Humahuaca）	阿根廷	卡米诺-印加文化线路（Camino Inca）	厄瓜多尔、秘鲁、玻利维亚、智利、阿根廷	卡米诺-印加即通往秘鲁的世界遗产地——马丘比丘的印加帝国早期道路，是"印加路网"的一部分。
熏香之路——内盖夫的沙漠城镇（Incense Route — Desert Cities in the Negev）	以色列	熏香之路（Incense Route）	东北非、阿拉伯、西亚及南亚地区的数十个	阿曼在 2000 年将境内瓦迪·道卡的乳香之路（即熏香之路）遗迹申报为世界遗产。
冈斯特拉的圣地亚哥之路（Routes of Santiago de Compostela）	西班牙	圣地亚哥之路（Routes of Santiago）	比利时、法国、德国、意大利、卢森堡、葡萄牙、西班牙、瑞士	这两处遗产的性质更接近于文化线路。
法国圣地亚哥-德孔波斯特拉朝圣之路（Routes of Santiago de Compostela in France）	法国			
阿姆斯特丹防线（Defence Line of Amsterdam）	荷兰	大西洋壁垒（Atlantic Wall）	挪威、法国、荷兰、比利时、丹麦	大西洋壁垒是纳粹德国在二战期间兴建的防御西线的连续工事。

3.4　线性文化景观的提名标准

根据《保护世界文化与自然遗产公约》规定，一处遗产地要申报为世界遗产，需要满足一定的提名标准，即遗产地在哪些方面表现出"突出普遍价值"。对线性文化景观的提名标准进行研究，有助于了解国际上对其价值的取向，也有利于更全面地认识遗产地本身。

3.4.1　文化景观的提名标准

《保护世界文化与自然遗产公约》阐明，世界遗产的根本特征是具有"突出普遍价值"，并相应地设定了评估遗产地是否具有"突出普遍价值"的 10 条提名标

准(nomination criteria)[①]:

> i. 表现出一种人类创造性天赋的杰作。
>
> ii. 展现出在建筑技术、纪念性的艺术、城镇规划或景观设计等的发展中,人类价值观跨越时间、跨越文化区域的重要交流。
>
> iii. 能为一种仍然存在或已消逝的文明或文化传统,提供一种独特的(至少是特殊的)见证。
>
> iv. 可作为一种建筑、建筑群或景观的杰出范例,展示出人类历史上的一个(或几个)重要阶段。
>
> v. 可作为传统的人类聚居、利用土地或海洋的杰出范例,这些范例能够代表一种(或几种)文化,或代表人类与自然相互依存的关系——尤其当这种关系在不可逆转的变化的影响下变得越来越脆弱,就更弥足珍贵。
>
> vi. 与具有突出普遍价值的事件、生活传统、观念、信仰、艺术和文学作品有直接或有形联系。(委员会建议,符合该标准的遗产最好还应符合其他的标准)
>
> vii. 包含无与伦比的自然现象,或具有特殊的自然美和美学重要性的地区。
>
> viii. 可作为地球历史各主要阶段的突出实例,内容涵盖生命的记录、地貌发育中显著的地质变迁过程或重要的地形地貌特征。
>
> ix. 可作为持续的生态和生物的演化和发展进程的突出范例,这些演化的进程可能在陆地、淡水、沿海和海洋生物系统乃至动植物群落中发生。
>
> x. 包含对于生物多样性物种保护最重要的和最富意义的自然栖息地,同时也包括那些从科学或保护的视角具有突出普遍价值的濒危物种的栖息地。

《操作指南》同时规定,标准的前 6 条(标准 i—至标准 vi)用于文化遗产的评估;后 4 条(标准 i—标准 iv)用于自然遗产的申报。因此,作为文化遗产的一个子类,文化景观至少要满足前 6 条标准中的一条,才能登录为世界遗产。

与传统意义上的文化遗产相比,文化景观比较复杂,因为其不仅包括文化上的价值,还包括自然方面的价值。在文化景观世界遗产类型出现之前,文化遗产的提名审定由 ICOMOS 进行,而自然遗产的提名审定则由 IUCN 进行。在文化景观

---

① OG, Para 77.

加入世界遗产之后，情况发生了变化，由于需要具有判断双方面价值的能力的专家委员会，IUCN 也参与到文化景观价值评估的工作中。新版《操作指南》规定①：

> 作为“文化景观”类申报的文化遗产，将由国际古迹遗址理事会(ICOMOS)与世界自然保护联盟(IUCN)磋商之后进行评估。

需要指出的是，文化景观所包含的自然方面的价值，与世界自然遗产所体现的自然方面的价值无法画上等号——因为本质上文化景观是一项文化遗产。除非登录的文化景观同时也是自然遗产(这样的例子共有 7 处，包括澳洲的“乌卢鲁-卡塔曲塔国家公园”、加蓬的“洛佩—奥坎德生态系统与文化遗迹景观”等)，否则其中的自然价值的作用仅是为了提升遗产地的文化价值。

针对文化景观所包含的自然方面的价值，IUCN 在其内部报告《文化景观的自然价值的评估》中提出了数项衡量的标准，并指出②：

> 为自然遗产准备的提名标准在文化景观(的自然价值)的评估方面所起的作用有限，因为它们具有不同的特征。重要的是，这些标准(IUCN 提出的评估文化景观自然价值的标准)并不取代《操作指南》中阐述的作为共识的自然标准(即用来评估自然遗产的后 4 条标准)。其唯一的目的是确定 IUCN 对文化景观的兴趣程度。文化景观是一种文化遗产，理所当然应遵循前 6 条标准。

3.4.2　研究样本提名标准的统计

根据前一小节的分析，研究首先对以“文化景观”类别登录的 26 处线性文化

---

① 原文为：“In the case of nominations of cultural properties in the category of ‘cultural landscapes’, as appropriate, the evaluation will be carried out by ICOMOS in consultation with IUCN.” (OG, Para 146)

② 原文为：“The criteria developed specifically for natural sites are of limited value in assessing nominations for cultural landscapes, whose characteristics are different.”及“It is important to stress that these criteria do not replace the agreed natural criteria in the Operational Guidelines, which must be used to assess any site nominated under natural criteria (vii - x). Their sole purpose is to identify the extent of IUCN's interest in cultural landscapes, sites which will of course be fomally inscribed only under cultural criteria (i - vi).”见“Guidelines for Reviewers of Cultural Landscapes — The Assessment of Natural Values in Cultural Landscapes”, P1, P2.

景观的提名标准进行了统计(表 3-6)。

表 3-6　以"文化景观"类别登录的线性文化景观的提名标准统计

标准	(i)	(ii)	(iii)	(iv)	(v)	(vi)	(vii)	(viii)	(ix)	(x)
数量	2	11	15	18	14	4	0	0	1	1

统计结果中满足自然遗产提名标准的唯一例子,是位于加蓬共和国的"洛佩—奥坎德生态系统与文化遗迹景观",其提名标准包括(iii)、(iv)、(ix)、(x)四项。从文化遗产应满足的标准(i)至标准(vi)的分布情况来看,数量最多的是标准(iv),有 18 处遗产地满足该标准;其次是标准(iii)、标准(v)和标准(ii),满足这三个标准的遗产地分别有 15、14、11 处。标准(vi)和标准(i)的遗产地的数量很少,分别为 4 处、2 处。

研究对以"文化遗产"类别登录的线性文化景观的提名标准也进行了统计(表 3-7)。从统计结果来看,数量最多的依然是标准(iv),占 7 处;其次是标准(ii),占 6 处,标准(i)、(iii)和(v)各占 2 处、1 处、1 处。

表 3-7　以"文化遗产"类别登录的线性文化景观的提名标准统计

标准	(i)	(ii)	(iii)	(iv)	(v)	(vi)	(vii)	(viii)	(ix)	(x)
数量	2	6	1	7	1	2	0	0	0	0

综合以上数据,世遗名录中的线性文化景观,符合标准(iv)的遗产地最多,有 25 处;以下依次是标准(ii)、标准(iii)、标准(v),分别为 17 处、16 处、15 处,符合标准(vi)、标准(i)的遗产地的数量很少,为 6 处、4 处(图 3-4)。

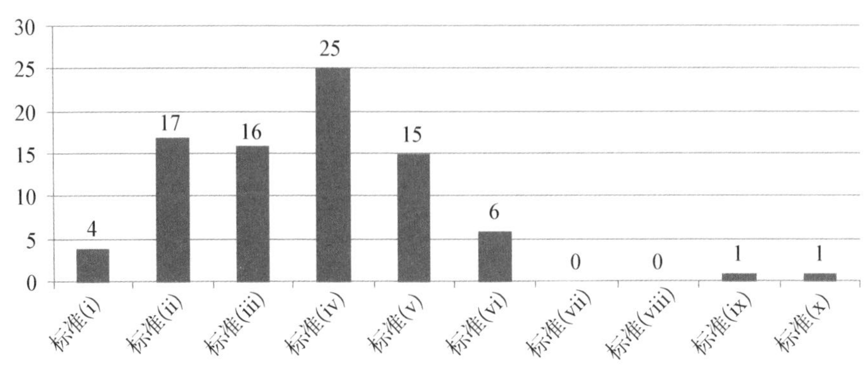

图 3-4　世遗名录中的线性文化景观的提名标准统计

3.4.3 提名标准反映的价值取向

前述对提名标准的统计，为分析提名标准反映的价值取向提供了基础。

1. 标准(i)——人类创造性的天赋杰作

根据表3-6的统计，符合标准(i)的线性文化景观有2处，分别是位于阿富汗的“巴米扬山谷的文化景观和考古遗迹”和位于法国的“卢瓦尔河畔叙利与沙洛纳间的卢瓦尔河谷”。前者以著名的巴米扬大佛(2001年被塔利班炸毁)匹配；后者则以美丽的历史城镇和举世闻名的壮观的法式城堡入选。在以“文化遗产”类别登录的线性文化景观中，符合标准(i)的线性文化景观也有2处，分别是法国的“米迪运河”和加拿大的“丽都运河”。

标准(i)是一个比较传统的文化遗产的评判标准，对于区域性的文化景观，标准(i)通常无法全面涵盖遗产地的价值，例如对于巴米扬山谷，与标准(i)匹配的是其中的立佛巨像和洞窟；对于卢瓦尔河谷，与标准(i)匹配的是其中的一系列建筑遗产(如城堡)和城镇。山谷中的田地、民居等并不在标准(i)的涵盖范围内。

总的来说，标准(i)在物质上崇尚“历史的、宏大的、雄伟的”[27]，创造者也具有精英化的色彩；从数量上看，满足标准(i)的线性文化景观总共仅有4处，也没有任何一处文化景观仅以标准(i)入选，这也反映出该标准并非线性文化景观关注的重点。

2. 标准(ii)——跨越时间、跨越文化区域的重要交流

在以“文化景观”类别登录的线性文化景观中，符合标准(ii)的遗产地共有11处，包括：巴米扬山谷的文化景观和考古遗迹(阿富汗)、塔夫拉达·德乌玛瓦卡(阿根廷)、瓦豪文化景观(奥地利)、卢瓦尔河畔叙利与沙洛纳间的卢瓦尔河谷(法国)、莱茵河中上游河谷(德国)、德累斯顿的埃尔伯峡谷(德国，已被除名)、阿马尔菲海岸景观(意大利)、石见银山遗迹及其文化景观(日本)、纪伊山地的圣地与参拜道(日本)、鄂尔浑峡谷文化景观(蒙古)、特拉蒙塔那山区文化景观(西班牙)。

在以“文化遗产”类别登录的线性文化景观中，符合标准(ii)的遗产地共有6处，分别是罗马帝国的边界(德国、英国)、阿姆斯特丹的防御线(荷兰)、米迪运河(法国)、法国圣地亚哥—德孔波斯特拉朝圣之路(法国)、塞默灵铁路(奥地利)、

德文特河谷工业区(英国)。

在研究样本中,符合标准(ii)的遗产地数量共17处,位居第二,可见这是线性文化景观重视的一项标准。

符合标准(ii)的17处遗产地,大致可分为几个类型:数量最多的是河谷(8处),此外还有人工运河(2处)、山脊或山谷(2处)、海岸线(2处)、道路(2处)和防线(1处)。其中荷兰的阿姆斯特丹防线,符合标准(ii)的原因是其修筑和对水工技术的利用,直接影响了阿姆斯特丹城市环境的发展①,是一个特殊的例子;除此以外,其他遗产地或是国家与国家、文化区与文化区之间的通路(如塔夫拉达·德乌玛瓦卡、鄂尔浑峡谷等),或是宗教传播的重要线路(如巴米扬山谷、纪伊山地的圣地与参拜道),或包含着物产源头运输的重要道路(如卢瓦尔河谷、莱茵河谷、石见银山等),或直接是文化区的边界线(阿马尔菲海岸等)。

从以上分析可以看出,标准(ii)与线性文化景观的核心——作为景观的组成要素的"狭长的线性区域"有着密不可分的关系。例如"塔夫拉达·德乌玛瓦卡"符合标准(ii)的原因是"作为一条人类与思想传播的关键通路存在了10 000年之久②";鄂尔浑峡谷则体现出"强大而持久的游牧文化导致的贸易网络的扩展和庞大的统治、商业、军事和宗教中心的建立"③。这是一项强调"交流"的提名标准,非常适合用于评判《操作指南》所指出的"具有重要文化意义的交通和通信网络"。

3. 标准(iii)——存在或已消逝的文明或文化传统的独特见证

在以"文化景观"类别登录的线性文化景观中,符合标准(iii)的线性文化景观有15处,包括:巴米扬山谷的文化景观和考古遗迹(阿富汗)、哈尔施塔特-达特施泰因萨尔茨卡默古特文化景观(奥地利)、圣艾米伦区(法国)、洛佩-奥坎德生态系统与文化遗迹景观(加蓬)、德累斯顿的埃尔伯峡谷(德国)、托卡伊葡萄酒产地历史文化景观(匈牙利)、熏香之路——内盖夫的沙漠城镇(以色列)、石见银山遗迹及其文化景观(日本)、纪伊山地的圣地与参拜道(日本)、苏莱曼-图圣山(吉尔吉斯斯坦)、夸底·夸底沙(圣谷)和神杉林(黎巴嫩)、克拿维考古遗址(克

① Advisory Body Evaluation of Defence Line of Amsterdam, 1996, http://whc.unesco.org/archive/advisory_body_evaluation/759.pdf

② Advisory Body Evaluation of Quebrada de Humahuaca, 2003, http://whc.unesco.org/archive/advisory_body_evaluation/1116.pdf

③ Advisory Body Evaluation of Orkhon Valley Cultural Landscape, 2004, http://whc.unesco.org/en/list/1081/documents/

拿维文化保护区)(立陶宛)、鄂尔浑峡谷文化景观(蒙古)、拉沃葡萄园梯田(瑞士)。

在以“文化遗产”类别登录的线性文化景观中,只有“罗马帝国的边界”(德国、英国)1处符合该提名标准。

符合标准(iii)的遗产地有16处,因此该标准也是线性文化景观的重要提名标准之一。从标准(iii)的评判方式来看,其与《操作指南》中设定的文化景观的第(ii)类“有机进化的景观”(其中又分为“化石景观”和“持续性景观”)和第(iii)类“关联性景观”都有密切关系。“有机进化的景观”往往代表着现代社会视为“落后”、“低效率”的生产方式,但它们是保持多元化世界的重要因素,如作为持续性景观的“托卡伊葡萄酒产地历史文化景观”、“圣艾米伦区”、“拉沃葡萄园梯田”,以及已经消亡但留有遗存的“化石景观”(如加蓬的“洛佩—奥坎德生态系统与文化遗迹景观”、以色列的“熏香之路——内盖夫的沙漠城镇”等)。相应的,被认为是“落后”、“迷信”的早期认识论及宗教信仰造就的关联性景观,也是该提名标准关注的重点之一,例如“巴米扬山谷的文化景观和考古遗迹”、“夸底·夸底沙(圣谷)和神杉林”等都是典型的例子。

4. 标准(iv)——展示人类历史重要阶段的建筑、建筑群或景观

在以“文化景观”类别登录的线性文化景观中,符合标准(iv)的有18处,包括:巴米扬山谷的文化景观和考古遗迹(阿富汗)、塔夫拉达·德乌玛瓦卡(阿根廷)、哈尔施塔特-达特施泰因萨尔茨卡默古特文化景观(奥地利)、瓦豪文化景观(奥地利)、比尼亚莱斯山谷(古巴)、圣艾米伦区(法国)、卢瓦尔河畔叙利与沙洛纳间的卢瓦尔河谷(法国)、洛佩—奥坎德生态系统与文化遗迹景观(加蓬)、莱茵河中上游河谷(德国)、德累斯顿的埃尔伯峡谷(德国)、阿马尔菲海岸景观(意大利)、纪伊山地的圣地与参拜道(日本)、夸底·夸底沙(圣谷)和神杉林(黎巴嫩)、克拿维考古遗址(克拿维文化保护区)(立陶宛)、鄂尔浑峡谷文化景观(蒙古)、葡萄酒产区上杜罗(葡萄牙)、特拉蒙塔纳山区文化景观(西班牙)、拉沃葡萄园梯田(瑞士);以“文化遗产”类别登录的7处线性文化景观则全部符合标准(iv)。

满足标准(iv)的遗产地在所有统计样本中数量最多。不仅如此,在所有的世界遗产文化景观中,该标准也是使用数量最多的一项[127]。需要注意的是,标准(iv)带有伴生性质,在所有的统计样本中,只有“比尼亚莱斯山谷”1处仅以标准(iv)登录的。而同时符合标准(ii)和标准(iv)的文化景观有11处,同时符合标准(iii)和标准(iv)的文化景观有7处,三项都满足的有5处。

与标准(i)相比,标准(iv)关心的不是遗产地的宏大、雄伟,而是遗产地是否具有某个时代的见证性,例如瓦豪文化景观以“建筑、人类居住区与农业用地都生动展示了一个中世纪景观随时间有机和谐的进化”[43];鄂尔浑峡谷文化景观“是蒙古帝国的中心,反映出突厥势力的蒙古化;拥有蒙古藏传佛教的代表性寺庙和维吾尔帝国的城市文化遗迹”。这是标准(iv)在文化景观中应用的最大意义。

5. 标准(v)——聚居、利用土地或海洋的杰出范例

在以“文化景观”类别登录的线性文化景观中,符合标准(v)的有 14 处,分别为:马德留-配拉菲塔-克拉罗尔大峡谷(安道尔)、塔夫拉达·德乌玛瓦卡(阿根廷)、新锡德尔湖与费尔特湖地区文化景观(奥地利、匈牙利)、哥伦比亚咖啡文化景观(哥伦比亚)、莱茵河中上游河谷(德国)、德累斯顿的埃尔伯峡谷(德国)、托卡伊葡萄酒产地历史文化景观(匈牙利)、熏香之路——内盖夫的沙漠城镇(以色列)、阿马尔菲海岸景观(意大利)、石见银山遗迹及其文化景观(日本)、库尔斯沙嘴(立陶宛、俄罗斯)、葡萄酒产区上杜罗(葡萄牙)、特拉蒙塔纳山区文化景观(西班牙)、拉沃葡萄园梯田(瑞士)。

在以“文化遗产”类别登录的线性文化景观中,符合标准(v)的只有阿姆斯特丹的防御线(荷兰)1 处。

符合提名标准(v)的遗产地共有 15 处,在各类样本中位居第 4。这是一项对于文化景观具有重要意义的提名标准:目前采用的标准(v)是在 1992 年世界遗产接纳文化景观后进行几次修订的结果,1992 年增加了“土地使用的突出范例”,2001 年又从“土地利用”扩展到包括“海洋利用”的实例,同时将“人类与环境的相互作用”也加入标准中[128]。在 15 处遗产地中,只有 2 处登录于 2000 年以前;另外,有 3 处遗产地(库尔斯沙嘴、新锡德尔湖与费尔特湖地区、马德留-配拉菲塔-克拉罗尔大峡谷)甚至只使用了标准(v),其重要性可见一斑。

修订后的标准(v)重视文化景观中具有“突出普遍价值”的土地利用方式,例如哥伦比亚咖啡文化景观,其符合标准(v)的理由是“土地利用的杰出典范,是几代的农场家庭在面对挑战性的地理条件时,创造性的发明的自然资源管理方式的体现”①;又如熏香之路——内盖夫的沙漠城镇,其符合标准(v)的理由是“今天遗存的那些辉煌了五个世纪之久的城镇、堡垒、驿站和复杂的农业灌溉系统,

① 原文见 http://whc.unesco.org/en/list/1121

是对恶劣的沙漠环境的极佳回应”。

总的来说，标准(v)关注的是文化景观中抽象的非物质文化遗产(主要是生产方式、居住方式、土地利用方式等)。在延续性的线性文化景观中，标准(iv)关注的物质遗产往往成为标准(v)的物证，即遗产地同时满足标准(iv)和标准(v)。

6. 标准(vi)——精神联系的物质载体

在以“文化景观”类别登录的线性文化景观中，符合标准(vi)的有 4 处，分别为：巴米扬山谷的文化景观和考古遗迹(阿富汗)、哥伦比亚咖啡文化景观(哥伦比亚)、纪伊山地的圣地与参拜道(日本)、苏莱曼—图圣山(吉尔吉斯斯坦)。

在以“文化遗产”类别登录的线性文化景观中，符合标准(vi)的有 2 处，均位于法国，分别是米迪运河、法国圣地亚哥—德孔波斯特拉朝圣之路。

标准(vi)是所有统计样本中应用数量较少的一项。该标准与文化景观的第(iii)类型——关联性文化景观有关，主要用于证明遗产地自然要素与人类宗教、文化、国家身份认同等的密切联系[43]。如巴米扬山谷、纪伊山地的圣地与参拜道、苏莱曼-图圣山、圣地亚哥—德孔波斯特拉朝圣之路，都凝聚了原住民虔诚的宗教信仰；哥伦比亚咖啡文化景观，则因“哥伦比亚咖啡”这个几乎能代表哥伦比亚国家形象的特产及其衍生的物质和非物质文化遗产而满足标准(vi)的要求。

标准(vi)也是一条带有伴生性质的提名标准，通常申报的遗产地不能只满足标准(vi)；世界遗产委员会也建议，符合该标准的遗产“最好还应符合其他的提名标准”。

3.5　线性文化景观的真实性和完整性

3.5.1　文化景观的真实性和完整性

“真实性”(authenticity，也译作“原真性”)和“完整性”(integrity)是世界遗产领域的核心理念，是世界遗产申报、遗产价值评估、遗产保护和环境整治的直接依据[129]。作为世界文化遗产的一个子类，文化景观遗产地在申报时也要经过“真实性”和“完整性”的检验。但是，文化景观又具有与传统的文化遗产不同的特征；文化景观对遗产动态性、生活性的重视，令其“真实性”和“完整性”呈现出与其他遗产不同的特点[130]，《操作指南》各版本修订的过程可以清晰地看出这一点。

1. 真实性

在世界遗产框架中，“真实性”是专门针对文化遗产的衡量标准①。“真实性”概念最早在1964年的《威尼斯宪章》中提出；《宪章》指出，“将真实性充分完备地传承下去是我们的职责”[131]，并深远影响了此后一系列遗产领域的重要文献。1972年，《世界遗产公约》正式通过，真实性成为评估文化遗产的重要标准之一；1994年，在日本召开的“奈良真实性会议”，又通过了《奈良真实性文件》，对《威尼斯宪章》进行了补充。《文件》提出，对于文化遗产价值和相关信息来源可信性的评价标准可能因文化而异，甚至在同一种文化内也存在差异；因此，出于对不同文化的尊重，文化遗产的审查和评估必须首先在其所在的文化背景中进行[131]；更重要的是，《文件》重新定义了“真实性”，提出“真实性不能以固定的标准来评判，必须在相关文化背景之下对遗产项目加以考虑和评判”，使东方文化取得了与西方文化同等的地位。

受1964年《威尼斯宪章》的影响，早期的《操作指南》将遗产的真实性归纳为设计、材料、工艺、环境四个方面②。随着文化景观进入世界遗产的行列和《奈良真实性文件》的通过，世遗委员会认识到仅以前述四个方面，并不足以概括文化景观的内涵，因此在1994年版的《操作指南》中，将具有“不同特征和组成部分”(distinctive character and components)的文化景观纳入真实性检验的范畴，并对“真实性”标准对于文化景观的适应性进行了更详尽的解释。在2005年版的《操作指南》中，验证真实性的特征进一步增加③：

> 根据文化遗产类别和其文化背景，如果遗产的文化价值(申报标准所认可的)之下列特征是真实可信的，则被认为具有真实性：形式和设计；材料和实体；用途和功能；传统、技术和管理体制；位置和环境；语言和其他形式的非物质遗产；精神和感知；以及其他内外因素。

在第83条中，又特别指出：

> 精神和感觉这样的特征在真实性评估中虽不易操作，却是评价一个地方特点和意义的重要指标，例如在保持了传统和文化连续性的社区中。

---

① 根据OG，II.E 79规定，以提名标准(i)至提名标准(vi)申报的遗产地需要满足“真实性”标准。

② OG 1977版。

③ OG，II.E 82，83.

相比早期版本，现行的《操作指南》在真实性方面增加了诸如方位与位置、语言、精神、感觉等验证特征，并强调非物质遗产在真实性验证方面的重要作用。这在部分程度上，是由于文化景观的真实性需要由物质和非物质两方面共同体现；如苏珊·丹耶尔(Susan Denyer)的研究指出，有形的物理特征、非物质的实践和非物质的关联是形成持续性景观显著文化回应(cultural response)的三种形式[132]；与之相似的还有关联性景观，其真实性也主要体现在物质和非物质两个方面。

2. 完整性

与“真实性”标准相反，“完整性”标准最初用于自然遗产的评估①。1996年，在法国举行的“世界自然遗产的总体原则与提名评估标准”会议上，与会专家建议将“完整性”同时应用于自然遗产和文化遗产；1998年的阿姆斯特丹会议进一步建议加强世界遗产文化性与自然性的联系。在这样的背景下，2005年版的《操作指南》正式将“完整性”规定为文化遗产申报时应当满足的标准之一[133]；《操作指南》指出，文化遗产“完整性”的确定必须从整体性(wholeness)和无缺憾性(intactness)两个方面加以考虑，具体包括对代表突出普遍价值的要素、尺度和发展的影响的评估②。

在文化景观领域，对“完整性”验证的研究比对“真实性”的研究要少得多。这是由于“完整性”迟至2005年才被《操作指南》确定为文化遗产申报所需要符合的原则，因此即使在ICOMOS的报告中会涉及完整性的评估，但也通常包含在对真实性的评估中，较少专门的评价[130]。

在《操作指南》中，涉及文化景观“完整性”的条文主要包括87、88、89条。如88条指出③：

> 完整性用于衡量是自然和(或)文化遗产及其属性的整体性及无缺憾性。审查遗产的完整性，需要评估遗产满足以下特征的程度：
>
> a) 包括所有能够表达其突出普遍价值的要素；
>
> b) 具有足够的尺度，以确保能完整代表那些体现遗产价值的特色和过程；

① http://whc.unesco.org/archive/1996/whc-96-conf202-inf9e.htm

② OG, II.E 88.

③ OG, II.E 88.

c) 发展和(或)对其置之不理带来的负面影响。

89 条则进一步强调了文化景观的特殊性:

> 依照标准(i)至标准(vi)申报的遗产,其物理结构和(或)重要特征都必须保存完好,且侵蚀和退化得到控制;能表现遗产全部价值的绝大部分要素也应当包括在内。文化景观、历史城镇或其他活态遗产中,体现显著特征的各种关系和驱动机制也应当予以保存。

显然,与其他类型的文化遗产相比,文化景观的各要素之间的关系,以及产生文化景观的驱动力,都是文化景观"完整性"的一部分。更进一步,由于文化景观又分为"有意设计的景观"、"有机进化的景观"、"关联性景观"三个主要类型,这些类型在完整性方面的特征也各不相同,如"有意设计的景观",其完整性主要体现在原始设计格局和要素的完整上;而诸如卢瓦尔河谷这样直到今天仍然保持着生产生活机能、属于"持续性景观"的遗产地,其完整性就主要体现在社会功能的完整上。

对于文化景观的完整性,《世界遗产文化景观保护与管理手册》还特别指出:

> 文化景观的完整性,指文化景观各个历史时期遗留的证据、含义,以及遗留的这些要素之间的关系,保持着完整无缺,并且在文化景观中体现出来。完整性强调文化与自然之间关系的完整,而非自然本身的完整。

相应的,《管理手册》还举出三个例子,分别说明文化景观类型与完整性的对应关系:

> 由人类有意设计和创造的景观,如果仍然保持着当初的形态,并没有在后世遭到实质性的改变,那么它是具有完整性的。典型例子如捷克的莱德尼采-瓦尔季采文化景观。
>
> 持续性景观的完整性,需要体现出形式和特征的进化过程,并可以像档案一样被"阅读";它们的历史完整性也可以表现在传统使用功能的延续,以及部分与景观整体之间关系的延续。典型例子如菲律宾的稻作梯田和意大利五渔村的葡萄园梯田。

王毅等人对文化景观的各类型进行了研究，指出各类型的文化景观均呈现出不同特征的真实性、完整性要求；同时，作为沟通文化与自然桥梁的文化景观，其真实性与完整性呈现出一种水乳交融的局面[130]。

表 3－8 归纳了不同类型文化景观对应的真实性及完整性特征。

表 3－8　不同类型文化景观对应的真实性及完整性特征

文化景观类型	真实性特征	完整性特征
i. 由人类有意设计和创造的景观	主要体现在最初设计理念、景观格局、功能以及关键性人造元素的真实存续	主要体现在历史结构的完整性，即景观保持设计之初和历史上的规模、布局和组成要素的完整
ii－a. 化石景观	主要体现在实体物理遗迹的保存状况	主要体现在跨越的历史时期的物证、意义和各要素之间的关系的完整
ii－b. 持续性景观	主要体现在景观的外形、功能、景观对于当地历史发展轨迹的记录，以及传统的生活方式与土地利用技术的延续	主要体现在形式、特征上的进化过程的完整性，以及传统功能及部分与景观整体之间的关系的延续
iii. 关联性文化景观	主要体现在人与自然精神关联的保存，以及相关物证的真实性	主要体现为保证人与自然精神关联的所有相关元素的完整

（来源：根据王毅等人的研究整理）

3.5.2　线性文化景观的真实性和完整性

线性文化景观是一种特殊的文化景观。线性文化景观的“真实性”和“完整性”验证首先应当在文化景观的框架下进行，这一点在表 3－8 中已经有所归纳。同时，由于线性文化景观具有线性形态，在要素组成、格局等方面具有鲜明的特色，与其他类型的文化景观也存在一定的不同之处，其在“真实性”和“完整性”检验方面还有一些需要关注的具体特征，尤其是作为其核心的“狭长线状区域”也需要得到“真实性”和“完整性”的验证；此外，沿线分布的遗迹与“狭长线状区域”之间的有形和无形的联系也不应被忽略。

1. 真实性

根据《操作指南》，线性文化景观的真实性至少应当从七个方面进行验证，这些价值载体包括形式和设计；材料和实体；用途和功能；传统、技术和管理体制；位置和环境；语言和其他形式的非物质遗产；精神和感知。

(1) 形式和设计

该方面的真实性判断主要涉及线性文化景观中"有意设计的景观"和"化石景观"部分。与其他类型的文化景观相似,组成要素物质形态的真实是线性文化景观真实性的基础,如蒙古的"鄂尔浑峡谷文化景观",谷地中的一些建筑在1930年代受到破坏,后来又得到修复和重建。该遗产地的《申遗报告书》中强调,修复和重建工作都尽量采用原始材料和传统工艺,并且有当年的照片为据①。但更重要的是线性文化景观中线性的人造物,以及与"狭长线性区域"有关的设施的真实性,如大吉岭铁路、丽都运河、卢瓦尔河谷、莱茵中上游河谷等谷地聚落中沿水分布的葡萄园等。

(2) 材料和实体

该方面的真实性判断主要涉及线性文化景观中的人造物。除了已经受到较多重视的建筑、构筑物等,道路、运河等线性形态的人造物的构成材料和实体也应受到真实性的检验;例如以色列的"熏香之路——内盖夫的沙漠城镇",真实性验证就不仅涵盖当年的城市,也涵盖"熏香之路"的一系列遗迹,包括道路的铺装和里程碑②。

(3) 用途和功能

该方面的真实性判断主要涉及线性文化景观中的"有机进化的景观"部分。相比各组成要素,狭长线状区域整体的原始用途和功能的变化,以及这些变化呈现出的见证性更加重要,因为正是它们的交互关系决定了线性文化景观的整体性格。例如卢瓦尔河谷的真实性很重要的一点就在于"能够清晰地看出昨日的景观发展至今的历史轨迹";而"作为一处文化景观,对其中每个自然或文化部分进行真实性评价并无必要,ICOMOS的专家们也更加推荐其整体的真实性。"③

(4) 传统、技术和管理体系

该方面的真实性判断主要涉及线性文化景观中的"有机进化的景观"部分。对线性文化景观来说,各聚落的传统生活方式、生产技术等固然重要,但更易被忽略的是这些传统与线性文化景观整体的关系;例如传统可能通过线性通道传播,同时在不同地域发展的过程中产生变异。如果狭长线状区域整体丧失真实

---

① P20, Nomination file of Orkhon Valley Cultural Landscape, http://whc.unesco.org/uploads/nominations/1081rev.pdf

② P20, Nomination file of Incense Route — Desert Cities in the Negev, http://whc.unesco.org/uploads/nominations/1107rev.pdf

③ P147, Nomination file of The Loire Valley between Sully-sur-Loire and Chalonnes, http://whc.unesco.org/uploads/nominations/933.pdf

性,这些传统的生产生活方式会失去承载物,进而走向消亡。例如日本的“石见银山遗迹及其文化景观”,大森町、银山街道等遗迹都是由源源不断的银矿开采和运输线路造就的,当年运输银矿石的道路和港口仍然是本地居民生活的重要组成部分,只不过运输内容换成了货物和海产[①]。在进行真实性检验时,不能忽略这种自古以来的路线和运输传统。

(5) 位置和环境

该方面的真实性判断主要关注线性文化景观在更大尺度内所处的位置、这种位置对线性文化景观产生的驱动力,以及线性文化景观与周边环境的关系。对于一些尺度较大的线性文化景观,这种关系更加显著,只有认识到位置和环境的重要作用,才能理解线性文化景观形成的原因。例如巴米扬山谷之所以成为连接东西方文化的走廊,是因为它是干旱环境中难得的谷地绿洲;又如莱茵河谷的面貌真实的保留至今,由于“自然所留下的余地极小,因此与过去相比罕有改变”[②]。

(6) 语言和其他形式的非物质遗产

该方面的真实性判断与其他文化遗产类似。对于线性文化景观,还应当关注语言及非物质文化遗产的传播和联系,这些传播和联系通常是由人类的交流和迁徙活动产生的。例如“洛佩—奥坎德生态系统与文化遗迹景观”中的奥果韦河就是一条重要的移民廊道,旧石器时代至今留下的考古遗迹,以及河流沿岸现在仍保持传统生活方式的人群,记录了语言及非物质文化遗产的流动[③]。

(7) 精神和感知

《操作指南》中已经明确指出,精神和感知是文化景观的真实性中较难评估的一个方面,但对于文化景观(尤其是持续性景观和关联性景观)却十分重要[④]。对于线性文化景观,精神和感知的真实性的重点是整体的关联性,而不是个体的意象。例如日本“纪伊山地的圣地与参拜道”包含了一系列的寺庙,但其“突出普遍价值”在于遗址和周围的森林景观“是 1 200 多年来持续保留完好的圣山传统的写照”;参拜道、寺庙乃至该区域的小溪、河流和瀑布,只有在与神道教崇拜的

---

① P62, Nomination file of Iwami Ginzan Silver Mine and its Cultural Landscape, http://whc.unesco.org/uploads/nominations/1246bis.pdf

② P17, Nomination file of Upper Middle Rhine Valley, http://whc.unesco.org/uploads/nominations/1066.pdf

③ P13 - 14, Nomination file of Ecosystem and Relict Cultural Landscape of Lopé-Okanda, http://whc.unesco.org/uploads/nominations/1147rev.pdf

④ OG, II. E 82, 83.

寺庙联系在一起时，才具有精神和感知的真实性[①]。

2. 完整性

根据《操作指南》的规定和表 3－8 的归纳，线性文化景观首先应当满足“整体性”和“无缺憾性”两点。

在整体性方面，一处线性文化景观应当包括与“突出普遍价值”具有直接联系的要素、格局以及各种动态的土地利用和管理过程。

在无缺憾性方面，一处线性文化景观应当有较好的维护，且各种在物质（例如资金、技术等）和非物质（例如信仰、认同等）方面能够确保线性文化景观继续得到维护的条件必须恰当。

在此基础上，根据《操作指南》第 88 条的设定，线性文化景观的完整性可从如下三个方面进行检验：

（1）包括所有能够表达其突出普遍价值的要素

该方面的完整性判断主要针对线性文化景观的范围。线性文化景观最重要的特征是其具有的“狭长的线状区域”，这片“狭长的线状区域”应当“具有足够的尺度，以确保能完整代表那些体现遗产价值的特色和过程”。例如对于谷地聚落，“狭长的线状区域”不仅可能包括村落、水利设施和渡口，还可能包括农田、山林或矿井；对于朝圣线路，“狭长的线状区域”不仅包括道路和寺庙，同时也不能遗忘那些因信仰而具有文化色彩的石块、山峰等。

在世界遗产文化景观中，一个典型的例子是加蓬的“洛佩-奥坎德生态系统与文化遗迹景观”。在这处线性文化景观中，奥果韦河是加蓬早期人类迁徙的重要通道，大部分在 2006—2007 年登录为世界遗产。ICOMOS 肯定了已经登录的部分，但在评估中也指出[②]：

> （遗产地的）完整性主要在于遗迹与遗迹所沿着的奥果韦河流域的关系；奥果韦河是一条重要的移民廊道，其中大部分在 2006 年和 2007 年登录；……一系列遗迹构成了奥果韦河谷文化景观的边缘图景；若将西北侧介于国家公园与历史范围之间的河谷段落纳入，则完整性将令人满意。

① P15, Nomination file of Sacred Sites and Pilgrimage Routes in the Kii Moutain Range, http://whc.unesco.org/uploads/nominations/1142.pdf

② P14, Nomination file of Ecosystem and Relict Cultural Landscape of Lopé-Okanda, http://whc.unesco.org/uploads/nominations/1147rev.pdf

即认为，尽管传统观念中该线性文化景观“最重要”的一些遗迹已经登录，但因为其中一些代表发展过程的遗迹点尚未被包含在内，该线性文化景观还没有达到所期望的完整性，无法作为该文化景观变迁图景的全面的实证。这也从一个侧面证明线性文化景观范围的重要性。

(2) 具有足够的尺度，以确保能完整代表那些体现遗产价值的特色和过程

与其他文化遗产相似，组成线性文化景观的各要素应当保持物质形态的完整。这是一项最易判断的标准，例如蒙古的“鄂尔浑峡谷文化景观”在完整性判别方面的主要依据，就是峡谷内分布的一系列历史建筑和纪念物的保存状况①。

线性文化景观虽然是一种文化遗产，但其组成要素有很大一部分是自然环境，并且这些自然环境因为人类的认识而带有文化上的意义。因此，这些部分也要接受完整性的检验，尤其是那些自然形成的狭长的线状区域。典型例子如黎巴嫩“夸底・夸底沙(圣谷)”中的神衫林。

还有一些景观要素，如果单独检验，它们并不具有很高的遗产价值，但如果它们与关键要素组成一定的景观格局，其整体价值要远远高于单个要素的价值，这些景观要素也应当纳入遗产的范围中。在这种情况下，完整性检验的重点在于景观要素之间关系的完整。例如 ICOMOS 对英国的“德文特河谷”作出的评估②：

> 作为一处文化景观，延伸的德文特河谷传递出很高的完整性；工业设施和从属的工人住区与河流、支流、地形和周围郊野的关系完整的保存下来，在河谷上游这种关系看起来原封不动；类似的，磨坊和其他工业要素，如运河、铁路和工人住宅仍然清晰可辨。

因此，对于德文特河谷来说，“工人住区与河流、支流、地形和周围郊野”共同组成的、代表工业革命时期工业区典型格局的图景才是文化景观的最重要的组成部分，也是其作为线性文化景观的整体完整性的主要来源。

(3) 发展和(或)对其置之不理带来的负面影响

从登录世界遗产的线性文化景观来看，“有机进化的景观”和“化石景观”占

---

① P20, Nomination file of Orkhon Valley Cultural Landscape, http://whc.unesco.org/uploads/nominations/1081rev.pdf

② P49, Nomination file of Derwent Valley Mills, http://whc.unesco.org/uploads/nominations/1030.pdf

绝大多数，它们也对应着线性文化景观完整性所面临的两种主要挑战——“发展”(development)和“置之不理”(neglect)。

线性文化景观并不是一种静止的遗产类型，发展是难以避免的。但是，不恰当的发展可能对线性文化景观的完整性产生破坏。例如德国德累斯顿新建了跨越易北河的瓦德施罗森大桥，由于尺度过大，破坏了河谷景观的完整性，导致“德累斯顿的埃尔伯峡谷”成为第一处被除名的文化景观世界遗产。

线性文化景观同时又是一种脆弱的遗产类型。无论是谷地聚落或是历史道路，大部分线性文化景观都扮演着“落后”的传统孤岛的角色，置之不理不仅有可能导致物质遗产的损毁，也有可能造成文化景观存在的驱动力的消失。例如我国盐井的生产随着海盐进入当地市场而逐渐走向衰亡，如果不通过外在力量予以扶持，这种活态的文化景观将永远消失。

总的来说，线性文化景观继承了文化景观对“真实性”和“完整性”的检验标准，不仅关注文化景观各组成要素的真实和完整，更重视由要素组成的格局、要素之间的联系的真实和完整；同时，由于线性文化景观在形态上的特殊性，“真实性”和“完整性”更多通过要素与“狭长的线状区域”(如谷地、河流、道路)的联系体现出来，即这种联系也应当是真实而完整的。因此，线性文化景观的保护和发展就需要建立在对“真实性”和“完整性”进行评价的基础上，尤其当一处线性文化景观仍然保持活态，因发展带来的改变将直接对“真实性”和“完整性”构成挑战。

3.6 本章小结

本章系统研究了线性文化景观在世界遗产框架中扮演的角色。

线性文化景观是伴随着文化景观概念的出现而出现，即使在文化景观发展的过程中，“遗产运河”、“文化线路”概念先后析出，“文化线路”还一度与“线性文化景观”产生了混淆；经历了矛盾、辨析、共存等多个阶段，“文化线路”和“线性文化景观”走向了不同的发展方向；“文化线路”并未取代“线性文化景观”，“线性文化景观”也没有跨越宏观尺度，成为无所不包的遗产类型。

毋庸置疑的是，时至今日，线性文化景观仍然在世界遗产中占有重要地位。研究从 85 处世界遗产文化景观中筛选出 26 处线性文化景观，其数量占到总数的近 1/3；此外还有一些早期登录的文化遗产，以及未以文化景观类别申报的文化遗产，也都可以被认为是线性文化景观。

登录世界遗产的线性文化景观必须符合一定的提名标准，而提名标准反映了遗产地的“突出普遍价值”是从何体现的；对提名标准进行研究，有助于了解世界遗产框架下线性文化景观的价值取向。经过统计，研究指出，代表“跨越时间、跨越文化区域的重要交流”的提名标准 ii、代表“存在或已消逝的文明或文化传统的独特见证”的提名标准 iii、代表“展示人类历史重要阶段的建筑、建筑群或景观”的提名标准 iv 和代表“聚居、利用土地或海洋的杰出范例”的提名标准 v 是线性文化景观最受重视的 4 种提名标准。这也为进一步研究线性文化景观产生的原因提供了基础。

登录世界遗产的线性文化景观还应当具有真实性和完整性。研究指出，作为一种区域性遗产，线性文化景观应当在各组成部分和整体上同时具有真实性和完整性；同时，不同类型的文化景观，在真实性和完整性的判断标准上有不同的侧重点。

第4章 线性文化景观的总体类型

线性文化景观的种类丰富多样，不同类型的线性文化景观应当有不同的保护、发展和管理模式。1993 年修订的《操作指南》对文化景观进行了分类，初步形成“人类有意设计建造的景观”、“有机进化的景观”和“关联性景观”三个类别。随着文化景观登录数量的增加，人们逐渐发现这种非排他性、非功能性的分类方式不能完全适用于各种遗产[43]，一些有明确特征的遗产类型因而从文化景观中析出，例如前文所述的“遗产运河”和“文化线路”。

遗产运河、文化线路等类型的分离并没有削弱线性文化景观的重要性，相反的，它们启发了线性文化景观的保护、发展和管理工作：具有相似功能、组成要素和价值的线性文化景观，往往也具有相似的产生原因、发展过程和人地关系，并可以采用相似的策略进行保护、引导发展。因此，有必要在《操作指南》设定的概念性的分类方式之外，寻找更具参考性的分类方式。

本章研究通过类型学的视角，通过寻找线性文化景观的“原型”，划分线性文化景观的总体类型，并分析不同类型的线性文化景观产生的原因及它们的价值所在。

4.1 线性文化景观的分类方式研究

4.1.1 文化景观的概念性分类方式

福乐(P. J. Fowler)在回顾世界遗产文化景观的发展时指出，世界遗产文化景观的分类方式是“概念性”(conceptual)而非“功能性”(functional)的；这种分类方式在运用的前十年效果良好，任何一处遗产地都可以轻松地找到相应的类型[4]。这些类型分别包括①：

i. 由人类有意设计和创造的景观。

最容易定义的是有明确界定的、由人类有意设计和创造的景观。该类型包含为了审美而建设的花园和公园，建设的原因经常（但并不总是）与宗教或其他纪念性建筑和建筑群有关。

ii. 有机进化的景观。

该类型产生于最初始的一种社会、经济、行政以及宗教需要，并通过与所处的自然环境的相互作用，发展到目前的形态。这些景观在它们的形态和组成要素上反映出一种有机进化的过程。该类型又分为两个子类：

a. 遗迹（或化石）景观，这是一种在过去的某一时间进化过程已经完结的景观，其完结可能是突然的，也可能经历了一段时间。它的重要特征在于，尽管进化过程已经完结，它的物质形态依然可见。

b. 持续性景观，这是一种在当今社会仍然保持积极的社会作用、与传统生活方式息息相关，且进化仍在进行的景观。同时，它也是自身长期演化的物质例证。

iii. 关联性文化景观。

该类型列入世界遗产名录的条件，是宗教、艺术或文化与自然要素之间存在的强有力的关联性，而非其物质上的例证——其物证可能并不重要，甚至已经消失了。

以上的文化景观的分类方式在 1992 年《文化景观的定义及列入名录的指导原则（草案）》中就已确定，并在 1993 年修订《操作指南》时正式写入。将文化景观划分为以上几种类型的初衷，主要是为了对不同类型的遗产地提供不同的评估方式和保护、管理策略。

在该分类方式提出后，世界遗产委员会召集了数次会议，讨论分类方式的合理性及其在具体遗产地的应用情况。其中，第 i 类“由人类有意设计和创造的景观”并未成为讨论的重点，因“该类型已符合过去的提名标准”；第 iii 类“关联性景观”的判别亦几乎不会引起什么困难；同样的，第 ii 类（1）的“化石景观”也不难识别。较复杂的是第 ii 类（2）的“连续性景观”，其定义和评价方法引起了长时间

① OG，Annex 3，Para 10.

的讨论[①]。

作为世界遗产委员会的咨询机构，ICOMOS 在 2006 年提出以清查卡(inventory card)的方式登记文化景观。清查卡对世界遗产文化景观的类型(i)又进行了细分，主要分为花园(garden)、公园(parkland)、纪念性花园(gardens related to monumental buildings and/or ensembles)[②]。由于"有机进化的景观"和"关联性景观"比较复杂，ICOMOS 并未给出更细致的分类方式。

从目前登录的世界遗产文化景观的情况来看，《操作指南》设定的分类方式是合理的，尤其对于第 i 类和第 iii 类文化景观，该分类方式具有明显的优势。

4.1.2 线性文化景观的功能性-概念性分类方式

《操作指南》为文化景观设定的分类方式指导了一批文化景观遗产的登录和保护。但是当对象从文化景观收窄到线性文化景观时，这种分类方式就略显粗疏了。在表 3-2 归纳的 26 处线性文化景观中，以第 ii 类"有机进化的景观"为主的遗产地有 22 处(其中"持续性景观"18 处、"化石景观"4 处)，而以第 iii 类"关联性景观"为主的遗产地有 4 处，以第 i 类"人类有意设计建造的景观"为主的遗产地则一处都没有(图 4-1)。显然，绝大部分线性文化景观符合"有机进化的景观"的类型。

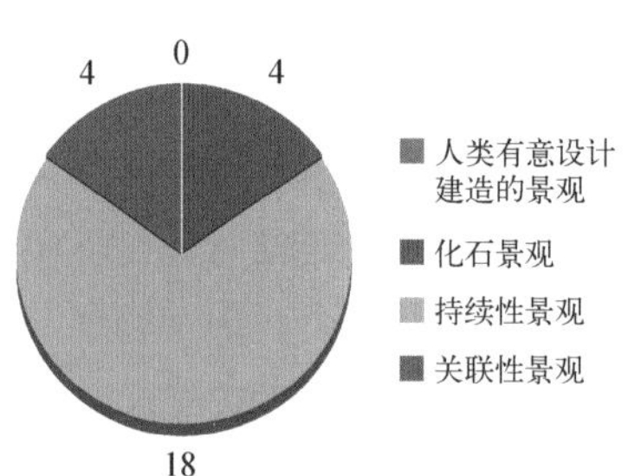

图 4-1 世界遗产线性文化景观中各分类数量统计

但是仅仅以"有机进化的景观"或"关联性景观"来概括线性文化景观，很难满足价值识别和保护管理工作的需要。例如"巴米扬山谷的文化景观和考古遗迹"，其中沿河谷分布的聚落属于"持续性景观"，巨大的立佛和山体上开凿的宗教洞窟，则同时满足"化石景观"和"关联性景观"的标准。这是一个普遍的现象，即相当数量的线性文化景观不仅符合"有机进化的景观"的类型标准，也符合其他类型的标准。在这种情况下，虽然通过《操作指南》设定的分类方式能够识别出遗产地的部分价值，但由于分类方式涵盖范围过广、各个类型之间缺乏排他性，分类的意义被大大削弱了。

---

① Report of the International Expert Meeting on "Cultural Landscapesof Outstanding Universal Value", Templin, Germany, 12 to 17 October 1993, http://whc.unesco.org/archive/93-2-f04.htm

② Worldwide basic inventory/register card for Cultural Landscapes, Verbania, october 2006, http://www.icomos.org/landscapes/external9.htm

相应的，对于申报国来说，《操作指南》设定的分类方式太过宽泛，并不利于对遗产地的识别和进一步的资源分析。为了能够有针对性地了解线性文化景观，势必需要在遵循《操作指南》设定的同时，寻找一种更具体的分类方式。

世界遗产框架对于“特殊类别”的操作方式为研究提供了灵感。1994 年，“遗产运河”从文化景观中析出，成为与“文化景观”、“历史城镇和城镇中心”(Historic Towns and Town Centres)、“遗产线路”并列的四种“特殊的文化和自然遗产类别”之一。《操作指南》指出，这些类型应当采用更有针对性的导则来评价；类别在未来还可以继续增加①。在这些类型中，历史城镇和城镇中心、遗产运河是以功能特征分类的，而遗产线路则以形态特征分类；同时，历史城镇、遗产运河等类别，在世遗委员会的其他文件中又常作为文化景观进行讨论[127]。也就是说，这些特殊的文化遗产类别可以一方面采用以功能或形态为分类标准的分类方式，另外一方面又可以采用文化景观的分类方式，将遗产地划分为几个层次(layer)，每个层次又拥有不同属性的一系列要素(elements)。

与之类似，在各国提交的申遗预备名单(tentative lists)中，每一个预备申遗的项目都会列出与类似项目的比较(comparison with other similar properties)，例如中国预备申遗的广西灵渠就与世界上其他的九条水道和运河进行了比较②。这种比较实际上也是一种分类，因为比较的对象在形态和功能上具有类似的特征。

运河这样的人工水道在世界各地普遍存在，是因为人类有交通、运输、灌溉等方面的功能需求。每一条运河在择址、开凿的过程中，都会寻找尽量短的路线，利用已有的河道，这是出于人类对环境的认识，也是一种本能。同理，在河流的冲积扇进行耕作、在河流的交汇点建立聚落、将山地开垦成梯田进行耕种，这些在世界各地普遍存在的人类行为，也是人类基于生存的功能需求和本能采取的行为。

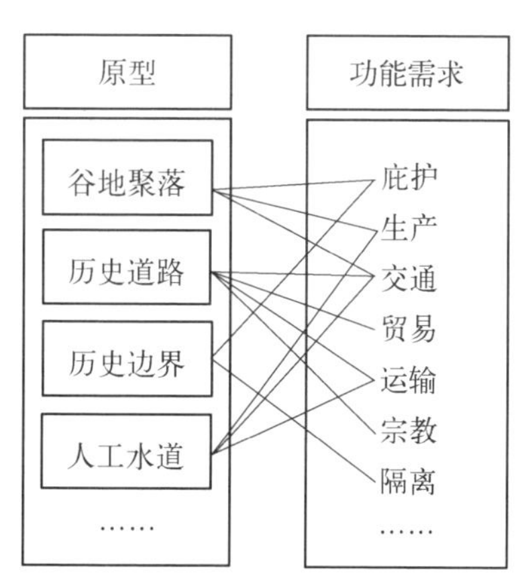

图 4－2　线性文化景观的原型

荣格认为，原型(prototype)是人类原始

① OG, Annex3, Para 5

② 见 http://whc.unesco.org/en/tentativelists/5814/

经验的集结，是通过某种形式的继承或进化而来，原型构成的集体无意识，具有一种所有地方和个人皆符合的、大体上相似的内容和行为方式[134]。因此，因普遍存在的功能需求产生、通过普遍存在的行为造就的线性文化景观，可以归纳为一系列的“原型”(prototype)。

基于上述认识，通过对世界遗产中的线性文化景观以及国内案例的比较，可以归纳出四个主要的“原型”，分别是谷地聚落、历史道路、边界和人工水道(图 4-2)，而每一种原型都是一系列功能需求作用的结果。

4.2 谷地聚落线性文化景观

谷地聚落是最常见的一种线性文化景观。地理学认为，最早的农业就是在谷地中产生的；索尔推论最早的植物驯化者①是中石器时代居于河水沿岸、以捕鱼为主的人，且驯化不可能首先出现在大河的河谷内，因为那里需要先进的治水工程。考古学则证明，在最后冰期消失以后，在西亚两河流域的肥沃新月地区出现了动植物的驯化[135]。

已登录世界遗产中的线性文化景观中有 17 处是围绕着谷地建设的，其中相当数量与欧洲的传统河谷农业——葡萄种植有关(图 4-3)，也有以矿业、工业为主导的个例，如“哈尔施塔特—达特施泰因萨尔茨卡默古特文化景观”、“石见银山遗迹及其文化景观”等。大部分以农业为主的遗产地仍然保持着活态，而以工业为主的遗产地基本已退出历史进程，成为化石景观。

表 4-1 整理了世界遗产中的谷地聚落类型线性文化景观。

表 4-1　世界遗产中的谷地聚落类型线性文化景观

中　文　名　称	国　家	主要的资源利用方式
巴米扬山谷的文化景观和考古遗迹	阿富汗	小麦、大麦等主粮种植
马德留-配拉菲塔-克拉罗尔大峡谷	安道尔	小麦、黑麦等主粮种植、畜牧业、冶铁
哈尔施塔特-达特施泰因萨尔茨卡默古特文化景观	奥地利	盐矿开采

① 对野生植物的驯化是农耕文明的象征。

续　表

中　文　名　称	国　家	主要的资源利用方式
瓦豪文化景观	奥地利	葡萄种植、酿酒
葡萄酒产区上杜罗	葡萄牙	葡萄种植、酿酒
哥伦比亚咖啡文化景观	哥伦比亚	咖啡种植
比尼亚莱斯山谷	古巴	烟草种植
圣艾米伦区	法国	葡萄种植、酿酒
卢瓦尔河畔叙利与沙洛纳间的卢瓦尔河谷	法国	葡萄种植、酿酒
莱茵河中上游河谷	德国	葡萄种植、酿酒
德累斯顿的埃尔伯峡谷①	德国	工业、葡萄种植
托卡伊葡萄酒产地历史文化景观	匈牙利	葡萄种植、酿酒
石见银山遗迹及其文化景观	日本	银矿开采
库尔斯沙嘴	立陶宛、俄罗斯	渔业
鄂尔浑峡谷文化景观	蒙古	畜牧业
拉沃葡萄园梯田	瑞士	葡萄种植、酿酒
德文特河谷工业区	英国	水力驱动的纺织业

4.2.1　农牧主导类谷地聚落

大部分的谷地聚落类型的线性文化景观都以农业为主导产业。如表 4 - 1 列出的遗产地中有 9 处为农业主导，接近总数的 60%。

人类最初选择居住之地，首先以安全为第一项考虑[136]。谷地复杂的地形和较差的可达性保护了避难的人群。例如美国的锡安峡谷庇护了饱受迫害的摩门教徒②，教徒们在维琴河的盆地和河漫滩开发农业，依托微薄的收成建立的两个谷地聚落斯普林戴尔(Springdale)和洛克维克(Rockville)至今仍有居民。教徒们甚至直接选择以带有“庇护”含义的“锡安”为这条峡谷命名。1909 年国家保

① 德累斯顿的埃尔伯峡谷 2009 年从世遗名录中除名。

② 1845—1847 年，在美国东部地区饱受迫害的数万摩门教徒在杨百翰的带领下大规模向西部洛基山脉迁徙，并最终在犹他州的沙漠建立了盐湖城。一部分摩门教徒在 1850 年到达锡安峡谷并定居。

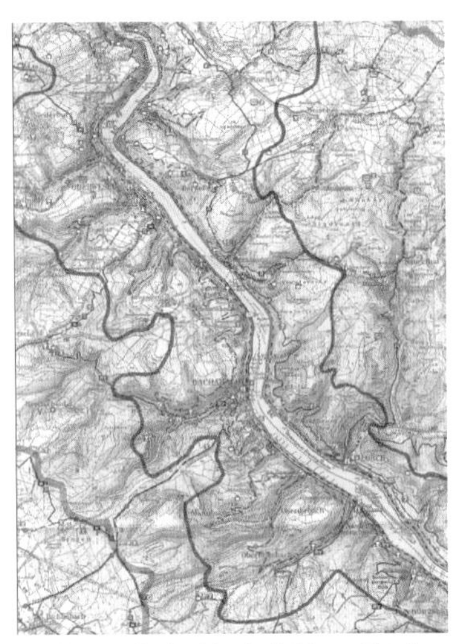
莱茵河中上游河谷(局部，德国)

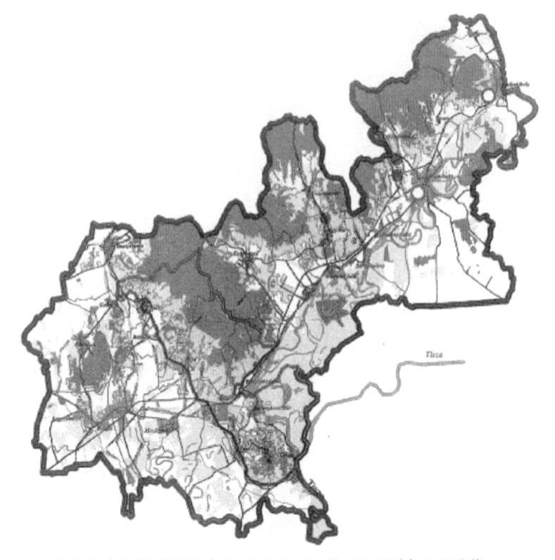
托卡伊葡萄酒产地历史文化景观(匈牙利)

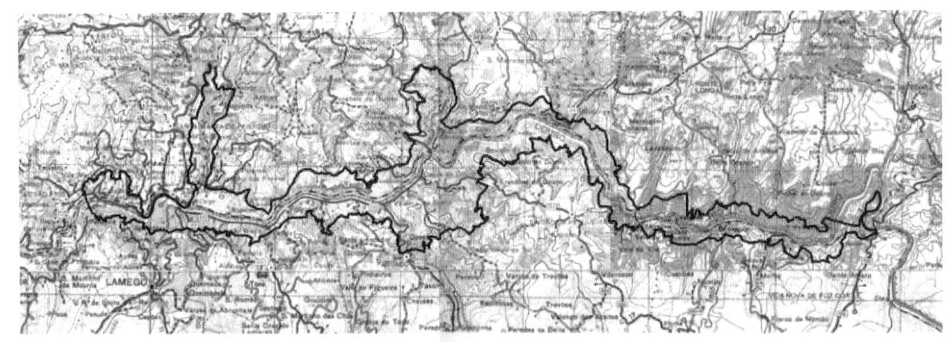

葡萄酒产区上杜罗

图 4-3 典型的谷地聚落类线性文化景观(来源：http://whc.unesco.org/en/culturallandscape/)

护区建立之后，美国国家公园管理局仍沿用了这个象征“天堂”的词①作为公园的名字[137]。

由于山顶和谷底存在高差、山体对不良气候又具有阻隔作用，谷地往往还具有宜人的小环境。例如傅抱璞的研究指出：在云南等地，谷地与山顶温差最大可达 4.5℃，湿度差最大可达 16%[138]；前文所述的锡安峡谷深度达 800 米，在荒凉的科罗拉多高原、大盆地与莫哈维沙漠交界处，锡安峡谷成为一处难得的世外桃源(图 4-4)，孕育了 1 000 多种植物、319 种动物，极具生态多样性。

① 锡安(Zion)一词在《圣经》中一般指圣地耶路撒冷。摩门教徒以锡安指代天堂或天堂般的地方。锡安同时也具有“庇护所”的含义。

满足了安全需求，发展自给自足的农业生产就成为第一要务。从地理学的角度来看，谷地是河流等水系切割的结果，以河谷为例，其结构大致可分为河床（riverbed）、河漫滩（floodplain）、谷坡（slope）和阶地（terrace）（图 4－5）。河流的上游，谷地窄深，多急流瀑布；中、下游谷地宽展，河漫滩发育，河口段常形成三角洲或三角港[139]。

图 4－4　鸟瞰锡安峡谷（来源：http://www.nps.gov/zion）

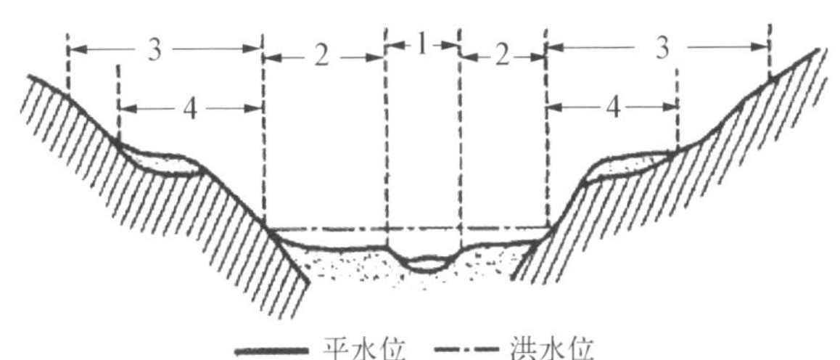

图 4－5　河谷的结构　1—河床；2—河漫滩；3—谷坡；4—阶地（来源：杨湘桃《风景地貌学》）

基于谷地的这种结构，人们通常选择在谷坡和阶地进行农耕活动。河漫滩的土地比较肥沃，因此在水位比较稳定的地区，人们也会有选择地在河漫滩进行种植。而聚落通常都选址在高处的阶地，一方面为了安全，一方面可以就近开发河川谷地，在时间及经济上都可以发挥及时的效益。

在农业主导型谷地聚落中，种植的作物决定了人与土地的关系。因此农牧型的谷地聚落还可以细分为以种植主粮为主的“自给自足型谷地聚落”，以及种植经济作物为主的“对外交换型谷地聚落”。作为产业特征，这两种类型的相互转化会显著影响谷地聚落的文化景观，例如 1953 年威利（G. R. Willey）对秘鲁北部海岸的维鲁河谷（Virú Valley）进行田野调查，考古学发现这条河谷早期主要种植玉米和豆类，但到后期改种甘蔗和棉花，造成供养人口较早期下降了 1/3[140]。

1. 典型案例：卢瓦尔河畔叙利与沙洛纳间的卢瓦尔河谷

卢瓦尔河谷是法国最长的河流，全长 1 020 公里，其中登录世界遗产的部分是位于叙利（Sully-sur-Loire）到沙洛纳（Chalonnes-sur-Loire）之间的一段。这一段卢瓦尔河谷沿岸的土地平坦、肥沃，在公园1世纪左右就开始种植葡萄。在天主教中，葡萄酒用来替代耶稣的鲜血，随着天主教的发展和教派对王室的影响，统治者和宗教人士都将目光集中在卢瓦尔的土地上，夏龙纳(Chalonnes)地区周边城堡的葡萄园就是安茹伯爵①和宗教机构合作建立的，卢瓦尔河谷的葡萄酒甚至被带进了宫廷。

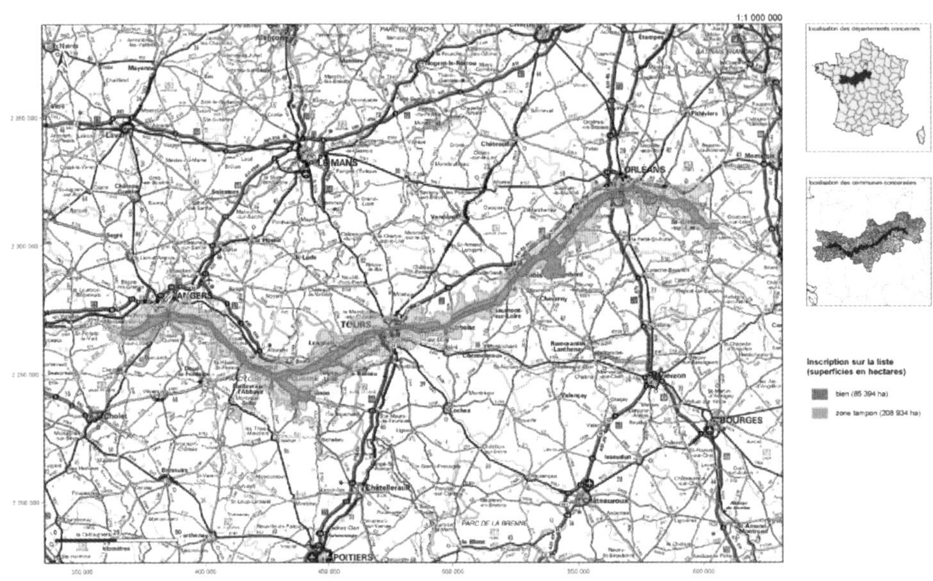

图4-6　卢瓦尔河畔叙利与沙洛纳间的卢瓦尔河谷(来源：http://whc.unesco.org/download.cfm?id_document=9675)

政治和宗教的发展不仅推动了葡萄酒生产，同时也推动了谷地聚落的建设。出于防御和享受的需要，安茹伯爵首先在谷地中建立城堡(Chateau)，随后一大批贵族开始效仿，最终形成了极具特色的卢瓦尔河谷城堡群。几乎每一座城堡都被大片的葡萄田环绕着，有些城堡现在已是酒庄。以城堡作为出产酒品牌、控制葡萄酒质量的AOC模式从1936年至今都没有改变；城堡和酿酒者之间、葡萄园和果农之间形成了稳固且活化的人地关系。

2. 国内的类似案例：藏羌碉楼与村寨

我国是一个多山的农业国家，农牧主导的谷地聚落类型线性文化景观随处

① 安茹伯爵是法国古老的贵族称号，以领地安茹得名。安茹(Anjou)是曾位于下卢瓦尔河谷的法国行省，中世纪是一个伯爵领。

可见，其中不少已经开辟为风景名胜区或旅游区，如湖北的恩施大峡谷等。在全国重点文物保护单位中，只有“藏羌碉楼与村寨”大致符合该类型(表 4－2)。

表 4－2　全国重点文物保护单位中的农牧主导型谷地聚落

名　称	省份	长度	始建年代	建 设 原 因	备　　注
藏羌碉楼与村寨	四川、西藏	不详	汉—清	藏族、羌族的防御性聚落	主要分布在大小金川河谷，其中部分碉楼和村寨在 2001、2006、2013 年公布为第五、六、七批全国重点文物保护单位

藏羌碉楼与村寨广泛分布在四川理县、马尔康及西藏工布江达一带的河谷两侧。藏羌碉楼从分布情况上以甘孜州丹巴藏区为最，如大金川河谷就有 562 座碉楼①，以碉楼与藏寨为代表的谷地聚落，和河谷一同组成了壮美的线性文化景观。

丹巴地区的碉楼和村寨不仅体现了自然的庇护性，还在自然庇护的基础上创造了对抗生存威胁的人造物——碉楼，并组成了防御性的聚落。丹巴属藏族、羌族混居的地区，而这一区域正处于两个文化与经济类型的地理空间结合部：一边是受自然灾害影响较大而生活与经济极不稳定的牧区藏族，在隆冬大雪时常因生活因素入侵掠夺；一边是对自然灾害影响承受力较强、生活较为富足的汉族农业区，同时这也是不断扩张的王庭所属区域……所以这些防御聚落多选址于关隘险道，并形成了占据半山腰的中坡或陡坡地带的河谷寨，以及位于山顶或山中台地的高山寨两种基本类型[141]。

在明清两代，丹巴地区羌族凭借地利屡次抗拒中央政府的统治，乾隆十二年(1747 年)、乾隆三十六年(1771 年)，清廷两次出兵平叛，并调集了最先进的大炮攻伐，到乾隆四十一年(1776 年)战事才结束②。碉群、村寨、山体、水系共同组成的立体防御体系保护了时代生存在此的居民[142]。

丹巴的碉群聚落也庇护了濒临灭绝的宗教——苯教。苯教原为藏区的古老宗教，在藏传佛教自印度传入后，苯教被逐出西藏，进入横断山脉地区。丹巴地区特殊的地势和建筑形态庇护了信仰，二十多个寺庙中有一半是苯教寺庙。苯教的信仰也成为这片谷地聚落中的活化石。

① 2004 年统计数据。
② 数据自《中国国家地理》2006 年 11 月号。

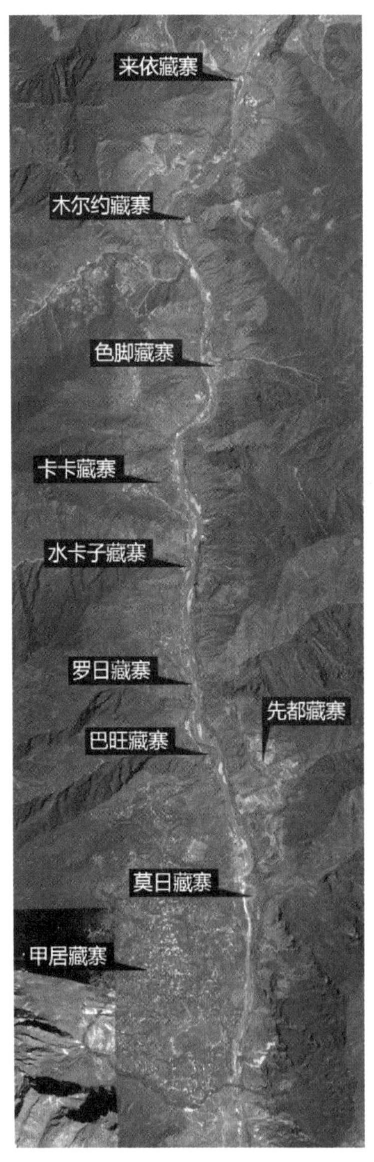

图 4－7　丹巴大金川河谷的藏寨分布(局部)

部分藏羌碉楼与村寨已经公布为全国重点文物保护单位[①]。2012 年“藏羌碉楼与村寨”列入《世界文化遗产预备名录》,包括 225 处碉楼建筑和 15 个村镇。

4.2.2　工矿主导类谷地聚落

除了以农业为主导产业的谷地聚落,还有一些遗产地是以矿业开采或近代机器工业为主导的。矿业型谷地聚落是纯粹依靠谷地中的矿产资源发展的类型,典型例子有奥地利的“哈尔施塔特-达特施泰因萨尔茨卡默古特文化景观”、日本的“石见银山遗迹及其文化景观”等;工业型谷地聚落是工业革命的产物,典型例子有英国的“德文特河谷工业区”、德国的“德累斯顿的埃尔伯峡谷”等。

由于矿产的埋藏有限、工业技术更新速度快等原因,此类遗产地基本已成为化石景观,只作为一个时代的实证保留至今。在表 4－1 列出的遗产地中有 3 处属于工矿主导类谷地聚落,分别是位于奥地利的“哈尔施塔特-达特施泰因萨尔茨卡默古特文化景观”、位于日本的“石见银山遗迹及其文化景观”和位于英国的“德文特河谷工业区”。

矿业型谷地聚落形成的首要条件是矿产资源的存在。谷地是地壳运动比较活跃的区域,往往埋藏着丰富的矿产资源。这些矿产资源往往因水流冲刷、山体滑坡等各种原因出露,并为先民发现和利用。其中盐、铁、贵金属等对文明发展有重要用途的矿产甚至会影响整个文化景观的走向。

① 包括直波碉楼(第五批,并归入第六批“阿坝羌寨碉群”)、阿坝羌寨碉群(第六批)、曾达关碉、筹边楼、沃日土司官寨经楼与碉(第七批)等。

工业型谷地聚落是工业革命的产物。该类型谷地聚落的形成通常与水系的存在有关，这是由于在工业革命早期，水力是最易获取而又取之不竭的能源。

1. 典型案例：德文特河谷工业区

德文特河谷工业区位于英国德贝郡(Derbyshire)，原来是一个具有典型英国乡村风情的小镇。1719 年，第一家利用水力生产丝绸的工厂在德贝郡建立；1771 年，理查德·奥克莱特(Sir Richard Arkwright)在克罗姆福德村(Cromford)建立了棉纺工厂，并应用了他仿制并取得专利的水力纺纱机。

棉纺工厂的建立改变了德文特河谷的面貌。为了满足纺纱机运转需要，奥克莱特在德文特河的支流邦萨尔溪(Bonsall Brook)修筑了一系列水工设施，包括水车、堤坝、蓄水池甚至人工运河；棉纺工厂也因纺织业带来的巨大的财富进一步扩张，不仅修建了新的厂房，还建造了工人住宅、学校、医院、教堂等一系列建筑。这些建筑全部分布在邦萨尔溪和运河附近，也令德文特河谷从具有英国乡间风情的小村落转变为带有现代工业园雏形的工业市镇(图 4-8)。

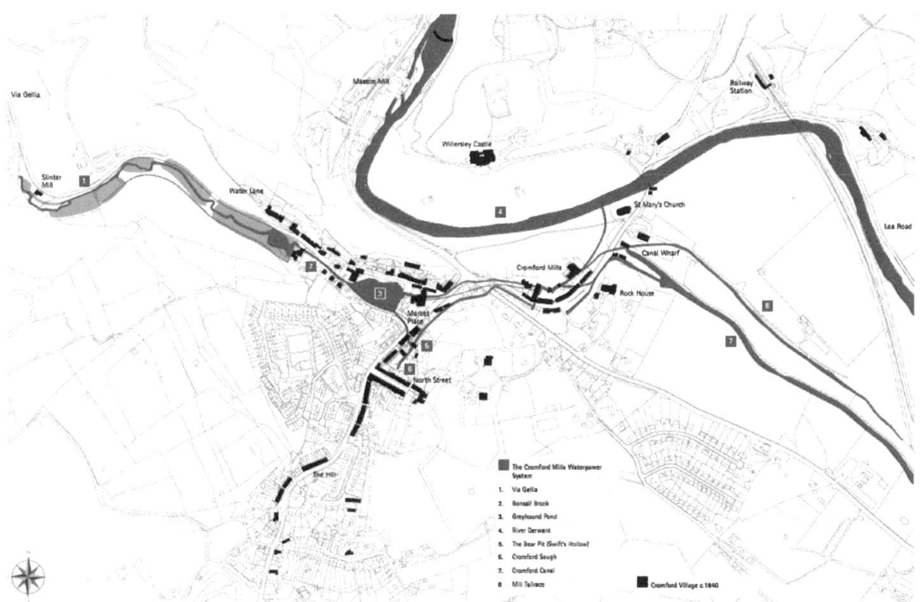

图 4-8　德文特河谷纺织工业发展对土地利用格局的影响(来源：http://whc.unesco.org/uploads/nominations/1030.pdf)

德文特河谷的棉纺织工业在19世纪初开始走向衰落，其原因是蒸汽机取代了水力机械，资本也逐渐迁移到更靠近纺织业原料产地及交易市场的兰开夏(Lancashire)一带[143]。但工厂主们进行了一系列的技术革新，河谷的工厂一直运转到1992年才完全退出历史舞台。奥克莱特协会(Arkwright Society)重新购回了克罗姆福德村的一系列建筑，将它们修复后开放为博物馆，展示早期的纺织工业运作方式。

德文特河谷工业区在2001年登录为世界文化遗产。

2. 国内的类似案例：芒康盐井古盐田及聚落

图4-9　芒康盐井古盐田及聚落

芒康盐井古盐田及聚落位于西藏自治区昌都地区的芒康县，沿澜沧江河谷延伸约2.7公里，包括三处主要的古盐田和上盐井、下盐井、加达等数个自然村。其所在的澜沧江河谷处于世界自然遗产地"三江并流"(2003年登录)保护区范围内，同时也是"茶马古道"的一部分。

井盐是茶马古道上最重要的物资之一。类乌齐、江达、左贡等地都曾有利用自然盐泉制盐的历史，但至今仍在生产的仅余芒康盐井一处。为了利用这种珍贵的资源，纳西族和藏族先民在澜沧江沿岸修筑盐田，"于大江两岸层层架木，界以町畦，俨若内地水田；又掘盐池于旁，平时注卤其中，以备夏秋井口淹没时之倾晒。"[144]这种利用阳光、山谷风并通过盐田晒盐的方式与我国传统的刮炭取盐、敞锅煮盐及现代的真空制盐都截然不同[145]，已被列入国家级非物质文化遗产。

井盐的开采深远影响了盐井的聚落，早在唐代，盐井就因物产引来战争[①]；而直到近几年，盐井的上盐井、加达、纳西等村还在通过以物易物的方式，用井盐换取青稞、大米、酥油和马匹。

芒康盐井古盐田在 2012 年列入《中国世界文化遗产预备名单》，2013 年列入第七批全国重点文保单位。

4.2.3　主要价值

（1）展示人类历史重要阶段的建筑、建筑群或景观（对应提名标准 iv）。

谷地相对不便的交通，使一大批优秀的历史建筑、建筑群和传统生产性景观得以留存下来，并为现代社会提供了观察的真实途径。如欧洲一系列河谷展现的“城堡＋葡萄种植园”的模式。

世界遗产中的 16 处谷地聚落线性文化景观有 9 处符合该提名标准。

（2）聚居、利用土地或海洋的杰出范例（对应提名标准 v）。

主要体现在对自然环境的理解、利用和创造性的生产方式。例如匈牙利的托卡伊（Tokaj）是著名的“贵腐酒”的重要产地。“贵腐酒”是用感染了“贵族霉”的半腐烂、干瘪的葡萄酿造的甜葡萄酒，十分珍贵，而这种霉菌只有在空气湿度很高的地方才能保持活性；托卡伊恰是蒂萨河（Tisza）和博德罗格河（Bodrog）的交汇之处，由于两河水温不同，汇水带来极高的环境湿度，促进了霉菌的生长，也造就了珍贵的“贵腐酒”。

世界遗产中的 16 处谷地聚落线性文化景观有 9 处符合该提名标准。

（3）存在或已消逝的文明或文化传统的独特见证（对应提名标准 iii）。

河谷平缓的阶地和近山平原是早期人类生存的第一选择，例如立陶宛的“克拿维考古遗址”就位于涅里斯河谷地，加蓬的“洛佩-奥坎德生态系统与文化遗迹景观”则位于奥果韦河谷（the River Ogooué valley）；这些谷地中留存的遗迹，为揭示早期人类的生产生活方式提供了可能。

世界遗产中的 16 处谷地聚落线性文化景观有 7 处符合该提名标准。

（4）跨越时间、跨越文化区域的重要交流（对应提名标准 ii）。

谷地中往往拥有河流。河流为文明的生存和发展提供了水源，也为农业生产带来便利，同时还兼具道路的作用。因此，谷地常常成为商品交换的通路或产品的货源地，也因此带来跨区域的文化交流。如卢瓦尔河谷、莱茵河谷、德累斯顿的埃尔伯峡谷等都是因水路运输的便利而发展的谷地聚落。

---

① 《旧唐书卷十本纪第十》载：“（唐）宝应二年（763 年）冬十月，剑南严武奏收吐蕃盐川城。”

世界遗产中的16处谷地聚落线性文化景观有7处符合该提名标准。

4.3 历史道路线性文化景观

历史道路类线性文化景观的主体，是一条或多条在物质上可见的历史道路；因交通运输、商业贸易、宗教朝圣等不同的需求，人们逐渐在道路沿线建立聚落，这些聚落与历史道路共同组成文化景观的整体。

历史道路常常贯穿于谷地聚落之中。这是由于在不平整的土地上，自然界能提供的天然道路基本是谷地和山脊，谷地为人类提供生存所需的资源，而山脊则大大缩短了交通的路程。在公元前5000年左右，欧洲的早期人类开始沿山脊修建山脊路(the Ridgeway)。由于风力和水流的侵蚀作用，山脊线上的土壤通常暴露在外、十分干燥，加上人畜的长期踩踏，路面逐渐光滑、坚固，无须进行固定维护。很多早期的山脊路现在已列入欧洲国家的遗产保护名录，如英国的伊克尼尔德驿道(Icknield Way)、德国的雷恩施泰克小道(Rennsteig Trail)等①。最早的人工道路则是人类为穿越溪流、沼泽或者山丘，而将沿途的石块、树木清理之后形成的栈道，随着贸易的出现和发展，这些小路被平整、拓宽，以满足人和牲畜的往来通行[146]。

在已登录世界遗产中的线性文化景观中，有10处与历史道路相关。根据《操作指南》，这些历史道路中有些应当归属于"遗产线路"(Heritage Routes)，例如法国和西班牙的圣地亚哥之路，以及塞默灵铁路、大吉岭铁路和雷蒂亚铁路。但由于"遗产线路"的概念还存在争议(例如"遗产线路"与"文化线路"是否完全等同)，研究仍然将从线性文化景观的角度对它们进行探讨。

表4-3整理了世界遗产中的历史道路类型线性文化景观。

表4-3 世界遗产中的历史道路类型线性文化景观

中文名称	国家	道路类型
巴米扬山谷的文化景观和考古遗迹	阿富汗	商路、朝圣道路
熏香之路——内盖夫的沙漠城镇	以色列	商路

① History of Road Transport, http://en.wikipedia.org/wiki/history_of_road_transport

续　表

中　文　名　称	国　家	道路类型
塔夫拉达·德乌玛瓦卡	阿根廷	商　路
石见银山遗迹及其文化景观	日　本	运输、交通道路
纪伊山地的圣地与参拜道	日　本	朝圣道路
法国圣地亚哥—德孔波斯特拉朝圣之路	法　国	朝圣道路
冈斯特拉的圣地亚哥之路	西班牙	朝圣道路
塞默灵铁路	奥地利	运输、交通道路
印度山地铁路	印　度	运输、交通道路
阿尔布拉/伯尔尼纳文化景观中的雷蒂亚铁路	意大利、瑞士	运输、交通道路

4.3.1　交通运输类历史道路

运输和交通是道路的基本功能。在商业文明尚未兴盛的早期，修筑道路是统治者保持对疆土控制的重要手段，他们需要利用道路运输各类物资、军队。在商业文明兴起以后，道路又承担起连接产地和销售市场的功能，例如石见银山的两条运输线就连接了银矿所在的大森和海岸的三个港口——鞆浦、冲泊和温泉津（图 4－10 上）；又如英国殖民者在印度修建山地铁路的初衷，是将木材、大米和茶叶等货物高效地从大吉岭地区运输到西里古里（Siliguri）。

与商业贸易类历史道路相比，交通运输类历史道路的主导者主要是国家或地方的统治者、政府，为了实现对边疆的控制，往往不计成本，也因此创造出一系列工程技术上的奇迹。

1. 典型案例：塞默灵铁路、印度山地铁路、雷蒂亚铁路

奥地利的塞默灵铁路、印度的山地铁路以及意大利、瑞士共有的雷蒂亚铁路是世遗名录中仅有的三项铁路遗产，它们都属于早期的山地铁路，并同样以提名标准（ii）和标准（iv）登录世界遗产。

表 4－4 对这三项遗产进行了比较。

阿尔布拉/伯尔尼纳文化景观中的雷蒂亚铁路(意大利、瑞士)

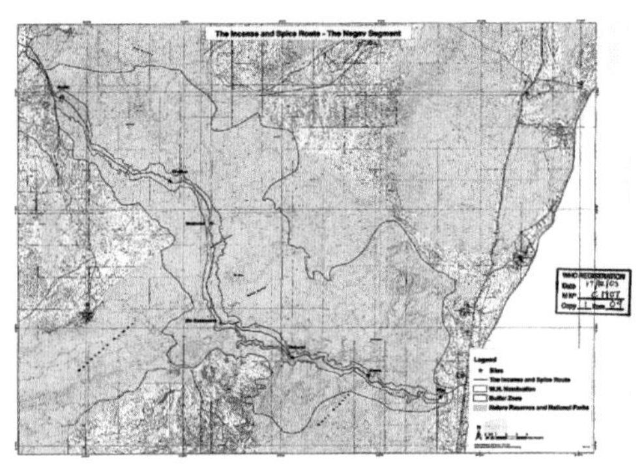

熏香之路——内盖夫的沙漠城镇(以色列)

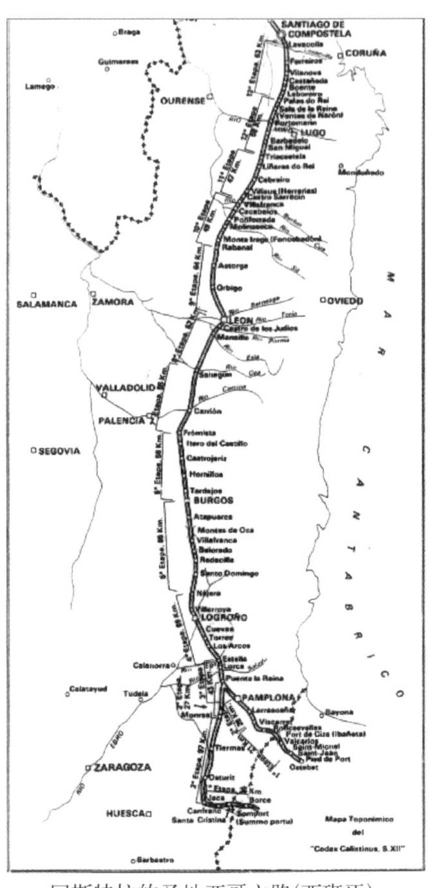

冈斯特拉的圣地亚哥之路(西班牙)

图 4-10　典型的历史道路类线性文化景观(来源: http://whc.unesco.org/en/culturallandscape/)

表 4-4　作为线性文化景观的铁路遗产

名称	国家	长度	建成	建设原因	提名标准
塞默灵铁路	奥地利	41 km	1854	皇家法令要求将维也纳至格洛格尼茨的铁路延伸至塞默灵。	标准(ii)——塞默灵铁路代表了早期铁路面对重大问题时杰出的技术解决方案。 标准(iv)——塞默灵铁路令那些具有绝世美景的区域更易到达,并使这些区域的居住和休闲产业得到发展,创造了一种新的文化景观①。

① Semmering Railway, http://whc.unesco.org/en/list/785/

续　表

名称	国家	长度	建成	建设原因	提　名　标　准
印度山地铁路	印度	82 km	1881	减少商品(如大米)的运输价格,降低大吉岭等地的农业(如茶叶)的生产成本①。	标准(ii)——与世界上许多国家的案例类似,大吉岭喜马拉雅铁路是多文化地区创新的交通系统作用于社会经济发展的杰出典范。 标准(iv)——19 世纪铁路的发展对世界许多地区的社会经济发展产生深远的影响,大吉岭喜马拉雅铁路是其中特殊而具有开创性的例子②。
雷蒂亚铁路	意大利、瑞士	67 km	1904	用于观光,连接圣莫里茨、蒂拉诺、图西斯三座城市及沿线的一系列风景优美的聚落③。	标准(ii)——雷蒂亚铁路是技术、建筑和环境的统一,见证了山地铁路技术的发展。 标准(iv)——雷蒂亚铁路是 20 世纪初期高海拔地区山地铁路的重要例证,它具有完美的品质,是有助于山地区人类活动长期发展的典型例子④。

2. 国内的类似案例:二十四道拐抗战公路

在我国公布的全国重点文物保护单位中,以交通运输类历史道路为主的共有 11 项,绝大多数属于第七批“国保”,可以看出近年来文物保护体系对历史道路类型的重视;其中“二十四道拐抗战公路”和“京张铁路”还体现了作为近现代工业遗产的交通运输道路的重要性。

表 4－5　全国重点文物保护单位中的交通运输类历史道路⑤

名称	省份	长度	始建	建 设 原 因	备　　注
剑门蜀道遗址	四川	不详	秦	驿道。	2006 年公布为第六批全国重点文物保护单位。

① A Brief History of The Darjeeling Himalayan Railway, http://www.dhrs.org/page16.html

② Nomination file of Mountain Railways of India, P1, http://whc.unesco.org/uploads/nominations/944ter.pdf

③ Bernina Express, http://en.wikipedia.org/wiki/Bernina_Express

④ Rhaetian Railway in the Albula/Bernina Landscapes, http://whc.unesco.org/en/list/1276/

⑤ 仅包括以道路为主体的遗产地。与其他遗产有明确关联的(如绍兴古纤道是浙东运河的附属设施)未列入其中。

续 表

名称	省份	长度	始建	建设原因	备注
墨尔根至漠河古驿站驿道	黑龙江	261 km	清	为全长700余公里的“墨尔根古驿站驿道”的一部分，是清代为保证北方安全开辟的驿道。	2013年公布为第七批全国重点文物保护单位。
独松关和古驿道	浙江	1.2 km	宋	为宋代临安(杭州)至建康(南京)古驿道的一部分。	2006年公布为第六批全国重点文物保护单位。
梅关和古驿道	江西	8 km	唐	均为连接岭南水道和岭北水道的重要古驿道“梅关古道”的组成部分。	2013年公布为第七批全国重点文物保护单位。
南粤雄关与古道	广东				
湘桂古道永州段	湖南	37.5 km	秦	跨越湖南、广西的“湘桂古道”的一部分，为秦代设置的驿道。	2013年公布为第七批全国重点文物保护单位。
“二十四道拐”抗战公路	贵州	4 km	民国	为民国时期贵州省公路网的一部分。	2006年公布为第六批全国重点文物保护单位。
可渡关驿道	云南	5 km	秦至清	为秦代开凿的边疆驿道之一。	2013年公布为第七批全国重点文物保护单位。
秦直道遗址延安段	陕西	已发现遗迹道路约750 km	秦	为蒙恬开凿的秦代的重要军事通道。	2013年公布为第七批全国重点文物保护单位。
秦直道遗址庆阳段	甘肃				
京张铁路南口至八达岭段	北京	20 km	清	为全长201 km的京张铁路的一部分，詹天佑任总工程司，其中“人字形”路线举世闻名。	2013年公布为第七批全国重点文物保护单位。

“二十四道拐抗战公路”位于贵州晴隆，全长4公里，蜿蜒于晴隆山西南坡，以连续的24个弧形大拐弯而闻名。公路最早由贵州省路政局修建，在1936年9月通车。抗日战争爆发后，援助中国的美军在晴隆设立公路改善工程处，从

1942 年到 1945 年持续不断对二十四道拐公路进行改造和维修，保证了公路的畅通。国际援华物资不断通过这条动脉运输到国内，极大支援了抗战的进行。1945 年，著名的“史迪威公路”（中印公路）通车，二十四道拐抗战公路随之载入史册。

图 4 - 11　“二十四道拐”抗战公路（来源：http://www.gzql.gov.cn/qlgov/lyzx/lyxw/2012 - 08 - 03/5096.html）

二十四道拐抗战公路在战后逐渐被遗忘，甚至长期被认为位于云南境内。早在 1988 年，晴隆县就将其列为文保单位，但直到 2002 年这条公路才随着滇缅抗战史专家戈叔亚的走访而闻名全国[147]。许多当地群众已经不知道这段公路的历史，只是将其当作一段特别崎岖的山路①。

二十四道拐公路在 2006 年被列入第六批全国重点文保单位。从线性文化景观的角度来看，公路本体精巧的设计体现了修建者面对恶劣自然条件的智慧；作为抗战时期后方大通道的重要组成部分，公路反映了中美之间的持续交流；公路本体及附属设施（包括沙子岭美军车站、备用的沙八公路、加油站和罐头厂）共同成为一段历史的鲜明见证。

4.3.2　商业贸易类历史道路

各国各地区的自然条件和自然资源总是复杂多样的，并表现出明显的地域差异性，必定有盛产和短缺的产品，需要通过商业经济活动中的购、销、调、存四个基本环节来调节和平衡。这四个环节都必须落实到一定的地域，并以一定的空间组织形式存在[148]，商路就是其中“调”的环节的体现。

商业的性质决定了商业与交通紧密的联系，即所谓“商业是交通的先导，交通是商业的基础”。因商业利润刺激而开辟的历史道路不计其数，如丝绸之路、茶马古道、熏香之路等。商路往往要跨越辽阔的区域，更适合以文化线路来概括（见 3.2 小节的论述）。本节研究的对象主要是那些路线明确、具有物质遗存的

---

① 见 2011 年 12 月 9 日新华每日电讯 8 版《史迪威公路“二十四道拐”》。

段落，它们是宏观上的商路的一部分。

1. 典型案例：熏香之路——内盖夫的沙漠城镇

熏香之路（The Incense and Spice Route）是一张庞大的香料和草药的贸易网络，总长约2 000千米，始于阿拉伯半岛的也门和阿曼，终于地中海地区。以色列的“内盖夫的沙漠城镇”是“熏香之路”其中的一段，位于以色列的内盖夫沙漠，总长约100千米，包括早期驼队来往的道路（图4－12）和纳巴泰人（Nabateans，早期在约旦、迦南南部和阿拉伯北部活动的古代商人）建立的四个城镇——哈鲁扎（Haluza）、曼席特（Mamshit）、奥维特（Avdat）和席伏塔（Shivta），以及内盖夫沙漠中的堡垒和农业景观。

图4－12　熏香之路上早期驼队来往的道路（来源：http://whc.unesco.org/uploads/nominations/1107rev.pdf）

图4－13　纳巴泰人建立的贮水池遗迹（来源：http://en.wikipedia.org/wiki/File：Nabatean_Well_Negev_031812.JPG）

贸易利润的刺激使商人们选择直接穿越荒凉的内盖夫沙漠。长途旅行的驼队需要在中途补给和休息，而商人们总是尽可能多携带货物而不是水和粮食。追求商业利益的纳巴泰人发明了一系列在沙漠中应用的特殊农业技术，例如水渠、堤坝，以及专门用于搜集水的贮水池（图4－13）。

2. 国内的类似案例：徽杭古道及沿线的商业遗迹

全国重点文物保护单位共有4处与商贸类历史道路相关，均属第七批“国保”（表4－6）。

表 4-6　全国重点文物保护单位中的商业贸易类历史道路

名　称	省份	长度	始建	建设原因	备　注
虞坂古盐道	山西	8 km	西周初期	贩盐通道。	2013 年公布为第七批全国重点文物保护单位。
徽杭古道绩溪段和古徽道东线郎溪段	安徽	25 km	宋	跨越安徽、浙江的"徽杭古道"的一部分，为徽商外出经商的重要通道。	2013 年公布为第七批全国重点文物保护单位。
榉根关古徽道	安徽	7.5 km	唐	为徽商外出经商的重要通道。	2013 年公布为第七批全国重点文物保护单位。
茶马古道	四川、西藏、贵州	不详	唐	为唐宋汉地与西南少数民族地区"茶马互市"形成的交通要道。	包括近百个文物点，2013 年公布为第七批全国重点文物保护单位。

徽杭古道是西起安徽省宣城市绩溪县伏岭镇、东至浙江省临安市马啸乡的一条历史道路，全长约 25 千米(图 4-14)，始开凿于宋代。当时，安徽一侧逍遥谷外的官绅商贾和平民百姓，须翻越艰险异常的施寺岭才能前往浙江，怨声不止。在临安为官的胡润捐金雇佣工匠，在逍遥岩的绝壁上开辟新路，这就是徽杭古栈道的雏形。至明嘉靖年间，绩溪人胡宗宪在杭州为官多年，经常来往徽杭古道。由于宋代开凿道路难行，他又捐财拓建，古道方可走马过轿。

图 4-14　徽杭古道及沿线聚落总图(来源：GPS 轨迹记录)

在徽杭古道的修建中，除了官宦乡绅出力，徽州商人也发挥了极为重要的作用。由于徽杭古道便捷，运输成本较水运又低，徽州商人在起家时往往通过这条道路将盐、茶、山货贩运出山，换回粮食、棉花等各类生活必需品。同时，徽州商人发家致富之后在家乡修建宅第，也需要便利的运输通道。从太平天国战乱以降，史料有载的徽杭古道大修数次皆为徽商捐资(表4-7)。

表4-7　史料记载的徽商捐资修缮徽杭古道情况

年代	事　　　件
1926	徽商胡学汤(商岩)等募修逍遥岩古道。
1930	徽商邵哲明等捐修石拱亭。
1931	徽商胡卓林等捐修绩岭雪塘茶亭。
1932	徽厨巨头胡桂森捐资建二程庙，纪念北村经古道去浙江经商不幸身亡的程氏二人。
1943	徽商胡元堂向上海、南京、芜湖等地徽商募捐，并捐巨资大修磨盘石至岩口亭段。
1993	旅台徽商胡泉波捐资重建“江南第一桥”。

徽杭古道沿线山势险峻，头尾有成型的规模较大的聚落(村)，沿线则有许多进山垦殖的居民点。通过宗祠的组织，村落中成立“路会”、定农历“十月半”为修路日，每年逢日则村众集中义务修路；同时为方便乡亲外出经商，沿途还由胡氏、邵氏族人捐有多处茶亭、路亭(享用茶水、餐饮、避雨和休息的场所)①。这些在商路上才会出现的独具个性的文化景观，与徽杭古道共同构成徽州人外出经商、取仕的保障。

徽杭古道的安徽段在2013年以“徽杭古道绩溪段和古徽道东线郎溪段”之名列入第七批全国重点文物保护单位，但属临安市管辖的徽杭古道浙江段未见定级。在“国保”层面仍然出现这种情况，凸显了跨越行政区划的线性文化景观在保护和管理工作上的协同问题。

4.3.3　宗教朝圣类历史道路

朝圣是宗教徒朝拜圣地的行为。在旅游业兴起以前，朝圣是人们离开家乡出外游历的主要方式之一。圣地是信徒宗教情感的投射对象，在接近圣地的旅程中，满目山河、楼宇寺院、庙塔圣迹等无非皆是神灵圣法、精神文化的呈现[149]。越艰辛的旅程越能体现出信仰的虔诚，因此那些在朝圣线路上留

① 《徽杭古道传奇之路史悠悠八百年》(http://www.huihanggudaolvyou.com/deal_2330.html)

存至今的文化景观遗产往往呈现出震人心魄的力量，如巴米扬山谷的巨佛立像。

1. 典型案例：巴米扬山谷的文化景观和考古遗迹

位于阿富汗的“巴米扬山谷的文化景观和考古遗迹”(图 4－15)既属于农业主导的谷地聚落，也是重要的宗教朝圣和商业路线——丝绸之路的一段。巴米扬是位于兴都库什山间的河谷，巴米扬河(Bamiyan River)横贯而过。随着兴都库什山西侧道路的开辟和繁荣，迦毕试①迅速发展起来，巴米扬谷内有寺院“数十所，僧徒数千人，宗学小乘说出世部”②，既成为佛教传播的重要枢纽，也成为信徒们的朝圣之地。

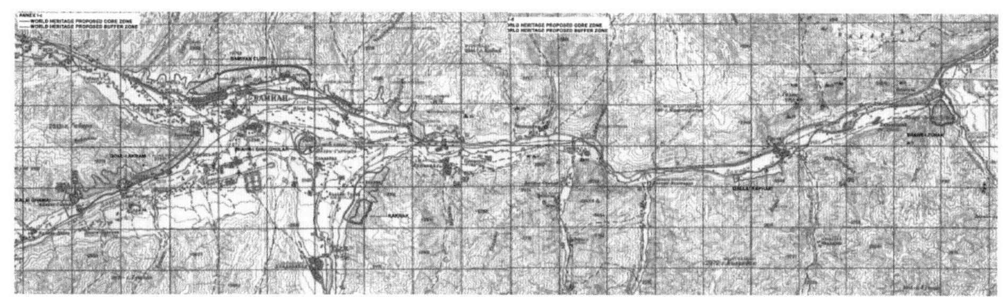

图 4－15　巴米扬山谷的文化景观和考古遗迹(来源：http://whc.unesco.org/download.cfm?id_document=103295)

作为丝绸之路上的宗教、哲学和犍陀罗艺术的中心，巴米扬经济力量雄厚，佛教的发展又得到了统治者的保护，人民笃信佛教：“淳信之心，特甚邻国，上自三宝，下至百神，莫不输诚竭心宗敬”③；统治者倾国力开凿了巴米扬大佛，同时，虔诚的佛教徒和朝圣者也将佛像雕刻在狭长谷地的各个角落，遗存的石窟等总数在 1 000 以上[150]。

2001 年，信奉伊斯兰原教旨主义的塔利班以信仰为名，摧毁了巴米扬的两尊大佛。战争的威胁也导致巴米扬山谷的文化景观从 2003 年登录世界遗产起，就一直无法摆脱“濒危遗产”的身份。

① 公元 1 世纪时阿富汗境内古国，曾为贵霜王朝夏都。唐贞观年间，玄奘曾取道巴米扬来到该国。现为阿富汗卡比萨省。

② 玄奘《大唐西域记》卷一“梵衍那”条。“梵衍那”即巴米扬。

③ 玄奘《大唐西域记》卷一“梵衍那”条。

2. 国内的类似案例：木扎特河-渭干河谷的佛教遗迹

木扎特河-渭干河谷位于新疆拜城。与巴米扬山谷相似，这条河谷既属于农业主导的谷地聚落，又是丝绸之路的重要通道，历史上是连接克孜尔包括库木吐喇在内的龟兹政治文化中心，亦即龟兹王城的最便捷的交通线路[151]。龟兹国笃信佛教，素有造像传统，玄奘法师曾记录龟兹伽蓝的盛况："路左右各有立佛像，高九十余尺……上自君王，下至士庶，捐废俗务，奉持斋戒，受经听法，渴日忘疲。①"从公元 3 世纪到 9 世纪，古龟兹国的僧侣在皇室的支持下，在河谷北侧的明屋塔格山悬崖开凿了大量石窟，如今存留编号的有 246 窟，前后绵延约 3 千米。

克孜尔石窟群的衰弱原因与巴米扬山谷类似，作为丝路上富饶的绿洲、扼守安西的咽喉②，龟兹屡遭兵燹，吐蕃、西突厥、突骑施、唐帝国等各方势力在此反复争夺数十年。从洞窟和附近发现的残碑的考古学研究来看，在唐开元年间(713—741 年)，克孜尔石窟群已无僧人居住。

目前在木扎特河-渭干河谷还有克孜尔石窟、库木吐喇石窟、苏巴什古寺等一系列遗迹(图 4 - 16)。大部分石窟都已列入全国重点文物保护单位；克孜尔石窟、苏巴什佛寺遗址、克孜尔尕哈烽燧在 2013 年列入了首批"丝绸之路"申遗名单。

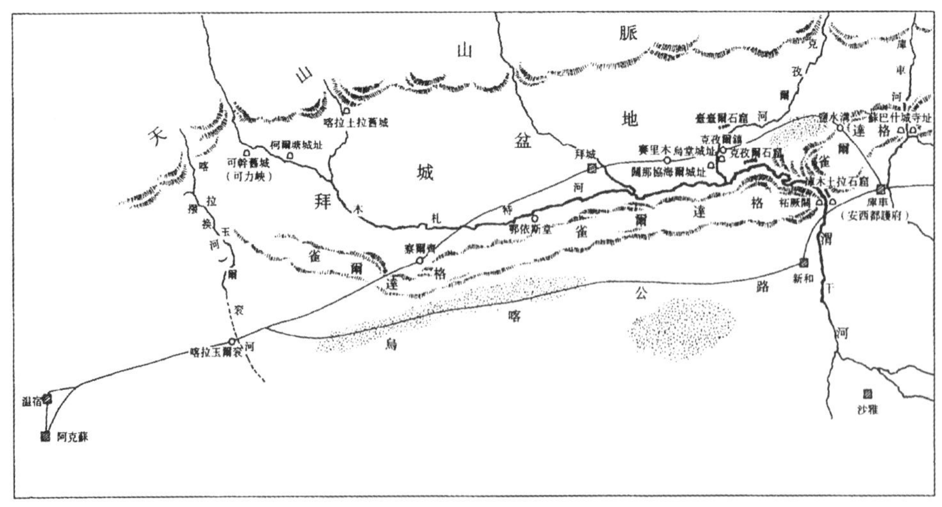

图 4 - 16　木扎特河-渭干河谷文化景观遗产分布情况(来源：吴焯《克孜尔石窟兴废与渭干河谷道交通》)

① 玄奘《大唐西域记》卷一"屈支国"条。"屈支国"即龟兹国。

② 公元 648 年，唐帝国设安西大都护府于龟兹，为安西四镇之一。

4.3.4 主要价值

总结前述案例和分析，历史道路类线性文化景观具有以下几方面的价值：

(1) 促进物质交换与思想交流(对应提名标准 ii)。

这是历史道路的基本功能和最重要的价值。道路的建设提高了物质交换的效率，同时也推动不同区域的文化、思想乃至意识形态的对外传播。例如熏香之路见证了乳香从也门地区向西亚、欧洲传播的过程；巴米扬山谷、木扎特-渭干河谷都见证了佛教从西域向东方的传播过程。这种传播即使到了现代仍未断绝，如云南开远是滇越铁路穿越的城市，当地人很早就接纳了西化的生活方式，并模仿法式建筑对民居进行了一系列的改造。

(2) 见证重要的历史时期(对应提名标准 iii)。

历史道路的开辟有强烈的目的性，或为了完善中央政府对地方的控制，或为了牟取经济利益，或为了推动地方的发展。作为历史道路上重要节点的文化景观，因此往往也成为重要历史事件或历史时期的见证。例如大洋路的修建是为了纪念第一次世界大战牺牲的澳大利亚士兵，同时也是当时澳大利亚国内经济萧条、缺乏工作机会的见证。

(3) 体现高超的工程技术水平(对应提名标准 v)。

这种价值主要体现在修筑道路时克服恶劣条件、创造的工程技术上的奇迹。例如塞默灵铁路是全世界最早的高山铁路，其中 61%的铁路长度所承受的斜率为 20%～25%，16%的部分只有 190 米的曲率半径，在当时是革命性的突破①；又如雷蒂亚铁路的标志性的“布鲁西欧大回旋”(The Brusio circular viaduct)是为了克服坡度并在狭窄谷地调头而设计的 360 度拱形高架桥，其效果令人叹为观止(图 4－17)，体现了极高的工程技术水平。

图 4－17　雷蒂亚铁路标志性的“布鲁西欧大回旋”(来源：http://whc.unesco.org/uploads/nominations/1276.pdf)

① Nomination file of Semmering Railway, P20, http://whc.unesco.org/uploads/nominations/785.pdf

(4) 对沿线聚落产生了深远的影响(对应提名标准 v)。

道路的修筑改善了交通条件,也对沿线聚落产生深远影响,例如塞默灵铁路将大量游客从维也纳输送到塞默灵,该地区因而得到开发,修建了许多专门用于休闲活动的精美建筑,并多次成为高山滑雪世界杯(FIS Alpine Ski World Cup)的举办地①;印度的大吉岭很早就是英国殖民者的避暑胜地,铁路的修建大大推动了该地区旅游业的发展,线路本身也成了重要的旅游项目②;大洋路的修建带动了沿线运动休闲产业的发展,托尔坎(Torquay)等小镇成了冲浪运动的圣地,同时也带动了冲浪板和相关产品制造业的蓬勃发展,其中 Rip Curl 品牌现在已是澳洲冲浪产品的巨头③。

4.4 历史边界线性文化景观④

历史边界是一种特殊的线性文化景观,是出于区隔国家或政治实体的需要建设的人为障碍。在文化地理学中,边界的特征和政府权力的象征共同组成政治景观[152]。边界既具有地理特征又具有政治特征,相应也分为自然边界和人为边界。自然边界是以自然要素作为划分边界的依据,是最早的边界形式,一般都具有独特的地貌特征。人为边界则是指以民族、宗教信仰、语言、意识形态、心理习惯等因素作为依据划分的边界[153]。

在世界遗产中的历史边界类线性文化景观仅有三处(表 4-8),其中英国的哈德良长墙(属于"罗马帝国的边界")和中国的长城具有非常相似的属性,且在 1987 年同时列入文化遗产。荷兰的"阿姆斯特丹的防御线"则是仅有的海防类历史边界。

需要注意的是,这三处遗产地都是以"文化遗产"而不是"文化景观"类别登

---

① Nomination file of Semmering Railway, P23, http://whc.unesco.org/uploads/nominations/785.pdf

② Nomination file of Mountain Railways of India, P67, http://whc.unesco.org/uploads/nominations/944ter.pdf

③ http://www.dpcd.vic.gov.au/heritage/publications-and-research/framework-of-historical-themes/Case-Study-3

④ 本章部分内容节选自:严国泰,林铁南.对构建历史边界线路遗产保护体系的思考.中国园林,2012(3),94-98,有改动。

录的。不过，哈德良长墙和长城登录时，“文化景观”概念尚未被世界遗产接纳；1996 年登录的“阿姆斯特丹的防御线”尽管最终选择了“文化遗产”类别，但在申遗报告书中已经明确指出，它属于典型的线性文化景观①，ICOMOS 也对此表示认可②。哈德良长墙在申遗成功后，一直坚持以文化景观的视角进行保护，并被作为线性文化景观保护管理的成功典型案例，收录在世界遗产委员会发布的官方论文集中③。

我国的历史边界类遗产较多，其中大部分与各个时期的长城有关，还有一些十分特殊的类型，如位于河北永清县境内的“边关地道遗址”，有“地下长城”之称；位于湖南凤凰的苗疆边墙（中国南方长城）是南方地区唯一的长城遗迹，并已列入申遗预备名单④。此外，在我国东南沿海地区还分布有大量的海防遗产，近年来才逐渐引起学界的注意。但总的来说，我国比较重视历史边界的物质部分，对其所处的环境、周边的居民以及人地关系的关注非常有限。

表 4-8 整理了世界遗产中的历史边界类线性文化景观。

表 4-8　世界遗产中历史边界类的线性文化景观

中文名称	国家	边界类型
罗马帝国的边界	德国、英国	陆防型
长城	中国	陆防型
阿姆斯特丹的防御线	荷兰	海防型

① “In terms of the categories of property set out in Article 1 of the 1972 world Heritage Convention, the stelling van Amsterdam is a group of buildings. It may also be considered to be a linear cultural landscape, as defined in the Operational Guidelines (1995), paragraphs 35 - 39.” (Advisory Body Evaluation of Defence Line of Amsterdam, 1996), http://whc. unesco. org/archive/advisory_body_evaluation/759. pdf

② “It should not be overlooked that it is also a virtually intact cultural landscape of high quality.” (Advisory Body Evaluation of Defence Line of Amsterdam, 1996), http://whc. unesco. org/archive/advisory_body_evaluation/759. pdf

③ World Heritage Cultural Landscapes: A Handbook for Conservation and Management, P100.

④ 凤凰古城在 2012 年以“凤凰区域性防御体系遗址”名义进入申遗预备名单，其中包括中国南方长城，以及一系列镇城、营城、汛堡、屯堡等。

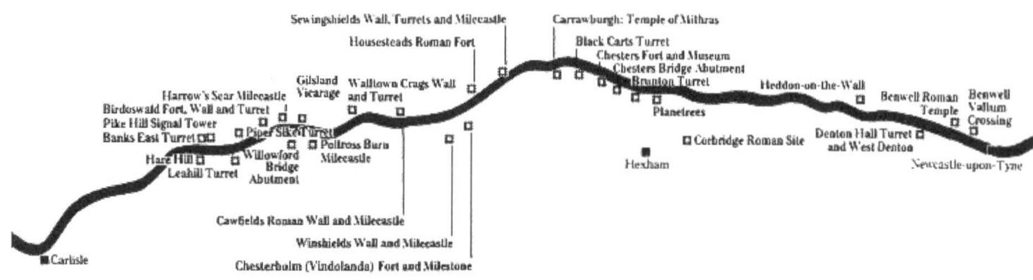

哈德良长墙(属于"罗马帝国的边界",英国)

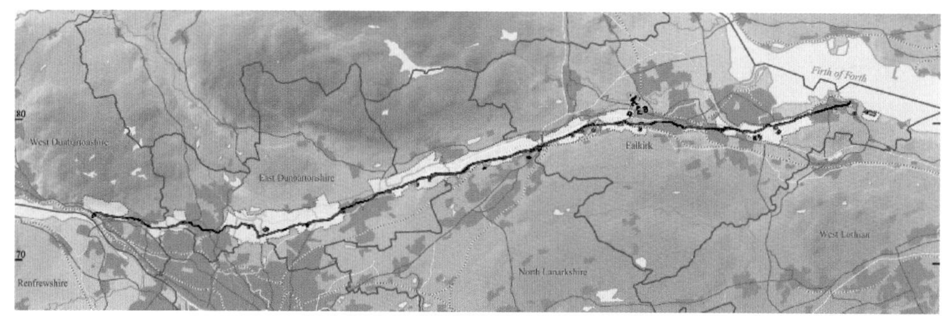

安东尼长墙(属于"罗马帝国的边界",英国)

图 4-18　典型的历史边界类线性文化景观(来源: http://whc.unesco.org/en/culturallandscape/)

4.4.1　陆地类历史边界

绝大多数历史边界是建立在陆地上的。早期的边界通常由文明程度较高的、定居的农耕民族修建,用于抵御游牧民族的侵略,我国的长城和英国的哈德良长墙都属于这个类型。早期边界注意对自然边界(如高山、海洋、河流、湖泊、沙漠、森林等)的利用,往往选址于险要之处,既节省了工程量,又难以逾越,体现了人类的智慧。如我国的长城,不同段落根据不同的地形地貌而建,既有居庸关的居高临下,也有九门口的别具一格;秦长城"因地形,用制险塞……延袤万余里"(《史记·蒙恬列传》);雁门关长城"东西山岩峭拔,中有路,盘旋崎岖,绝顶置关,谓立西径关"(《唐书·地理志》),显示了设计者选址的独到眼光。

陆地边界的形成与自然环境密不可分。除了险要的地形,气候因素也十分重要,例如我国的长城基本沿着天然农牧分界线修筑;与汉长城相比,明长城西段从罗布泊畔退至嘉峪关,前后相距 600 余公里,其主要的原因就是汉以来中央政府在草原上大规模移民农垦造成的草场退化和沙化;到了明代,原本属于关内的土地已无任何价值，新筑的长城便将这些土地划到了关外。与此类似，哈德良长墙也修筑在英伦半岛的农牧分界线上，北部是游牧民族为主的爱尔兰，南部则是定居的农耕民族为主的英格兰。

1. 典型案例：罗马帝国的边界

"罗马帝国的边界"是古罗马帝国的边境线，延伸超过 5 000 公里，跨越了英国北部的大西洋沿岸、黑海，并一直延伸到红海和北非大西洋沿岸。该遗产由 1987 年登录的英国"哈德良长墙"拓展，在 2005 年、2008 年两次扩大了遗产区范围。

图 4－19　罗马帝国的边界（来源：http://whc.unesco.org/en/list/430）

"罗马帝国的边界"在形态上与我国的长城比较类似，遗产地的主体包括边墙、壕沟、炮台、堡垒、瞭望塔以及平民居住的遗迹，其中许多段落体现了对自然环境的认识，如著名的万勒姆壕沟。

"罗马帝国的边界"修筑的主要目的是防御游牧民族的入侵，保卫已经控制的英格兰等农耕民族定居的区域。与长城不同的是，该边界从修筑到废弃，沿线没有发生过太大的战事，反而因为罗马帝国的强大，吸引了大量工匠、商贩前来，推动了沿线聚落的发展。

2. 国内的类似案例

全国重点文物保护单位共有 5 处与陆地类历史边界相关，其中大多数是各时期建设的防御性边墙（表 4－9）。

表 4－9　全国重点文物保护单位中的陆地类历史边界

名　称	省　份	长度	年代	建设原因	备　注
长城	北京、天津、青海、山东、内蒙等 15 个省市区	21 196.18 km	春秋战国至明	春秋至明的各个时期修筑的用于防御游牧民族入侵的长墙。	2001 年春秋至明的长城归并公布为第五批全国重点文物保护单位。

续 表

名 称	省 份	长度	年代	建 设 原 因	备 注
牡丹江边墙	黑龙江	58 km	唐至金	唐代渤海国为防黑水靺鞨入侵而沿江修筑的军事防御工程。	2006 年公布为第六批全国重点文物保护单位。
金界壕遗址	黑龙江、内蒙古、河北	1 680 km	金	金朝为防御塔塔儿和蒙古诸部在大兴安岭区域建造。	2001 年公布为第五批全国重点文物保护单位，2006 年河北部分并入。
边关地道遗址	河北	不详	北宋	北宋初期为防御辽国南侵而修建的地下战道的遗址。	2006 年公布为第六批全国重点文物保护单位。
连城要塞遗址和友谊关	广西	约 1 200 km	清	清代为抵御外敌入侵，沿北部湾沿岸和中越边境修筑的边防军事设施。	其中北部湾部分属于海防类历史边界。2006 年公布为第六批全国重点文物保护单位。

4.4.2 海防类历史边界

海防类历史边界是一种特殊的历史边界线性文化景观。它们的防御对象是来自海上的攻击力量，由于水体和海岸线天然的阻隔性，海防类历史边界通常不会像陆地防线那样有完整的边墙，但边防设施的选址、对自然环境的利用往往更具匠心。

1. 典型案例：阿姆斯特丹的防御线

阿姆斯特丹的防御线反映出荷兰人对自然的充分理解，同时实现了对边界的动态控制。整条防线环绕阿姆斯特丹老城，全长 135 公里，由 42 个要塞及低地组成。防线最特殊的是隔离物——沿整个环形防线分布、经过水位控制设计的、宽 3～5 千米不等的低地，可以在战时通过水闸控制淹没，形成类似“护城河”的防御工事(图 4 - 20)。为了避免入侵者以船渡河，水位高度被设计控制在 30 厘米；设计者还规定，防线周围 1 公里以内的建筑物必须以木料建造，便于战时

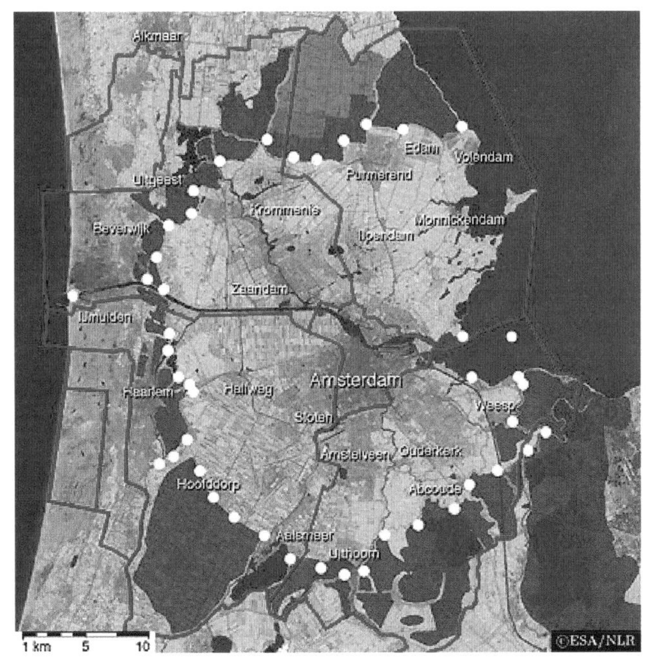

图 4－20　阿姆斯特丹的防御线示意图，白色为要塞，要塞以外即为可通过水闸控制的低洼淹没区（来源：http://www.stelling-amsterdam.nl）

焚毁。

科技的进步导致阿姆斯特丹的防御线从建成的那天起就几乎仅具有象征意义。飞机、坦克等先进战争工具的发明，令“以水阻隔进攻”的设想成为泡影。1940 年 5 月德国入侵荷兰，阿姆斯特丹启动了防御线的一部分并形成了淹没区，但荷兰仅抵抗了 14 天就宣布投降，防御线没有起到任何作用。尽管如此，防御线体现的低地国家特有的人地关系——对水资源的认识、水工技术的应用、对景观形成的影响，如今都已成为宝贵的遗产。

2. 国内的类似案例：象山明清海防遗址

象山明清海防遗址位于宁波市管辖的舟山市象山半岛。象山三面环海、两港相拥，有长达 800 多千米的海岸线，境内山海交错，地形复杂，从唐代立县以来就是海防重镇，宋代开始有水军镇守。从明代开始，为了防御时常犯境的倭寇，象山构建了完整的海防体系，先后建有一卫、八所，还有相应的巡检司、寨和 40 多个烽堠，常驻兵力曾达万余人。象山现存的海防工程遗产占浙江全省总量的三分之二，与山海景观和海防聚落共同形成壮观的线性

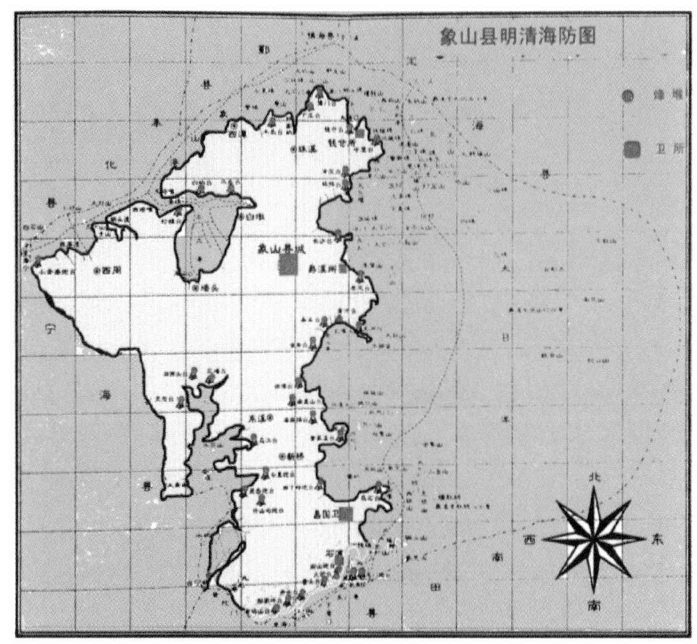

图 4 - 21　象山县明清海防遗址(来源：民国《象山县志》)

文化景观(图 4 - 21)。

象山地区有数个城镇属于海防聚落,原为军队驻扎地,在边界失去防卫功能后,转而成为普通百姓居住的市镇。如与金山卫、威海卫齐名的“昌国卫”原设于浙江定海,明洪武二十年(1387 年)迁至现石浦镇东门岛,洪武二十七年(1394年)再迁至昌国(现石浦镇昌国街道),并因地得名。昌国卫的选址和营造都体现出设计者武胜对自然环境的深切认识:“(武胜)掘隍成城,高二丈三尺,趾广一丈,延袤七里。为门四,各有楼,设吊桥三,穴水门于西南二门之侧,罗以月城,城上有雉堞、敌楼、警铺,外为壕二百一十六丈,其西北九百一十丈,依山不设。”[①]此外,爵溪的老镇区“沙船城”有“东南负海,西北依山”之势,涂茨镇钱仓村原为“钱仓千户所”,都是当年重要的海防聚落。

宁波是国家文物局“明清海防遗址保护”大遗址科技保护调研项目的首个试点城市。通过文物普查和研究,象山的明清海防遗址已有部分公布为各级文保单位[②]。

① 中华书局影印版《古今图书集成・方舆汇编・山川典》卷 311。

② 其中花岙兵营遗址在 2013 年公布为第七批全国重点文物保护单位;游仙寨、爵溪街心戏亭、石浦城隍庙、公屿烽堠、金鸡山炮台为浙江省文物保护单位。

4.4.3　主要价值

总结前述案例和分析，历史边界类线性文化景观具有以下几方面的价值：

（1）跨越时间、跨越文化区域的重要交流（对应提名标准 ii）。

历史边界不仅是隔离文明的障碍物，同时也是文明交流的最前线，遗留至今的历史边界见证了各种设计、建造技术的交流和发展；同时，历史边界的修筑通常伴随着大规模的人口迁移，许多原本荒无人烟的地方成为繁荣的市镇，如哈德良长墙沿线有一系列的要塞和关口，长墙两侧的农耕和游牧民族可以在关口进行交易。由于长期没有战事，许多工匠、商贩随驻扎军队前来定居，并在长墙沿线形成一系列城镇聚落、延续至今；又如我国的张家口、古北口、呼和浩特（归化城）等一系列城镇，也是明长城“九边”和清代“互市”的结果。

世界遗产中的 3 处历史边界线性文化景观均符合该提名标准。

（2）展示人类历史重要阶段的建筑、建筑群或景观（对应提名标准 iv）。

修筑边界是国家独立和国力强盛的体现。作为保护统治安全的重要工具，历史边界通常耗资巨大，集合了当时最先进的技术，因此也作为该地区一个历史阶段的重要实证。例如阿姆斯特丹的防御线是极其罕见的，将水利工程技术应用在军事防御中的例子，其中的一系列堡垒还率先采用了混凝土或钢筋混凝土[①]，这是只可能出现在低地国家的建筑成就；我国的长城则展示了农耕国家持续 2 000 年的对游牧民族的防御性军事策略[②]。

世界遗产中的 3 处历史边界线性文化景观均符合该提名标准。

（3）存在或已消逝的文明或文化传统的独特见证（对应提名标准 iii）。

随着科技进步，现代边界不再依靠传统方式进行防御，历史边界是传统防御手段的唯一的物质见证，例如长城见证了中国从汉代到明代的边防历史。同时，历史边界也是文化交流的见证，例如罗马帝国的边界见证了罗马的文化和传统——包括军事、工程、建筑、宗教、管理体系和政治制度——向外扩散的

① 见 Advisory Body Evaluation of Defence Line of Amsterdam，1996，http://whc.unesco.org/archive/advisory_body_evaluation/759.pdf

② http://whc.unesco.org/en/list/438

历史①。

世界遗产中的3处历史边界线性文化景观，有2处(罗马帝国的边界、长城)符合该提名标准。

4.5 人工水道线性文化景观

人工水道是人类开凿的或修建的能令水流过的通道，是人类对自然水道(如河流、溪流)模仿的结果。从功能上，人工水道可细分为主要用于运输的运河(canal)和主要用于农业灌溉的水渠(irrigation canal)。从形态上来看，人工水道与自然水道有一定的相似之处，但为了防止不必要的渗漏，人工水道通常经过渠化，因此人工水道对沿线聚落的影响与自然水道还存在一定差异。

1994年《操作指南》将“遗产运河”(Heritage Canal)从文化景观类别中析出(参见3.1.2小节的论述)，主要原因是运河普遍、庞大而又复杂，一个专门的类别有助于更具针对性的保护策略。ICOMOS和TICCIH(国际工业遗产保护委员会)在1996年出版了《国际运河文物名录》(*International Canal Monument List*)，用于分类、识别运河的各项遗产，但对运河的环境以及与人的关系关注的较少。考虑到遗产运河常常被归入文化景观进行讨论[127]，而“文化线路”与“文化景观”并不冲突(参见3.2小节的论述)，论文仍然将运河纳入研究的范畴。

在工业革命以后，由于建造成本高、运输时间长，运河逐渐被新兴的铁路所替代。一部分运河被填埋成为道路，也有一些运河转为旅游观光使用。与运河相比，大部分水渠不通航，尺度、跨度比较小；由于主要用于农业灌溉，许多水渠至今仍在发挥着作用。

世界遗产中的人工水道线性文化景观共有六处，其中英国的庞特斯沃泰水道桥是比较典型的水渠(表4-10)。比利时的中央运河、法国的尼姆水渠(aqueduct of Nîmes)也是典型的人工水道，但因只有其中的传播升降机和加德桥(Pont du Gard-Roman Aqueduct)被列入了世界遗产，故不

① P453, Nomination file of Frontiers of the Roman Empire, http://whc.unesco.org/uploads/nominations/430ter.pdf

计入。

表 4-10 整理了世界遗产中的人工水道类型线性文化景观。

表 4-10　世界遗产中的人工水道类型线性文化景观

中文名称	国家	水道类型
米迪运河	法国	运河
丽都运河	加拿大	运河
庞特斯沃泰渡槽与运河	英国	运河、水渠
阿夫拉贾灌溉体系	阿曼	水渠
舒希达历史水利系统	伊朗	运河、水渠
大运河	中国	运河、水渠

4.5.1　水渠类人工水道

1. 典型案例：庞特斯沃泰水道桥与运河

该遗产是英国威尔士的兰戈伦运河(Lllangollen Canal)的一部分(图 4-22)。建立运河的目的是便捷地输送克伊里奥格河谷(Ceiriog Valley)和迪伊河谷(Dee Valley)的水、煤矿和石灰，但在运河北部，如何跨越克伊里奥格河(River Ceiriog)和迪伊河(River Dee)成了一个棘手的问题。

负责运河项目的工程师托马斯·特尔福德(Thomas Telford)大胆提出了采用高架渡槽的方式跨越河谷，并主导了标志性的"庞特斯沃泰水道桥"的设计和施工。这是一座由高大的石砌桥墩支撑的铸铁拱结构渡槽，运河在这里收窄，船只可以依次通过水道桥，跨越下方的谷地(图 4-23)。

尽管河谷特殊的地形使火车无法与运河竞争，但经济中心的转移仍然使兰戈伦运河走向衰落。运河在 1944 年正式停航，此后转为水渠使用，向史洛普联盟运河(Shropshire Union Canal)提供水源。

从 1884 年开始，庞特斯沃泰水道桥与运河就成为重要的旅游目的地。1950 年代旅游业重新进入兰戈伦运河，并将这里转变为英国最受欢迎的水上旅游目的地之一。

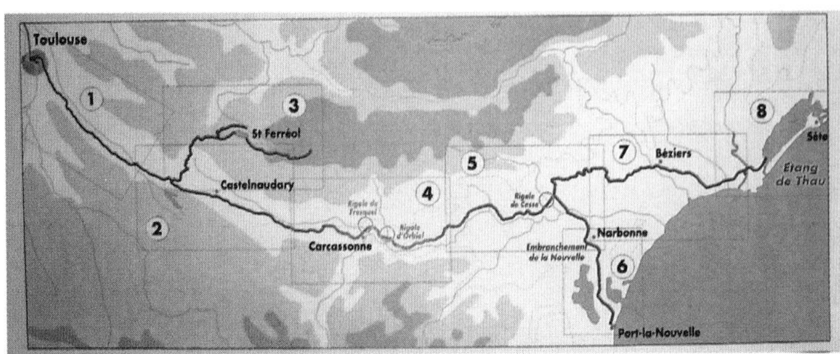

米迪运河(法国)

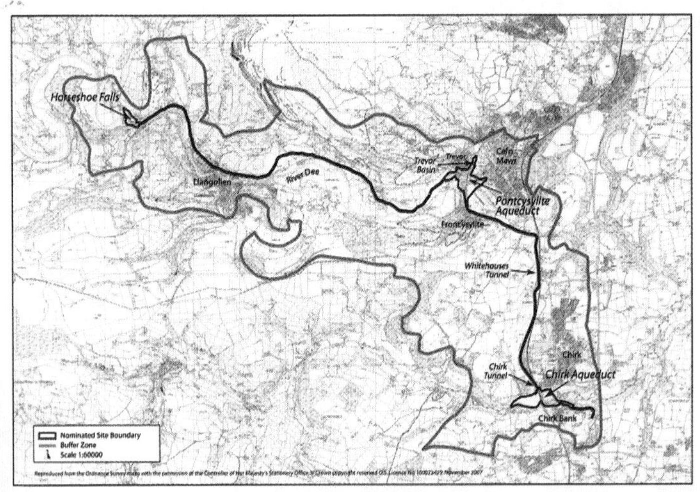

庞特斯沃泰水道桥与运河(英国)

图 4－22　典型的人工水道线性文化景观(来源：http://whc.unesco.org/en/culturallandscape/)

图 4－23　庞特斯沃泰水道桥(来源：http://whc.unesco.org/en/list/1303)

2. 国内的类似案例：红旗渠

表 4－11　全国重点文物保护单位中的水渠类人工水道

名称	省份	长度	年代	建设原因	备　　注
郑国渠首遗址	陕西	不详	春秋战国	秦王嬴政采纳韩国派遣的水工郑国建议开凿，用于灌溉关中地区的农田。	1996 年公布为第四批全国重点文物保护单位。
坎儿井地下水利工程	新疆	5.5 km（米衣木·阿吉坎儿井）	清	在炎热的新疆，为防止地下水被蒸发和污染而修建的特殊灌溉系统。	2006 年公布为第六批全国重点文物保护单位。
红旗渠	河南	约 1 500 km	中华人民共和国	为灌溉河南林县的农田，从山西引漳河水穿越太行山而修建。	2013 年公布为第七批全国重点文物保护单位。

红旗渠位于河南省林州市，由一系列干渠、支渠和农渠组成，总长约 1 500 公里，沿渠共有大小建筑物 6 500 多座。林县（林州市的前身）位处豫西山区，水资源贫乏。1959 年大旱后，林县县委提出“引漳入林”的设想，希望将源头在山西的漳河水通过河北、穿越太行山引入林县。1960 年 2 月红旗渠开工建设，1969 年 7 月完成支渠配套工程[154]，在林州境内北部形成一个水利灌溉网络。通过红旗渠，沿线村镇 54 万亩耕地得到灌溉，林州也一跃转变为河南的农业大市。红旗渠至今仍灌溉着林州全市农业灌区面积的 70%，是一项活着的遗产。

图 4－24　红旗渠（来源：《今日红旗渠》）

红旗渠在 2006 年公布为第六批全国重点文物保护单位。吕舟在对第六批“国保”的分析中指出，红旗渠作为“国保”新增加的文化景观类项目，其价值不仅在于工程上的奇迹，也在于精神层面上体现的人的英雄气概、社会的进取精神，同时也包括红旗渠依托的山体环境特征；同时，作为20世纪的重要遗产，它也具有作为世界遗产的潜在可能[155]。

4.5.2 运河类人工水道

1. 典型案例：丽都运河

丽都运河是加拿大在19世纪初兴建的运河，包含了丽都河和卡坦拉基河(Cataraqui)长达202公里的河段，北起渥太华，南接安大略湖金斯顿港。

丽都运河是英美两国为了控制加拿大，为战略军事目的开凿的。丽都运河是首批专为蒸汽船设计的运河之一，在运河建造初期，英国人采用"静水"技术，避免了大量挖掘工作，并建立了一连串的水库和47座大型水闸，将水位抬高到适航深度。目前丽都运河是北美保存最完好的静水运河。

丽都运河的防御工事是其另一个特色。运河沿线建有六座"碉堡"和一座要塞，后来又在多个闸站增建防御性闸门和管理员值班室。

图4-25 丽都运河(来源：http://whc.unesco.org/en/list/1221)

2. 国内的类似案例：灵渠

灵渠位于广西兴安县境内，分为南渠(长约33.15公里)、严关干渠和北渠(长约3.25公里)三个部分。秦始皇二十八年(公元前219年)，秦军征百粤，由监御史禄掌督率士兵、民夫在兴安境内的湘江与漓江之间修建一条人工运河，运载粮饷。秦始皇三十三年(公元前214年)灵渠竣工。此后汉、唐、宋、明、清各朝均对灵渠进行了较大规模的疏浚和修复。

1936年粤汉铁路、湘桂铁路和湘桂公路相继建成同城，灵渠的航运业开始衰落，1958年三里陡水利闸坝修建后停航，转变为以农业灌溉和城市供水为主的灌渠。

灵渠 1988 年公布为第三批全国重点文物保护单位，并在 2012 年进入申遗预备名单。

表 4－12　全国重点文物保护单位中的运河类人工水道

名称	省份	长度	年代	建设原因	备注
大运河	北京、天津、河北、江苏等 7 个省市	1 794 km（申遗部分 1 011 km）	春秋至清	为保证南北两大中心的联系而开辟的纵贯南北的水路运输干线。	2013 年的第七批全国重点文物保护单位“大运河”与 2006 年公布的第六批全国重点文物保护单位“京杭大运河”合并，名称：大运河，编号：6—810。 2014 年 6 月，大运河以“遗产运河”类别列入世界文化遗产。
灵渠	广西	36.4 km	秦	秦代为沟通长江水系的湘江和珠江水系的漓江、运送征服岭南的军队和物资而修建。	1988 年公布为第三批全国重点文物保护单位。

4.5.3　主要价值

总结前述案例和分析，人工水道类线性文化景观主要具有以下几方面的价值：

（1）宏大的人造物（对应提名标准 i）。

人工水道通常都是伟大的工程，只有在国家强盛的时候才有实力开凿修建。例如，米迪运河和庞特斯沃泰水道桥分别代表了法国、英国工业革命推动的生产力的发展；丽都运河则是英美两国为争夺北美大陆控制权开凿的伟大杰作。

（2）促进物质交换与思想交流（对应提名标准 ii）。

人工水道的开凿提供了便利的水路交通，也大大促进了物质交换与思想交流。该方面的价值与历史道路类同。

（3）体现工程技术的创新（对应提名标准 iv）。

人工水道的开凿是经济、社会、技术实力的集中体现。如米迪运河沿线的一系列水闸、渡槽、桥梁和隧道，以及著名的圣费雷罗大坝（Saint-Ferréol dam）、庞特斯沃泰水道桥标志性的高架渡槽，都是当时工程技术发展和创新的见证。

4.6 本章小结

根据《操作指南》，世界遗产文化景观分为有意设计的景观、有机进化的景观和关联性景观三个类型。这种概念性的分类方式有利于各种类型的文化景观的登录，从文化景观概念进入世界遗产大家庭以来，发挥了重要的作用。但是这种概念性的分类方式在面对具体的线性文化景观时略显粗疏，不利于解读线性文化景观的总体价值。研究采用概念性-功能性并置的方式，通过类型学方法、划分线性文化景观的总体类型，提出线性文化景观大致可分为谷地聚落、历史道路、边界和人工水道四种类型；根据产生原因、形态和使用功能的不同，这些类型还可以进一步细分出子类，如历史道路线性文化景观就可细分为交通运输类历史道路、商业贸易类历史道路、宗教朝圣类历史道路等。

大多数线性文化景观具有上述的一种或几种"原型"，例如河流平缓的谷地聚落线性文化景观，人们可以通过水路便利地将产品运输出去，这种水路运输也是一种"历史道路"；又如张强的研究指出，朝圣者多选择已经存在的贸易线路，以便在朝圣的过程中取得供给；一些朝圣线路也由于朝圣规模的扩大被商人利用，贸易路线与朝圣线路常相重合[156]。通过这种概念性-功能性并置的方式，可以较轻易地分析理解线性文化景观的产生原因、过程和整体价值。

在分类的同时，研究也筛选了国内的类似案例，并与世界遗产中的例子进行了对比。研究结果显示，我国具有丰富的线性文化景观，前述的任何一种线性文化景观类型都可以在我国找到对应的例子，其中一些也已经被列入全国重点文物保护单位。

需要指出的是，线性文化景观的总体类型并不仅限于以上四种，在线性文化景观发展的过程中，它们的功能往往也会产生变化。如我国扬州的瘦西湖原为运河的一部分，在明清时期由富裕的盐商营造而成水上园林。它属于很少见的"有意设计和建造"的线性文化景观。由于这是一个孤例，研究没有将其纳入总体类型的范畴，但其仍然应当在线性文化景观中占有重要的一席之地。

第5章
线性文化景观的景观性格

5.1 景观性格评估体系的引入

景观性格评估体系(Landscape Character Assessment)是由英国发展、在英联邦国家普遍采用的、以景观性格为基础的分类和评价方法。本节将研究该评估体系的产生背景、特点和工作流程。

5.1.1 景观性格评估体系产生的背景

1. 理论背景——“曼彻斯特景观评价法”的缺陷

1976年,英国乡村委员会(Countryside Commission,Natural England的前身)委托曼彻斯特大学城市与区域研究中心的罗宾逊(D. G. Robinson)等人在考文垂-索利哈尔-华威郡(Coventry-Solihull-Warwickshire)开展了景观评价研究项目,并总结出“曼彻斯特景观评价法”(the “Manchester” Landscape Evaluation Method)。

“曼彻斯特景观评价研究”项目的主要任务是评价景观的吸引度。罗宾逊等人一方面采用问卷调查,请被调查者对特定区域进行主观评价并打分,另一方面从遥感和航拍数据中分析这些区域的景观特征,再通过回归分析,寻找两者之间的联系。为了确保主观评价的代表性,该方法在每块区域都设置了多名被调查者。“曼彻斯特景观评价法”带动了类似的量化评价方法的发展,在20世纪70—80年代成为西方的潮流。我国的风景名胜区、旅游区等体系采用的资源分类和评价方法明显也受到了“曼彻斯特景观评价法”的影响。

但是,“曼彻斯特景观评价法”并不是一种成功的方法。彭宁-罗斯维尔(E. C. Penning-Rowsell)指出,这种方法在景观的鉴赏和对景观资源评价的量化统计问题的分析两个方面取得了成功，但其提出的分类要素(elements)存在问题，且评价统计过程太复杂，阻碍了该方法的应用[157]。斯万维克(Carys Swanwick)在回顾“曼彻斯特景观评价法”时也指出，1970 年代的景观评价，关注的是“什么令某区域的景观‘优于’其他区域”，那时的潮流，是以客观、科学、量化的态度来甄别景观的价值，而这种方法的失败是必然的：景观是一个复杂系统，试图从复杂系统中抽象出那些复杂、感性、与文化交织在一起的事物，并将它们转化为一系列的数值和统计公式是不恰当的。景观规划人员往往更容易解决土地利用、管理方面的问题，例如农业、林业、休闲和自然保育，并不擅长处理景观的视觉和感性方面的因素[37]。

“曼彻斯特景观评价法”最为人所诟病的是先入为主的倾向性。景观的“吸引度”不仅仅包括视觉因素，同一处景观在拥有不同需求的人眼里，有不同的价值，因此，“曼彻斯特景观评价法”的分类和评价是片面的。为了更全面地评价景观资源，在“曼彻斯特景观评价”项目结束后的二十多年中，学界提出了一系列分类和评价方法，并最终发展为景观性格评估体系(表 5-1)。

表 5-1　LCA 体系的发展和演变过程

体系	景观量化评价	景 观 评 估	景观性格评估
特点	关注景观的价值； 声称评价的过程是理性、客观的； 景观的价值被抽象出来进行比较，并分级； 依赖将构成景观的因素列明并量化的方法。	对景观的主观和客观认识均被承认； 强调对景观的登记造册、分类和量化评价具有差异； 民众对景观的认知被引入评估体系。	关注景观的特征； 对景观特征的分析和对景观价值的判断被分解为两个阶段； 强调在不同尺度下运用该体系的潜力； 与历史景观特征(Historic Landscape Characterisation)的联系； 更加重视与景观利益攸关的人的意见。
年代	20 世纪 70 年代早期	20 世纪 80 年代中期	20 世纪 90 年代中期

(来源：译自“The Recent Practice and the Evolution of Landscape Character Assessment”)

2. 社会背景——《欧洲景观公约》

2000 年 10 月，欧洲理事会采纳《欧洲景观公约》(参见 2. 1. 3 的论述)。《公约》提出不仅要关注那些杰出的景观，也要关注寻常的和已经退化的景观；其目的在于保护、管理和规划所有的景观。《公约》同时特别强调了景观的性格(Landscape Character)，并以之取代传统认识中占据上风的景观美学(Landscape

Atheistic，即景观的审美价值）。

《公约》还强调提升“活的景观”（living landscape）的认知程度。所谓“活的景观”，实际上与世界遗产文化景观中的第（ii）类子类“有机进化的景观”具有相同的内涵，即那些传承传统的人与土地的关系、平缓进化的景观，如遍布欧洲的广袤乡村。这些景观并不受传统景观资源认识论的重视，但却是许多地区景观性格的主要物质体现。《公约》对寻常的、已退化的景观的关注，促使景观评价从寻找“更高的价值”（better quality）走向寻找“独特的性格”（distinct character）。

《欧洲景观公约》对景观资源的认识从“优劣”回归到“不同”，意味着需要建立一种新的、不以价值为导向的分类方式，并通过这种分类方式反映景观的性格。这是景观性格评估体系产生的社会背景。

5.1.2　景观性格评估体系的特点①

英国在 2006 年加入《欧洲景观公约》，并于 2007 年实施。英格兰乡村署和苏格兰自然遗产署（The Countryside Agency & Scottish Natural Heritage）颁布的《英格兰及苏格兰景观性格评估指导书》（*Landscape Character Assessment Guidance for England and Scotland*）（下文简称为《指导书》）中，将 LCA 定义为：“一种用于令我们理解和表达景观特征的工具；在它的帮助之下，我们能分辨是什么特质令某个区域具有‘场所感’，及其如何令这个区域有别于相邻区域”[108]。

英国采用的 LCA 体系，主要有三个特点：价值中立和尺度分级、多样化的景观性格提取、单独分离的决策过程。

1. 价值中立和尺度分级

LCA 体系与传统评价体系最大的不同是其标榜的“价值中立”（Value-free）原则。LCA 体系将“性格提取”与“价值评估”分离，在识别景观性格的阶段，LCA 体系不对景观性格做出评价。

尺度分级是 LCA 体系的另一个重要特点。通过一个建立在国土、区域和本地三个尺度上的分类方式，LCA 体系将整个英国的国土资源纳入了景观性格评

---

① 本节部分内容节选自：林铁南. 英国景观特征评估体系与我国风景名胜区评价体系的比较研究. 风景园林，2012(1)，104－108，有改动。

估范畴。在国土和区域尺度上，景观性格的分类方式主要基于地理学，如高原、丘陵、盆地等都被认为是不同的景观性格；在本地尺度上，景观性格的分类方式还考虑了人类活动，如耕地、牧场等人类改造过的地貌就与未经开垦的土地不同。图 5－1 是对尺度分级方式的简单示意。

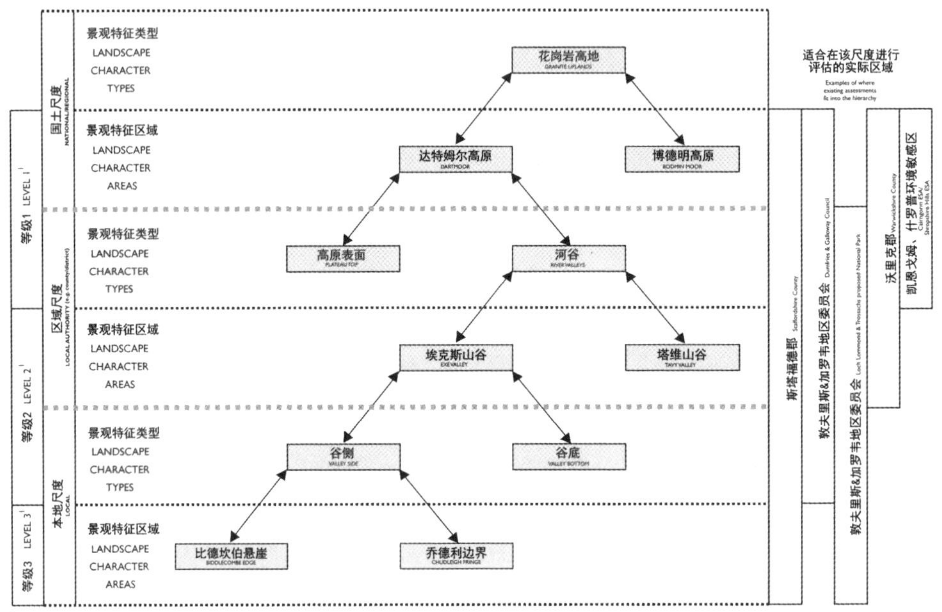

图 5－1　英国 LCA 体系的国土-区域-本地尺度分级方式（来源：译自 Landscape Character Assessment Guidance for England and Scotland）

2. 多样化的景观性格提取

景观性格的提取是 LCA 体系的重点。由于景观十分复杂，LCA 体系不得不从无数影响景观形成的因素中抽象出一些最为重要的因素。

在国土和区域尺度上，影响景观性格的主要是地质构造。英国政府因此制定了“国家景观类型学”（National Landscape Typology），将英国的国土划分为 38 类。绝大部分法定自然美景区（AONB）都以此为基础评估区域尺度以上的景观性格。

在本地尺度上，各管理机构可以自行定义、划分景观性格的子类。该级别最重要的是人类活动对景观的影响，通常通过发放问卷和田野调查来识别。例如德文特河谷划分的一个景观性格子类为“定居的田园牧场”（Settled pastoral farmland），其性格特征包括“低洼而轻盈起伏的地形；溪流遍布、局部凹陷；树篱和部分干石墙围合的田园牧场”等。每一个子类都会有对应的现状照片，以便于调查人员参考(图 5－2)。

图 5－2　德文特河谷中的景观子类——“定居的田园牧场”(来源：Peak District Landscape Character Assessment — Derwent Valley)

3. 单独分离的决策过程

决策过程(Making Judgement)是连接 LCA 体系与实际操作的纽带，为管理规划和实施规划[①]编制工作的开展提供指导意见。决策的目的并不是为了将某一区域的景观特征保留下来，而是希望通过决策过程，提升(Enhance)景观区域，确保经过规划设计的景观区域“和谐(Fit)”。在某些情况下，这种改变意味着原有景观特征的消失和新景观特征的产生；但只要能够达到和谐的目标，景观特征的消失或更新是可以接受的。

《指导书》列举了决策的一般产物，包括景观策略(Landscape Strategy)、景观导则(Landscape Guidelines)、景观被赋予的地位(Attaching Status to Landscape)、景观承载力(Landscape Capacity)。其中第三项“景观被赋予的地位”，是从遵循中立原则的景观资源中筛选特殊资源的方法，也就是经过优化的评价体系。通过景观质量(Landscape Quality)、风景优美程度(Scenic Quality)、稀有度(Rarity)等 7 项评价因子，可以确定一处景观是否被视为景点。这个过程必须有大量的公众参与，以避免专家决策的片面性。

5.1.3　景观性格提取和分类的流程

景观性格评估的流程分为“提取性格”(Characterisation)和“决策”(Make decision)两个部分(图 5－3)。在“提取性格”部分，首先通过桌面研究(根据卫片、航拍等数据)确定大致的景观性格分类，再通过田野调查核对验证，最后形成景观性格分布图。决策阶段则关注景观性格的发展方向(退化、保持或提升)，并根据不同需求(如旅游开发、城市建设等)进行补充研究，最终形成各种导则、规划或政策。

---

① 英国法定自然美景区的管理规划(Management Plan)相当于我国风景名胜区的总体规划，而实施规划(Action Plan)相当于我国风景名胜区的详细规划。

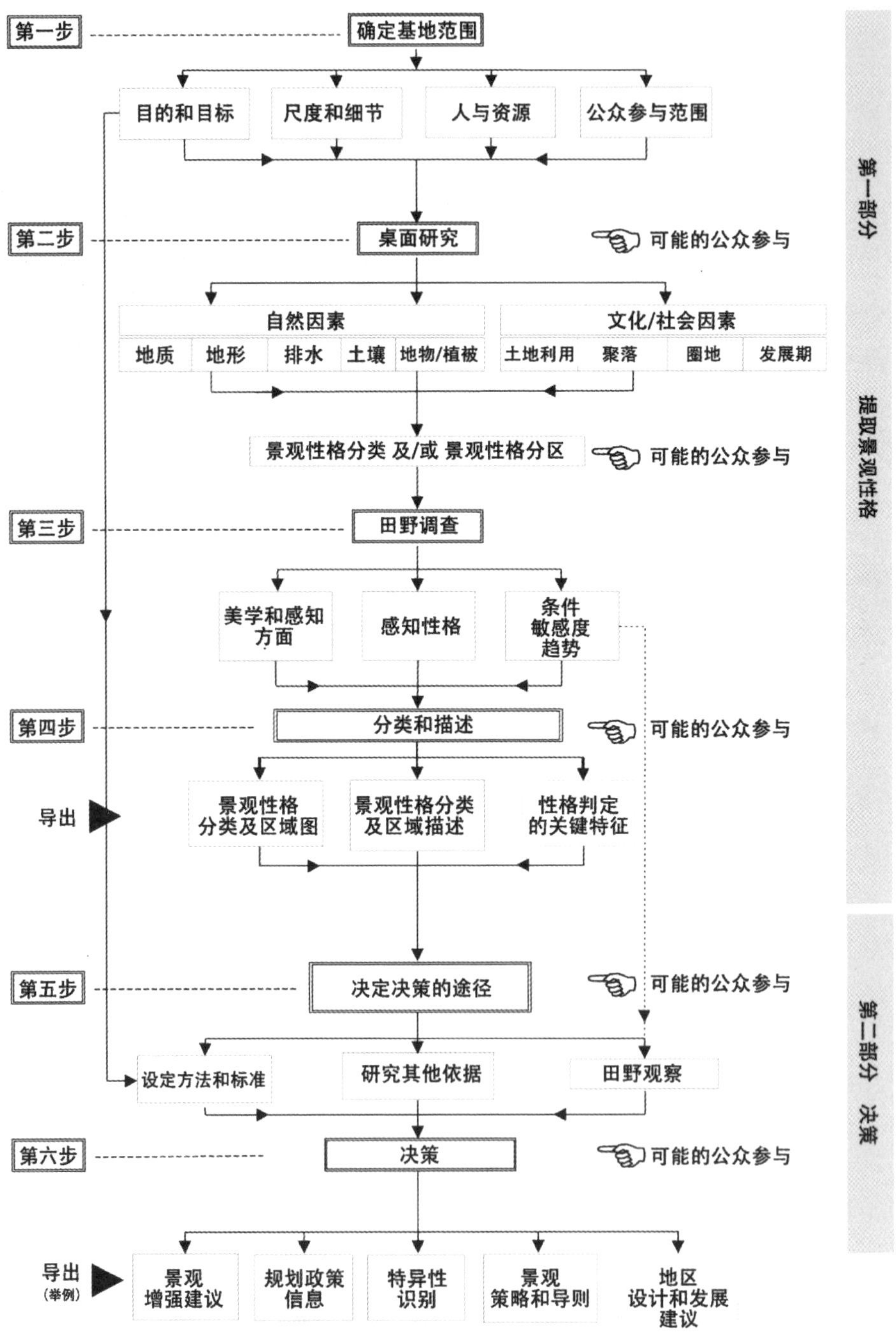

图 5－3　景观性格提取和评估的流程(来源：译自 Landscape Character Assessment Guidance for England and Scotland)

5.2　谷地聚落线性文化景观的景观性格

5.2.1　谷地聚落的景观要素及特征

谷地聚落的关键要素包括地形地貌、生产性景观和谷地中的聚落。

1. 地形地貌

谷地的地形地貌与自然植被共同组成谷地聚落的大背景。

谷地的地形地貌特征对谷地聚落整体景观性格的影响很大。在四类线性文化景观中，只有谷地聚落是以自然要素（谷地地形或谷底的河流）为“狭长线状区域”的主要来源；谷地特殊的地形塑造了各种形态的生产性景观和聚落，它们通过谷地中的道路连接在一起。

根据谷地是否有河流、谷底宽度、谷坡坡度和两侧山体海拔的不同，谷地可能表现为死气沉沉、植被稀少的干谷（dry valley）、水草丰茂、平坦宽阔的河谷（broad river valley）、高山森林、雄奇壮观的峡谷（deep gorge）等。它们的形态决定了谷地中聚落的形态，也决定了人类的生活方式。

2. 生产性景观

谷地中的生产性景观与自然植被有明显的差异，具有突出的景观特征。

由于谷地地形的影响，可用的土地有限，谷地中的生产性景观总是体现出“见缝插针”的景观特征，也因此产生了梯田（terraced field）、坡耕地（sloping terrace）等形态的田地。

此外，作物种类、季相变化和承载的生产活动都可能为生产性景观带来不同的特征。

生产活动是与生产性景观相关联的非物质性要素。谷地聚落线性文化景观普遍具有该要素，这一点在表 4 - 1 中已经有所归纳。

3. 谷地沿线的聚落

聚落往往是谷地中的视觉焦点，具有突出的景观特征。

谷地中的聚落，因所处位置和布局方式的不同，可能表现为团状聚落（circular settlement）、线状聚落（linear settlement）或散布聚落（dispersed settlement)。谷地聚落的特征还取决于聚落内部的建筑，由城堡、教堂、碉楼等宏大的建筑物组成的聚落，与由木屋、平房组成的聚落具有截然不同的景观特征。

谷地相对不便的交通保护了谷地中的历史建筑，许多谷地聚落因此带有非常浓厚的怀旧气息。

除了以上的关键要素，谷地聚落还有一些辅助性要素，它们与关键要素存在着内在的联系。表 5－2 总结了谷地聚落线性文化景观的一系列组成要素。

表 5－2　谷地聚落线性文化景观的组成要素

要素类别	具 体 要 素	案　　例
地形地貌	作为谷地聚落“狭长线状区域”核心的谷地，包括山谷、河谷等，谷地的河流也包括在内	如德文特河谷、鄂尔浑峡谷
生产性景观	沿谷地建设的农田、矿区、林地等生产性景观，包括水旱作田、梯田、果林等多种类型，同时也包括为生产建设的各种灌溉设施	如托卡伊的葡萄田、鄂尔浑峡谷沿线的牧场
聚落	包括沿谷地分布的城镇和村庄，也包括规模更小的建筑(群)	如圣艾米伦区的波尔多、莱茵河谷的斯特拉斯堡
植被	主要是谷地中自然生长的林木，作为谷地聚落景观的大背景(人工种植的林木归入“土地利用”)	如莱茵河谷两岸、石见银山山谷的森林
道路和交通设施	既包括沿谷地连接聚落的陆路，也包括因谷地水系形成的水道，以及码头、驿站、桥梁等水陆路交通设施	如石见银山的运输小道、德累斯顿易北河上的桥梁
生产活动	与土地利用关联的非物质性要素，包括耕种、收获、加工等生产活动	如卢瓦尔河谷、瓦豪文化景观的葡萄酒种植和酿造活动、哈尔施塔特-达特施泰因的盐矿开采活动

5.2.2　景观要素之间的关系及特征

地形地貌意义上的“谷地”，是谷地聚落线性文化景观“狭长线状区域”的主要来源，谷地的其他景观要素都受到地形地貌的影响。因此，各种景观要素与谷地地形地貌的关系是本节讨论的重点。

1. 谷地与生产性景观、生产活动的组合关系

在不同的谷地聚落中，基于生产方式的差别，生产性景观与谷地的关系表现出不同的特征。它们可以具体表现为“地形＋生产性景观的格局＋作物类型＋生产活动”的组合。

地形造就了充满智慧的土地利用方式。哥伦比亚的咖啡种植园，由于阿拉比卡种(Arabica)咖啡树不耐涝，谷坡自然而然成为咖啡树生长的宝地；当地咖啡农采用坡耕地而非梯田的形式，并通过沟垄实现自然排水；卢瓦尔河谷、圣艾米伦区等葡萄酒产地的河谷十分宽阔，葡萄种植园不仅沿着河流呈线状分布，还向纵深发展；葡萄牙的上杜罗谷地，山高坡陡，在现代工程技术的帮助下创造出多种多样的梯田葡萄种植园(图 6－3)。

作物对生产性景观的特征的影响也很大。鄂尔浑峡谷的景观特征包括宽阔的谷地和平缓的河流，但令其有别于其他谷地的是大面积的牧场和策马扬鞭的牧民。哥伦比亚的咖啡种植园和上杜罗的葡萄园都建立在狭窄的谷地中，但咖啡园里的坡耕地和葡萄园中形形色色的梯田表现出明显的差异，咖啡成熟时的红绿相间和葡萄成熟时的满目青紫也大相径庭。

与生产性景观共存的是传统的生产方式和生产技能。这些非物质性的要素通过土地承载，并表现为突出且不可或缺的景观特征。例如欧洲的一系列葡萄酒产地，生产活动伴随着葡萄从种植、成熟到收获的全过程，与葡萄园组合形成独特的景观格局；又如鄂尔浑峡谷文化景观，其作为持续性景观的最具代表性的特征，就是游牧民族在宽阔的谷地逐水草而居的生活场景。如果缺少生活在这里的牧民，其作为线性文化景观的真实性和完整性就降低了。

2. 谷地与聚落、植被的组合关系

聚落与地形的巧妙结合是谷地聚落类线性文化景观的一大特点。

宽阔平缓的河谷总是伴随着平坦阶地上的耕地、林地和团状聚落，带给人郊野的、开阔的、恬静的感受，例如卢瓦尔河谷沿线的景观。狭窄湍急的河谷则总是伴随着阶地上的坡耕地和梯田，以及建设于阶地的线状聚落，带给人逼仄、险要的感受，如莱茵河谷的“罗蕾莱礁石”段(图 5－7)。而狭窄蜿蜒的山谷、“见缝插针”延展的梯田、顺谷地建设的线状聚落，由这些特征组成的谷地聚落，带给人幽深、隐秘和世外桃源般的感受，如石见银山的大森町段(图 6－4)。

谷地中的聚落通常沿地形走向布置。根据谷地地形陡峭程度和可利用土地面积的不同，聚落可能呈现不同的形态，包括线状、阶状、团状等。线状、阶状聚落

多出现在土地狭小的谷地，如莱茵河谷在圣高尔(St. Goar)到波帕德大转弯(Boppard Loop)段河流变窄，两岸可用的平坦土地较少，波帕德村顺莱茵河延伸形成线状形态(图5-4)。团状聚落多出现在宽阔平坦的谷地，如德国的德累斯顿得益于易北河转弯的冲积平原，获得了线状和纵深两个方向的发展空间(图5-5)。

图5-4 莱茵河谷圣高尔-波帕德大转弯段(来源：ndependent Evaluation of the visual Impact of the planned rhine Bridge between Wellmich and Fellen on the Integrity of the World Heritage Property "Upper Middle Rhine valley")

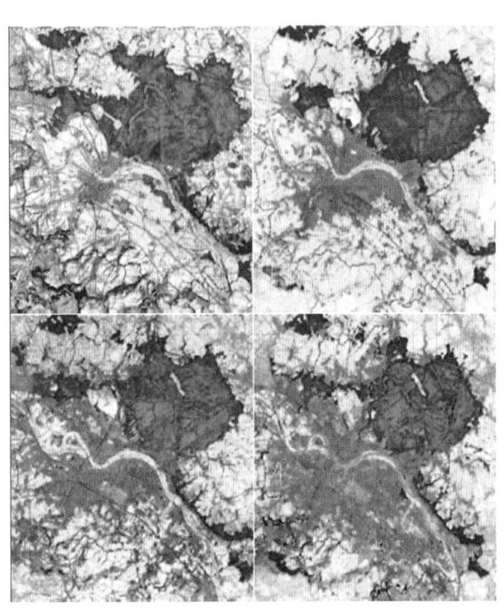

图5-5 易北河谷德累斯顿段土地利用格局变化(1850—1992)(来源：Evaluation, nomination and management of UNESCO-World Heritage Sites)

在本地尺度下，聚落成为谷地中的视觉焦点，尤其当聚落中具有一些高大、突出的建筑物时，这种特征会得到进一步强化。建筑物与谷地(往往还包括谷地中的水系)结合形成景观节点，而自然植被或人工植被则成为节点的背景。这种节点往往自古以来就是“著名景点”，是文学家、艺术家们乐此不疲描绘的对象，并已成为本地居民地方感(sense of place)的一部分。如易北河谷中，建立在平缓的河谷阶地上的高大的毕高宫(übigau Palace)、皮尔尼茨宫(Pillnitz Palace)等中世纪建筑和环绕建筑的花园、跨越河流的桥梁、倒映着建筑的易北河共同组成的景观，这种景观维持了数百年之久(图5-6)；莱茵河的视觉焦点则来源于河谷两岸峭壁上的古堡、环绕古堡的树丛和船只往来频繁的河面(图5-7)。

图 5-6　Bernardo Bellotto 绘制的“从易北河谷右岸眺望德累斯顿”(来源:亚琛工业大学“Evaluation, nomination and management of UNESCO-World Heritage Sites”)

图 5-7　Gabriel Bodenehr 绘制的莱茵岩古堡和猫堡(来源:亚琛工业大学“Independent Evaluation of the visual Impact of the planned rhine Bridge between Wellmich and Fellen on the Integrity of the World Heritage Property ‘Upper Middle Rhine valley’”)

3. 谷地与道路和交通设施的组合关系

道路和交通设施与谷地地形的关系非常密切,如盘山路是谷地最常见的景观。许多谷地聚落也因道路的修筑而兴起,从路旁的几幢房子慢慢成长为村落、小镇。

从空间关系上,谷地与道路存在着“看与被看”的关系。沿谷地地形不断盘旋变化的道路本来就是景观的特征之一。同时,道路又为观赏者提供了感受和融入线性文化景观的最直接的途径,例如骑着牧民的马匹、沿鄂尔浑峡谷前行的游客,能够直接感受到当地游牧文化的气息;在莱茵河谷乘坐马车的游客,仿佛置身于当年贵族的生活中。如果将鄂尔浑峡谷的自然道路换成笔直的柏油路,或者在莱茵河谷建起高架桥,就破坏了谷地与道路的传统关系。

5.2.3　谷地聚落的景观性格

1. 整体性格

谷地聚落的景观性格是由多种景观要素的特征,以及要素之间的联系所反映的特征共同组成的。通过对谷地聚落的景观要素、景观要素之间关系及特征的分析,研究认为,其整体性格可概括为几点:

(1) 闲适的田园气息,以农业为主导的自给自足的生产生活方式;

(2) 狭小的土地和充满智慧的土地利用方式;

(3) 优美的郊野风光,远离城市的“桃花源”;

(4) 顺应自然的聚落，数量众多的历史建筑，“停留在过去”的意象；

(5) 曲折迂回的交通，漫长的路途。

2. 景观性格提取案例

在整体性格之下，根据景观特征的差异，一处谷地聚落可划分为具有不同景观性格的区域。如德国的“莱茵河中上游河谷”，根据景观特征组合的不同，分为三个景观性格区域(图 5－8)：

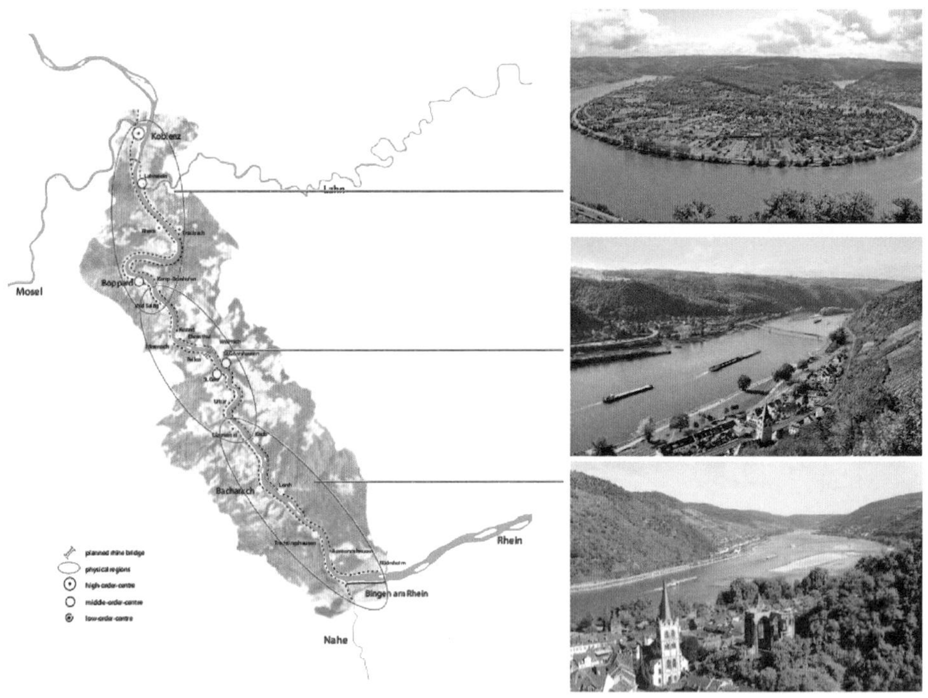

图 5－8　莱茵中上游河谷景观性格差异明显的三个段落(来源：Independent Evaluation of the Visual Impact of the planned Rhine Bridge between Wellmich and Fellen on the Integrity of the World Heritage Property “Upper Middle Rhine Valley”)

(1) 北部河谷——介于科布伦茨(Koblenz)和博帕德(Bopparder)之间，河谷宽阔、河水流速较慢，聚落团状、线状兼有，规模较大；农田分布在平坦宽阔的河谷阶地上。

(2) 中部河谷——介于圣高尔(St. Goarer)、巴德萨尔茨希(Bad Salzig)、上韦瑟尔(Oberwesel)之间，莱茵河深切谷地，形成较大的落差，河道在圣高尔附近收窄、河水流速加快，在哈森巴赫附近形成 V 字形大转弯；聚落以线状为主，规模较小；城堡多建于坡地上，环绕着大规模的葡萄种植园。

(3) 南部河谷——介于上韦瑟尔和宾根(Bingen)之间，落差较大，河道宽而平直，有冲积沙洲；聚落以线状为主，规模较小；城堡多建于坡地或峭壁；葡萄种植园数量较少。

通过这种细化的景观性格分区，谷地聚落线性文化景观的"突出普遍价值"可以转化为一系列景观特征的集合。"突出普遍价值"及其真实性、完整性的保护，可以通过制订不同的策略来实现。

5.3　历史道路线性文化景观的景观性格

5.3.1　历史道路的景观要素及特征

历史道路的关键要素包括地形地貌、道路和交通设施历史道路连接的聚落，以及作为活态要素的交通行为和交通工具。

1. 地形地貌

地形地貌决定了历史道路的走向和形态；它们是被改造的自然环境，如作为"熏香之路"背景的内盖夫沙漠、作为塞默灵铁路背景的阿尔卑斯山等。

作为历史道路背景的地形地貌总是表现出"艰难"和"恶劣"的特征。只有这样，才能反衬工程技术之高超(交通运输类道路)、对商业利益的渴望(商业贸易类道路)和对信仰的虔诚(宗教朝圣类道路)。

2. 道路和交通设施

道路和交通设施是历史道路的核心，包括道路本体，也包括路标、里程碑、驿站等设施。

道路和交通设施的景观特征既取决于道路的尺度、铺装、材料和维护情况，也取决于其所处的地形地貌，还与沿路的植被有关。

3. 道路沿线的聚落

聚落是历史道路存在的实证。许多聚落因历史道路而生；历史道路为聚落带来繁荣，历史道路的衰落导致聚落的衰落。其中一些聚落随着历史道路的消亡，已经转化为化石景观，如以色列内盖夫的沙漠城镇；另一些聚落位处偏远地区，由于道路的建设获得了发展的机会，但随着道路的衰落而归于沉寂，或由于土地、资源或政策的限制不再扩张，完整保留了特定时期的历史风貌，如日本石见银山的大森町。

历史道路沿线的聚落常呈现线状的“街村”（Strassendorf），或在道路一侧形成内向性的团状聚落。

大多数历史道路沿线的聚落都经过漫长的发展，不同时期、不同风格的建筑和景观杂糅在一起，体现出“和而不同”的特征。

4. 交通行为和交通工具

历史道路还包括一种活态的、非物质性的景观要素——交通行为，以及承载交通行为的交通工具。该要素决定了历史道路的属性（持续性景观或化石景观）。

表 5－3 总结了历史道路线性文化景观的一系列组成要素。

表 5－3　历史道路线性文化景观的组成要素

要素类别	具　体　要　素	案　　　例
地形地貌	历史道路所经过地区的地形地貌，可能包括多种类型，如平原、丘陵、山地等	如穿越沙漠的熏香之路、穿越城市的圣地亚哥之路、穿越山地的塞默灵铁路
道路和交通设施	历史道路“狭长线状区域”的核心，既包括道路本体，也包括道路沿线的各种路标、里程碑、驿站等独立设施	如熏香之路的遗迹、纪伊山地的参拜道、塞默灵铁路
聚落	因交流行为（包括交通、商贸、朝圣等）产生或得到发展的聚落，能够作为历史道路存在的实证	如内盖夫（熏香之路）、图西斯（雷蒂亚铁路）
植被	主要是历史道路沿线的自然植被，构成历史道路景观格局的大背景	如石见银山运输银矿道路两侧的森林、雷蒂亚铁路穿越区域周边的植被
交通行为和交通工具	作为一种景观的交通行为，如集体朝圣，以及承载交通行为的交通工具，如火车	如圣地亚哥之路的朝圣人群、山地铁路定期往返的列车

5.3.2　景观要素之间的关系及特征

作为文化线路的历史道路往往具有国土尺度，如圣地亚哥之路、丝绸之路都跨越很大区域，甚至连路线都不固定。但作为线性文化景观的历史道路需要有明确的物质遗迹，因此留存至今的历史道路大多都只具有区域以下尺度。

道路和交通设施是历史道路线性文化景观“狭长线状区域”的主要来源，沿路的其他景观要素都围绕着道路分布。因此，各种景观要素与道路和交通设施的关系是本节讨论的重点。

1. 道路与地形、植被的组合关系

地形、道路与植被存在着内在的联系。

地形是道路选址的先决条件之一。地形影响了道路的材料、形式和设计。如“熏香之路”有些段落并不径直穿过内盖夫沙漠，而是绕行沙漠中的丘陵，因为丘陵中有季节性的植被，能为旅行者提供庇护。又如日本纪伊山地的朝拜道，山势越陡峭，道路的铺装也越简陋，这是因为地势高险、筑路材料运输困难。地形也会影响历史道路沿线的植被。如纪伊山地的朝拜道，随着海拔的升高，路畔的植被种类和形态都大有不同；植物的种类、形态、密度、荫庇程度也影响了道路的景观特征，如伊势路的不同段落给人以不同的感觉（图 5－12）。

历史道路的植被分为几种类型。其一是扮演着大背景的自然植被，它们多因历史道路的建造而被改造，如纪伊山地的熊野古道是在山地中伐木修筑的。其二是历史道路建设时作为行道树栽种的植物，它们是一种生长的历史景观，应当被视为历史道路本体的一部分。如我国广元蜀道的“翠云廊”有“三百长程十万树”之称，沿线种植的万余棵古柏树龄不一，为秦代至今的各个时期修路所植，是道路发展历史的活见证。其三是与道路有关的生产性景观，如阿曼瓦迪·道卡的乳香树林与“乳香之路”（即“熏香之路”）具有非常紧密的联系。

道路、地形与植被相互影响，共同组成了富有特色的景观格局。在交通运输类历史道路中，这种格局尤为明显；交通运输类道路通过先进的工程技术，克服了不利的自然条件，“无限风光在险峰”的景色反过来成为道路沿线重要的景观。如我国贵州晴隆的二十四道拐抗战公路，在海拔 1 800 米的晴隆山西南坡蜿蜒 4 公里，修筑了 24 个弧形拐弯；整条公路依山借势，绿树掩映，极为雄奇险峻（图 4－11）。又如印度的大吉岭喜马拉雅铁路从平原城市西里古里一直延伸到海拔 2 000 多米的山地城市大吉岭，铁路克服地形障碍留下的工程奇迹、沿途艰险的垭口、山脊和秀丽的风光组合在一起，令人惊叹。

2. 道路与聚落的组合关系

历史道路沿线的聚落大多是交流的产物。从今天的遗存来看，许多历史道

路的片段是因为与聚落组合在一起才得以留存的，它们共同组成历史道路的另一种典型的景观序列。

道路与聚落最常见的组合方式是聚落沿道路的单侧或双侧分布。

聚落沿道路呈线状双侧分布是最常见的一种景观格局，称为"街村"(Strassendorf)，这是商业性聚落的典型格局。随着聚落的发展，一些最初只有道路旁几排房子的村庄转化为商业城市，历史道路转而成为城市的主干道。典型例子有我国"丝绸之路"上的新疆交河故城(南北大道)、巴米扬山谷中的Shahr-i Ghulghulah城(图4-15)。工业革命以后，铁路的出现为很多偏僻的村庄、城市带来繁荣，在铁路进入聚落的段落往往也会出现这样的格局。如印度的大吉岭铁路穿过小镇喀西昂(Kurseong)中心，由于火车速度很慢，铁路两侧形成了繁华的商业街，道路、交通工具和市井生活共同组成一道特殊的景观(图5-10)。

还有一些聚落出于城市安全、军事防守或其他需求，设置在历史道路单侧、可以监视道路活动的区域，以色列"内盖夫的沙漠城镇"中的阿伏达特(Avdat)设置在"熏香之路"北面的高地上，呈纵深发展(图5-9)。另一座纳巴泰人建立的城镇曼席特(Mamshit)也位于道路一侧。这是因为在荒漠地区无险可守，为了保证城市的安全，它们才创造了这种内向型的聚落。

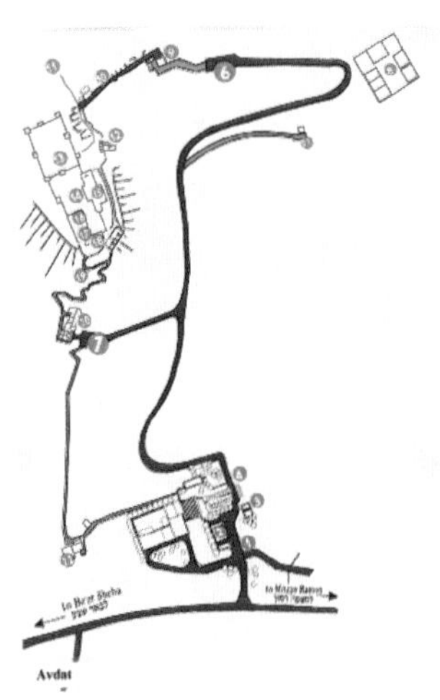

图5-9 阿伏达特城与熏香之路的关系(来源：Nomination file of The Incense Route — Desert Cities in the Negev)

图5-10 穿过印度小镇喀西昂的大吉岭铁路(来源：http://www.dhrs.org/photogallery/sushil_dikshit_1.htm)

3. 道路与交通活动、交通工具的组合关系

交通是道路的基本功能。无论是哪一种类型的历史道路，交通活动都在其中扮演着非常重要的角色。

交通活动的特征决定了历史道路的文化属性。连接西班牙和法国的圣地亚哥之路沿线 1 800 余座建筑的，不仅仅是物质上的道路，还包括从中世纪至今络绎不绝地走向德孔波斯特拉的朝圣者。日本的纪伊山地的参拜道，从物质上看，只是任何高山都能见到的险峻的登山道；但从公元 10 世纪开始就从未间断的朝圣者的攀登，为道路镀上了虔诚的光辉。交通活动令历史道路景观从物质性和纯粹视觉的层次上升到了精神性的、感知的层次。

图 5－11　伯尔尼铁路线上穿越莫尔特拉奇冰川的列车（来源：Nomination file of Rhaetian Railway in the Albula/Bernina Cultural Landscape）

相应的，作为交通活动载体的交通工具也是景观的一部分。著名的“布鲁西欧大回旋”（The Brusio circular viaduct）（图 4－17）如果没有列车驶过，乘客就无法亲身感受其地形之险、施工难度之大、工程技术之高超。同样的，如果伯尔尼线定时穿越阿尔卑斯山脉的列车停止行驶，人们也很难感受到工程奇迹与绝美自然风光的和谐共存（图 5－11）。

5.3.3　历史道路的景观性格

1. 整体性格

根据前两个小节的分析，研究归纳了历史道路整体的景观性格。

交通运输类道路的景观性格可以概括为如下几点。

(1) 复杂多变的地形、壮美险绝的景色；

(2) 展现出高超工程技术、与自然完美结合的道路；

(3) 不易到达、因运输而繁荣的聚落。

商业贸易类道路的景观性格往往由道路与沿线聚落的联系主导，展现曾经的气派与繁华。这类道路在聚落以外的部分往往已经湮灭，但在聚落和周边留下了清晰可见的痕迹，聚落成为道路存在的实证。如以色列的“熏香之路——内盖夫的沙漠城镇”、我国丝绸之路上的交河故城、高昌故城等。此类道路的景观

性格可以概括为如下几点：

(1) 残损或湮灭的道路；

(2) 因多元文化交流产生的聚落，“文明的十字路口”。

宗教朝圣类道路的景观性格最为复杂。道路则是通往圣地的历练，越艰难越显示出虔诚；道路沿线的一切景观都可能成为信徒的精神寄托。其景观性格大致可概括为如下几点：

(1) 艰难、充满挑战的道路；

(2) 道路沿线具有强烈的信仰关联的各种事物(建筑、构筑物、自然景物等)；

(3) 围绕朝圣行为形成的聚落，与信仰有关的历史建筑；路线终点的圣地。

除了以上归纳的内容，绝大多数历史道路沿线的聚落还呈现出一种共同的特征——“和而不同”，尤其是那些位于商业贸易和宗教朝圣类历史道路沿线且仍然保持活态的聚落。这种特征来自不同历史阶段、不同风格的建筑和景观的叠加，往来的商人和朝圣者不断将不同的文化传统带到这里，相互融合并创造出新的文化。

2. 景观性格提取案例

对历史道路的整体景观性格的分析有助于理解其“突出普遍价值”的所在。相应的，根据景观特征的不同，一处历史道路还可以进一步划分为多个景观性格的区域。

以日本“纪伊山地的朝拜道”中的伊势路①为例。这条道路沿线地形变化非常丰富，地形、道路本体与植被组成的景观格局体现出多样的特征；根据它们在景观性格上的差异，整条道路可分为18段，如②：

■ 段落9-二木岛岭-逢神坂岭路线：全长约4.5 km，建立在起伏、陡峭的坡地上，道路铺装简易，石板上覆盖着青苔。沿路主要植被为高大、荫庇的雪松和柏树林。

■ 段落10-波田须-大吹岭路线：全长约5 km，建立在波田须镇外的山地上，地势平缓，传说这里是秦始皇派来的徐福登陆之地；沿路的一些遗迹与真言宗创始人空海大师有关。道路由大石块整齐的铺装，传说建于镰仓时代。沿路是参拜道中难得见到的竹林。

① 伊势路是穿越纪伊半岛的东岸、连接伊势神宫与熊野三山的约170公里长的参拜道，是过去参拜伊势神宫结束的游人朝着熊野三山行走的道路。

② 伊势路资料译自熊野古道官方网站：http://www.pref.mie.lg.jp/kodo/ch/walking_routes.htm

■ 段落 16 -川端(川丈)街道路线：全长约 20 km，建立在熊野川河东岸，沿路风光优美，有山谷的景致和迷人的瀑布。道路有整齐的石块铺装。路畔植物种类丰富，繁花盛开。

伊势路的不同段落在景观性格上的差异，为登山朝拜者带来完全不同的体验。二木岛岭——逢神坂岭路线起伏的道路和荫庇的森林，带来的是阴森、神秘的感觉；波田须——大吹岭路线的竹林古道，光线从竹林中穿过，带来舒适、静谧的感觉，令人自然联想到佛教的禅意；川端(川丈)街道路线开阔优美，一派自然风光，令人感觉轻松、明朗(图 5 - 12)。

图 5 - 12　日本纪伊山地伊势路景观性格差异明显的段落(来源：http://www.pref.mie.lg.jp/kodo/ch/walking_routes.htm)

相应的，其他的历史道路也可以通过类似的方法，提取出一系列景观性格不同的段落。例如雷蒂亚铁路伯尔尼段(图 5 - 11)的景观特征包括起伏连绵、覆盖着皑皑白雪的阿尔卑斯山、冰川和深谷；铁路沿线高大的雪松林和高山草甸；壮观的铁路桥和红色列车。历史道路的保护可以通过分段落制订策略来实现，而不仅停留在道路本体上。

5.4　历史边界线性文化景观的景观性格

5.4.1　历史边界的景观要素及特征

历史边界的关键要素包括地形地貌、隔离物、沿线的防御性聚落和连接各要素的道路交通设施。

1. 地形地貌

地形地貌在历史边界中扮演着重要的角色。历史边界将对自然地形的利用做到了极致，例如作为长城营造基底的绵延的山岭、作为阿姆斯特丹防线关键部分的低洼淹没区等。

历史边界利用的地形地貌主要是难以逾越的自然边界，它们大多展现出“难以逾越”的景观特征，如山脊线、陡峭的悬崖、深谷、宽阔的河流等。

2. 隔离物

隔离物是历史边界特有的景观要素，主要包括以阻隔交通为目的建设的边墙、栅栏、水体等工事，也包括敌楼等监视防御设施。为了便于观察，并起到震慑敌人的作用，历史边界中的隔离物通常都修建的高大、封闭，沿地形向远方延伸，形成连续、重复的景观序列。

3. 历史边界沿线的聚落

历史边界沿线的聚落原来多为屯兵城，如我国长城沿线的一系列寨、堡，英国哈德良长墙沿线的罗马兵营(camp)等。这些聚落经过规划设计，考虑了防御和驻扎的需求，一般呈现出尺度较小和内向性的特征，通常为规则的几何形(方形或圆形)，内部建筑和空间布局有明显的秩序性。

4. 道路和交通设施

历史边界的道路和交通设施，主要是历史边界各组成要素之间的路网，这些道路与历史边界存在并行、连接、穿越等多种关系。例如英国安东尼长墙沿线的军事道路(Military Way)，这条罗马帝国时期修建的巡边道大部分情况下沿着壕沟延伸，并与安东尼长墙保持着平行的走向；又如荷兰阿姆斯特丹防线的堡垒之间不仅有公路、水道连接，甚至还出现了铁路。我国河北永清的边关地道则从地下将雄州、霸州串联起来，成为当年辽宋对抗最前线的一套特殊的防御系统。

表 5－4 归纳了历史边界的景观要素。

表 5－4　历史边界线性文化景观的组成要素

要素类别	具 体 要 素	案　　例
地形地貌	包括历史边界沿线的地形，以及自然边界，即天然形成，但在历史边界中作为隔离物使用的边界，如河流、悬崖、山脊，可能经过一定的人工改造	如修筑长城的山脊、阿姆斯特丹防线的人工淹没区

续　表

要素类别	具　体　要　素	案　　例
隔离物	以阻隔交通为目的建设的各种永久或非永久性工事，是历史边界"狭长线状区域"的核心，包括边墙、铁丝网、栅栏、水体等，通常沿巡边道布置。同时还包括监视与防御设施(哨所、炮台、要塞等)、通关设施(关卡)、标志物(界碑及各类标识)	如长城、哈德良长墙的本体、豪斯特德要塞(哈德良长墙)
植被	包括自然植被和以阻隔交通、提供农产品、饲料等目的人工种植的植物，往往也是"狭长现状区域"的主要形成因素。有些植被本身也可归入隔离物	如长城、哈德良长墙沿线人工种植的林木
道路和交通设施	主要是巡边道，即具有禁区性质的巡逻专用道路，定期有边防人员巡逻，是历史边界的主体和"狭长线状区域"的主要来源之一	如长城的巡边道、哈德良长墙的军事道路系统、阿姆斯特丹防线中连接要塞的道路
聚落	包括专门由边防人员生活的营房类聚落、混杂居住的屯兵城以及因边贸而兴盛的边关城镇等，通常与关卡相去不远	如明长城九镇、卡莱尔(哈德良长墙)

5.4.2　景观要素之间的关系及特征

历史边界的跨度通常较大，许多具有国土尺度，如我国的长城、英国的哈德良长墙等。它们往往跨越多个不同的地形地貌区，因此也造就了丰富多样的景观格局和景观特征。

历史边界的本体(隔离物和其附属的一系列监视和防御设施)是历史边界线性文化景观"狭长线状区域"的主要来源，沿线的其他景观要素都围绕着它们分布。因此，各种景观要素与隔离物和监视防御设施的关系是本节讨论的重点。

1. 历史边界与地形、植被的组合关系

绵延的隔离物、高大且占据制高点的监视防御设施与自然边界、地形和植被灵活组合，形成险峻、雄伟、富于变化的景观序列，这是早期历史边界最常见的组合关系之一。例如从纽卡斯尔开始的哈德良长墙利用了泰恩河(River Tyne)作为屏障，跨越丘陵区域，沿山脊向远方延伸(图 5－13)；我国的长城在穿越丘陵和山区时，多选址于视野开阔的山脊，蜿蜒曲折，气势磅礴(图 5－14)。

图 5－13　哈德良长墙的边墙、丘陵山脊和低矮的草本植物的组合格局(来源：http://whc.unesco.org/en/list/430/gallery/)

图 5－14　长城的墙体、敌台、山脊和乔木的组合格局(来源：http://whc.unesco.org/en/list/438/gallery/)

现代材料的使用改变了边界的面貌。隔离物从砖石换成铁丝网和水泥墙，建设方式也“简单粗暴”，如美墨边界、柏林墙等都是平直而简单的边界，但历史边界对地形的利用没有改变，如朝韩之间的 DMZ 区(即三八线)大部分段落仍随着河岸和山脊延伸。

历史边界的原始功能是防御，需要开阔的视野和居高临下的防守优势，因此，往往选取山脊、峭壁或河流等自然边界修建，形成“因边山险、因河为固”的格局。监视防御设施总是位于沿线的制高点，也因此成为景观中的视觉焦点。

根据地形和自然环境的不同，以上几种要素的组合方式会有一定变化。例如北京密云石塘峪的“错长城”与长城主线并不相连，民间传说是因当年筑城守将听错地名而误建，但实质上该长城是利用平行的山脊和山脊间的沟谷建立的双重防线，五处敌台都位于制高点，“错长城”扼守的是沟谷汇聚之处，设计巧妙①。在平坦开阔的甘肃戈壁，山丹明长城笔直的穿越大地，无论是在视觉还是心理感受上都与前者相去甚远，但本质上仍然遵循“隔离物＋通关设施(如铁门关)＋监视防御设施(如峡口堡)”的组合，只是自然边界在其中所起作用不很明显。

历史边界沿线的植被往往也经过人为设计，如明代长城沿线通过植树造林作为边关防御的自然屏障，“栽种树木，以固藩篱”，林木长成，“千里成林，而虏人绝南牧之路矣”，甚至屯兵栽种的果园也成战时壕堑，“近边山上，皆植枣栗，分授台军，使为永业，数年之后，树木蓊郁，则戎马难驰”[158]。我国深圳的二线(特区

① 见李东明《错长城考》，密云史志工作网，http://shzhb.bjmy.gov.cn/shihai/402880f811b54a210111b62b06da00ad.html

管理线），沿线种植了大量芦荟等坚硬、带刺的灌木，以防止越境者靠近。这些植物都是历史边界的拱卫，它们与地形结合共同组成防御体系的不同层次。

2. 历史边界与聚落的组合关系

聚落在历史边界中占有重要地位。历史边界沿线的聚落原来多数是边防部队驻扎的屯兵城，历史边界是聚落的屏障，聚落则为历史边界驻防提供兵源。一些较大的监视防御设施也会转化为聚落，如重要的边境关卡；在边界两侧文明保持和平的时期，还会出现“互市”的情况，直接促进了聚落的形成。英国的哈德良长墙沿线的文德兰达（Vindolanda）就是在堡垒附近形成的聚落；而奥地利的卡农顿（Carnuntum，位于今维也纳东部）、匈牙利的阿奎肯（Aquincum，位于今布达佩斯老布达区）当年都是屯兵的军营，今天则发展成了大城市。

从空间的组合关系来看，历史边界与聚落共同形成一些典型的特征：

(1) 聚落和监视防御设施沿隔离物均匀分布，形成防御体系。

由于历史边界是有意设计的景观，其沿线的聚落、监视与防御设施、通关设施等往往组成一套完善的体系，并沿隔离物均匀分布。如荷兰的“阿姆斯特丹的防御线”，45 座要塞均匀分布在 135 公里长的防线上，每两座之间的距离大致为 3 公里（沿海地区距离有所增大，见图 5－16）。又如英国的哈德良长墙沿线有近 20 座堡垒，除中部因穿越丘陵地区，多有观察死角而密度略有增加，其余大部分按照固定的距离分布；全段每隔 1 罗马里（Roman mile，约等于 1 481 米）还会建设里堡（milecastle）[159]（图 5－15）。我国的长城也具有类似的特性，如明长城大致隔 6～10 里建一座烽火台、隔 30～40 里建一座军堡[160]。

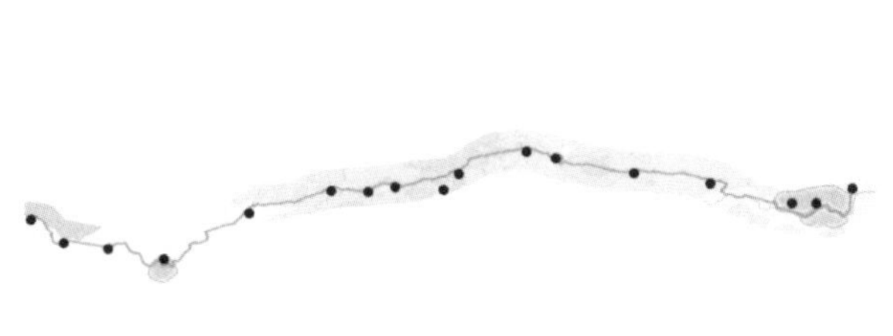

图 5－15　哈德良长墙的总体格局

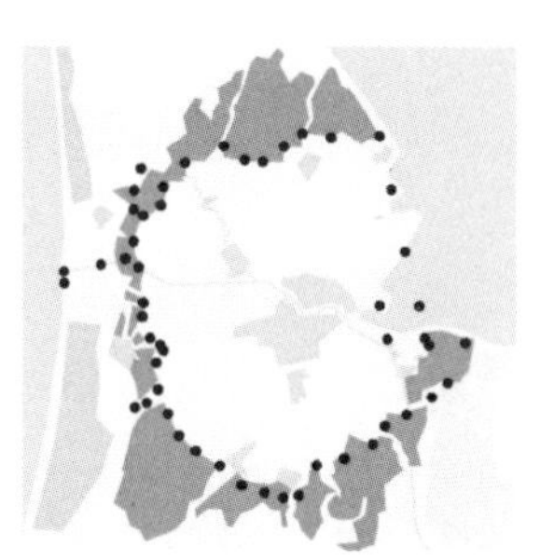

图 5－16　阿姆斯特丹防线的总体格局（来源：改绘自 http://upload.wikimedia.org/wikipedia/commons/e/e6/Stelling_van_Amsterdam_the_Netherlands.jpg）

(2) 聚落、监视防御设施与隔离物的片段紧密联系,形成防御节点。

防御节点的组合有两个特征。第一,聚落、设施和隔离物是内向性的,即具有明确的、物质上可见的范围限定,如城墙、壕堑,或借助天险,这种限定即使经过很长的历史时期也能留存;第二,聚落和监视防御设施的选址既与地形有关,又与隔离物有关。如项春松对赤峰燕秦长城遗址进行调查后指出,长城沿线的台址、鄣址一般选在地势较高、山冈纵横之地,而城址则偏爱较开阔的山川谷口和河流两岸;台址主要筑于长城线上或长城线南侧,鄣址、城址则很少建在长城线上,这是由于当时的防御对象位于北方[161]。

(3) 聚落、监视防御设施与隔离物存在视觉通廊。

这是容易被忽视的一种联系,但是对于了解历史边界的选址、设计非常重要。

历史边界在设计时要考虑瞭望和隐蔽的需求。当有外敌来犯,监视设施首先起到预警作用,并需要通过狼烟、信号等各种方式将敌情向后方传递;在进行防御作战时,又要求监视和防御设施互为犄角,不能存有观察的死角。同时,防御体系内部的军事调动情况不能被外敌察觉,因此还需要通过边墙、树木等进行隐蔽。这一系列特征集中表现为聚落、监视防御设施与隔离物之间的视觉通廊。前文曾述及的位于北京密云石塘峪的"错长城"就是一个很好的例子。

5.4.3 历史边界的景观性格

1. 整体性格

结合前两个小节的分析,研究认为,历史边界的景观性格可以概括为如下几点:

(1) 由隔离物、监视防御设施和聚落共同组成的严密的防御体系。

(2) 险要多变的地形、绵延不绝的边界,封锁、隔离和对峙的景观意象。

(3) 坚固、内向、规整的沿线聚落。

(4) 居高临下、互成犄角的监视防御设施。

2. 景观性格提取案例

历史边界具有较大的尺度。历史边界的不同段落往往在景观特征上体现出极大的差异。通过景观性格评估体系,可以将历史边界分解为一系列景观性格不同的段落,并分别制订保护策略。如英国的安东尼长墙(属于"罗马帝国的边界")就划分为 4 个段落。划分的理由仍然基于长墙与地形地貌、土地利用和聚落的关系;在景观性格分区的基础上,该评估还进一步研究了缓冲区的定界和远处的景观(表5-5)。

表5-5 英国安东尼长墙的景观性格分区(节选)

世界遗产段落	地形	聚落和土地利用格局
弗斯-法尔科克	南高北低,北面是弗斯河的冲积平原。安东尼长墙沿着陡峭崖坡的顶部修筑	安东尼长墙穿过博涅斯、劳里斯顿和法尔科克,以及金内尔和卡兰德公园的农业景观和园林,并被M9国道穿越。长墙的巡边道在开阔的田野中如同一道沟渠,但大部分都被现状道路覆盖。堡垒和营地在景观中并不显眼,只有当它们被树木围绕或周围别无他物时才例外。
法尔科克-拜夏普布里格斯	卡隆和凯尔文谷地的开阔景观,被克洛伊和巴尔山打断。安东尼长墙沿着南部谷坡的顶部修筑	安东尼长墙穿过博尼布里奇和柯克因提洛克,该处有一系列聚落与长墙的巡边道相邻或靠近。长墙被道路、壕沟和土堆标记出来,在拉夫堡、希贝伍德、克洛伊和巴尔山附近则保存完好。堡垒和营地的存在感因景观变化而有所不同。土地利用包括农田、开阔的高沼地、林地和采石场。采石场(尤其位于克洛伊的)创造了显著变化的景观,包括裸露的岩壁。
拜夏普布里格斯-丹托克尔	……	……
丹托克尔-克莱德	……	……

(来源:译自 Nomination file of Frontiers of the Roman Empire)

5.5 人工水道线性文化景观的景观性格

5.5.1 人工水道的景观要素及特征

1. 地形地貌

在地形地貌方面,人工水道的景观要素主要是那些因建设被改造的地形,而不是像谷地聚落那样以自然环境为大背景。例如德里凯(Pierre-Paul Riquet)为米迪运河设计的黑山供水系统,是基于他对黑山山丘的考察,在山地挖掘出总长70公里的水道网,将黑山山脉的水从海拔194米的制高点引向瑙鲁兹分水岭(Seuil de Naurouze),这段水道网的景观要素显然不仅仅包括水道,还包括被德里凯所改造的黑山山脉和分水岭的自然地形。

2. 水道和各种附属设施

交通、运输是人工水道的基本功能。

根据设计、修建方式和自然环境的不同，水道表现出多种形态。穿越城市的水道呈现平直、渠化、狭窄的特征，如米迪运河的图卢兹段；郊野地区的水道常常会利用自然水体，呈现蜿蜒、多变、富有野趣的特征，如米迪运河的斯提克斯河。

水道的附属设施也是重要的景观要素，它们是人工水道工程技术成就的集中体现。对于古代运河，这些设施主要包括码头、堤坝和水闸，如我国大运河会通河段的节制闸群；对于近代人工水道，这些设施还包括渡槽、隧道等，如英国庞特斯沃泰的渡槽、米迪运河的马尔帕斯隧道等。

水闸、渡槽、隧道等提运设施是人工水道特有的景观要素。它们有些与聚落相连，有些则处于聚落以外重要的河段。这些提运设施一般体量较大，有显著而突出的外观；它们的运作过程总能吸引很多观赏者，如加拿大渥太华的八级船闸(图 4－25)是里多运河上最大的船闸，承担着连接落差达 9.1 米的渥太华河(Ottawa River)和里多运河的任务；该船闸每次开闭需要一个半小时，每年夏天进行的开关表演吸引了大量游客，成为里多运河的一项“保留节目”。

3. 植被

在植被方面，人工植被和自然植被都有可能成为人工水道的景观要素。由于人工水道的尺度较大，自然植被在人工水道沿线景观中所占的比例相对较高，例如加拿大的里多运河要穿越数个自然保护区。同时，由于人工水道承担着水路交通作用，有些也为城市提供休憩娱乐场所，人工水道的有些段落和支流也会伴随着较大面积的人工植被，如法国米迪运河沿线植有 42 000 棵树，它们是为了减少运河河岸崩塌的危险而栽种的，如今已经成为米迪运河重要的景观之一，有“植物柱廊”的美誉。

4. 水道沿线的聚落

聚落也是人工水道重要的景观要素之一。

人工水道提供了比陆路更经济的交通和运输途径，这一点直到今天也没有改变。许多人工水道沿线的聚落“因水而生”，又随着水道运输的衰落而衰落。我国的大运河沿线的一系列城市就是明显的例证。

人工水道沿线的聚落常呈现两种形态特征。线状形态常出现在运河类人工水道沿线，其形成与水道的运输作用有关，如加拿大的珀斯（Perth）；团状形态常出现在运河类人工水道的端头、转弯和水渠类人工水道沿线，这样有利于内部水网的布局，如伊朗的舒希达城（Shushtar）。

5. 生产性景观

无论是运河还是水渠，灌溉都是它们修建的重要目的之一。无法生长作物的土地，通过水道的滋养转变为富饶的田园，并在水渠和土地间形成明确而直接的联系。对于水渠类人工水道，生产性景观普遍被作为遗产地的一部分，如ICOMOS 在为阿曼的“阿夫拉贾灌溉体系”进行评估时所说的①：

> （阿曼政府）拓展了提名区域，将由阿夫拉贾灌溉体系创造的更大范围的景观和聚落也纳入其中，反映出社会和社区与灌溉系统的关联，这是值得赞许的。

此外，与历史道路承载的交通行为相似，人工水道的航运活动也是重要的景观要素，它们是人工水道发展和持续利用的实证。

表 5－6 总结了人工水道线性文化景观的一系列组成要素。

表 5－6　人工水道线性文化景观的组成要素

要素类别	具 体 要 素	案　　例
地形地貌	人工水道所经过地区的地形地貌，可能包括多种类型，如平原、丘陵、山地等	如庞特斯沃泰水道桥穿越的河谷地区、米迪运河穿越的山地地区等
水道和各种提升、通过设施	人工水道“狭长线状区域”的核心，既包括人工修筑的水道，也包括利用的自然水道，以及水道沿线的各种提升和通过设施，如码头、船闸、渡槽、桥梁、泄洪道、隧道等	如庞特斯沃泰的渡槽、米迪运河的马尔帕斯隧道等
植被	主要是人工水道沿线的自然植被，构成人工水道景观格局的大背景	如米迪运河、庞特沃斯水道沿线河谷的自然植被等

① P51，Advisory Body Evaluation of Aflaj Irrigation Systems of Oman，http://whc.unesco.org/archive/advisory_body_evaluation/1207.pdf

续 表

要素类别	具 体 要 素	案 例
聚落	因水道提供的交流和灌溉作用而得到发展的聚落	如里多运河沿岸的马利克维尔镇等
生产性景观	因人工水道的修建得以发展的生产性景观，如得到灌溉的农田等	如舒希达历史水利系统灌溉的西南舒希达区域、阿夫拉贾灌溉体系的 Birkat Al Mawz 田地等
航运活动及船舶设施	在人工水道进行的航运活动，也包括承载航运活动的船舶	如庞特斯沃泰渡槽、里多运河的航行活动

5.5.2 景观要素之间的关系及特征

人工水道中的运河常具有国土尺度，如我国的大运河河道总长度有 1 011 公里，跨越 8 个省和直辖市；法国米迪运河总长度达 360 公里，将地中海和大西洋的比斯开湾连为一体；加拿大里多运河的总长度也达到 202 公里。相比之下，水渠大多具有区域或本地尺度，规模相对较小，如伊朗的舒希达历史灌溉系统，长度不过约 8 公里。由于主要功能的差异，这两种类型的人工水道在景观格局方面表现出的特征既有一定的共同点，也有一些明显的差别。它们的景观格局可大致归为几类：

1. 人工水道与聚落的组合关系

与历史道路相似，人工水道（尤其是运河类人工水道）穿越的聚落也常常出现线状的“街村”，只不过“街村”的中心从道路换成了河流。根据水道的宽窄，它们的整体形态分为“双侧”和“单侧”两种形态。如我国大运河中的 6 处历史街区[①]都属于这种类型。人工水道还会在聚落中形成分支，造就建筑物直接临水的狭窄的“水巷”格局。相比道路，运河被大幅改造的机会要少一些，因此这些历史街区的格局保存的都很完整。与历史道路有所区别的是，人工水道穿越的聚落，其商业通常是沿着聚落内部的街道延展，水道沿线则作为货物的卸货和转运区，并伴随着特定的文化（如码头文化、船帮文化）。

作为灌溉用途的水渠与聚落形成的组合关系，与运河和聚落形成的组合关

① 分别为：窑湾镇历史街区、西津渡古街、清名桥历史街区（江苏）、南浔镇历史街区、杭州拱墅运河历史街区（包括桥西历史街区、杭州小河直街历史街区）（浙江）。

系略有不同；运河经过的聚落有很强的商业特征，而水渠经过的聚落则是自给自足的农业社会的缩影。水渠既承担着水源地的功能，又是重要的景观，穿越聚落的水渠往往伴随着人工植被（花园）。如阿曼的穿越 Falaj Al-Khatmeen 小城的阿夫拉贾灌溉体系，沿途经过棕榈树掩映的花园和一系列美丽的城堡；伊朗的舒希达历史水利系统则在舒希达城的 Gargar 运河沿岸塑造了一座线状花园，花园背后的陡崖上屹立着当地传统民居（图 5－17）。

图 5－17　舒希达水利系统中 Gargar 运河沿岸的花园和聚落建筑（来源：Nomination file of Shushtar Historical Hydraulic System）

2. 人工水道与地形、植被的组合关系

陡峭的地形、坡地植被和层层下跌的水道，这种组合通常出现在山地的越岭运河（summit level canal），是人工水道中利用地形高差和重力势能调水的段落，体现出工程技术的先进和土地利用的智慧。如法国的米迪运河黑山山丘（Montagne Noire）段，设计师皮埃尔-保罗·赫格（Pierre-Paul Riquet）在熟谙地形的先决条件下设计了一系列引水渠，成功地将运河的水调过分水岭，这套系统至今仍在使用。

平缓的地形、丰茂的植被、流速较缓的、具有人工痕迹的水道，这种组合通常出现在乡村地区。人工水道的斧凿之意与自然环境的优美产生鲜明对比，呈现人工与自然融合的景观特征；如我国大运河济宁北段、加拿大里多运河的“泰运河”段等都具有这种景观特征。

图 5－18　里多运河斯提克斯河段景观（来源：Rideau Corridor Landscape Strategy）

直接利用自然水体，仅对河岸或河床进行少量整修、疏浚，两岸保持着未开发的状态，这种组合通常出现在郊野地区，人工痕迹较少，呈现富有野趣的景观特征。根据利用的自然水系的形态和周边环境的不同，这些景观特征给人的感觉也不同，既有如加拿大里多运河沿线斯提克斯河这样旖旎、自然的风光（图 5－18），也有如我国大运河徐州段的湖西运河这样苍茫、开阔的风貌。

除了利用自然河道，人工水道也会将天然湖泊作为蓄水设施和水源地；此外，自然水体的一些特殊格局，如河湾（bay）、泄湖（lagoon）等也有可能被纳入人工水道，如里多运河的“大里多湖”（Big Rideau Lake）区域就是如此。它们也都呈现出独特的景观特征。

3. 人工水道与生产性景观的组合关系

人工水道与生产性景观的关系主要体现在灌溉作用上。人工水道通过一系列技术手段将水注入田地，田地与水道一同形成了和谐的景观。其特征一方面在于大面积的、欣欣向荣的农作物，另一方面在于水道的分支和提灌设施所展现的技术和可持续利用的智慧。如伊朗的舒希达历史水利系统，其景观最重要的特征之一就在于融合了桥梁、大坝、水渠、水磨、瀑布等多种人工设施和自然资源所形成的完善的社区水利设施；阿曼的阿夫拉贾灌溉体系则创造了干旱地区水资源利用的典范，通过四通八达的水渠，滋养了大片棕榈树、柠檬树和牧草等作物的种植园（图 5－19）。

图 5－19 “阿夫拉贾灌溉体系”的水渠和得到灌溉的棕榈树种植园（来源：Nomination file of Aflaj Irrigation Systems of Oman）

在空间格局上，与生产性景观组合的人工水道通常都会形成枝状网（branch network），以便于各节点的用水。阿曼的阿夫拉贾灌溉体系、我国的红旗渠（图 4－24）都体现出这种特征。

5.5.3 人工水道的景观性格

1. 整体性格

人工水道中的水渠和运河拥有不同的整体性格。结合前两个小节的分析，研究认为，水渠类人工水道的景观性格可以概括为如下几点：

（1）干旱区域的绿洲，强烈的环境对比。

(2) 尺度较小、设计精巧的引水系统，与生产性景观紧密结合的支系水渠。

(3) 围绕水为中心，以农业为主导、自给自足的聚落。

运河类人工水道的景观性格则可以概括为如下几点：

(1) 宏大、漫长的河道，体现高超技术的水工设施。

(2) 巧妙利用自然水体形成的、既有斧凿痕迹，又与自然融合的滨水风光。

(3) “水盛而荣，水衰而微”的商业性聚落，“与水为邻”的生活方式。

2. 景观性格提取案例

加拿大公园管理局(Parks Canada)从 2010 年开始采用景观性格评估体系对里多运河进行景观性格评估。具有国家尺度(202 km)的里多运河首先按照地理上的明显差异分为 4 段，再通过对景观要素、景观格局和景观特征的提取总结出景观性格，划分为 12 个景观性格区。在同一段落中的性格区的景观特征既有一些共同特征，也有一些显著差异，相应的景观改善策略也不相同。如 1a 区的景观特征主要来自人造物，而 1b 区则以地形地貌和自然环境为主导(表 5－7)。

表 5－7　里多运河景观性格分区(节选)

景观性格分区	价值、风景和视觉联系(“什么是该段运河最典型的体验?”)
段落 1：里多运河——渥太华船闸至豕背船闸	
1a. 渥太华船闸(船闸 1—8)至哈特维尔船闸(船闸 9—10)	● 与城市和历史文脉紧邻、历史悠久、人工开掘的隧道和运河 ● 渥太华船闸和与之关联的历史建筑，能够看到国会大厦和劳里尔堡酒店 ● 里多运河游憩道、克罗内尔公园道以及与之关联的绿地(卡尔顿大学实验农场、树木园、道兴湖) ● 运河上的桥梁，以及从桥上看到的运河风景 ● 里多滑冰道和冰雪节 ● 哈特维尔船闸和调头区
1b. 哈特维尔船闸至豕背船闸(船闸 11—12)	● 首都绿环(NCC Green Belt)和里多运河游憩道 ● 豕背“瀑布”和里多河沿岸的石灰岩地貌 ● 豕背船闸，土坝 ● 豕背路平转桥
段落 2：里多河与湖区——豕背船闸至纽博罗船闸	
2a. ……	……

续 表

景观性格分区	价值、风景和视觉联系（“什么是该段运河最典型的体验?”）
2b. 卡尔斯到伯利兹雷皮杜斯	● 有“长程”之称的宽阔蜿蜒的河流 ● 丰富的湿地、保护区和里多省立公园 ● 农业景观 ● 两处历史聚落：贝克斯特·蓝丁、伯利兹·雷皮杜斯 ● 伯利兹·雷皮杜斯船闸、秋千桥、19 世纪 30 年代的残坝
2c. ……	……
段落 3：泰运河	
贝弗里奇船闸至珀斯	● 高低贝弗里奇船闸站和泰运河工程 ● 伴随着湿地的泰河和泰沼泽及农业景观 ● 泰河沿岸的历史聚落埃尔姆斯利港 ● 珀斯的历史城区，泰运河转掉头区
段落 4：卡特拉奎河和湖区系统——纽博罗至金士顿	
……	……

（来源：译自 Rideau Corridor Landscape Strategy）

同样的，水渠也可以采用景观性格评估体系，进行分段的景观性格提取。例如英国的世界遗产“庞特斯沃泰渡槽与运河”通过与所属区域的景观性格分区的对接，划分为 24 个段落，并分别制订了景观管理策略（图 5－20）。

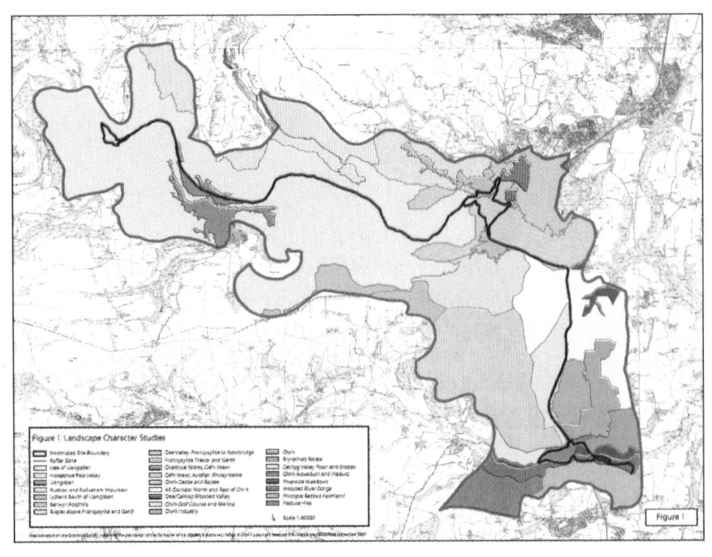

图 5－20　英国“庞特斯沃泰渡槽与运河”景观性格分区（来源：Nomination file of Pontcysyllte Aqueduct & Canal）

5.6 本章小结

本章应用景观性格理论，对线性文化景观中的四种类型——谷地聚落、历史道路、历史边界和人工水道的景观要素、景观格局、景观特征进行了分析，初步归纳了它们在整体上的景观性格。

谷地聚落的景观特征主要来自地形地貌、生产性景观、谷地沿线的聚落等要素，以及它们与其他要素形成的不同的组合关系。谷地聚落的景观性格包括闲适的田园气息，以农业为主导的自给自足的生产生活方式；狭小的土地和充满智慧的土地利用方式；优美的郊野风光，远离城市的"桃花源"；顺应自然的聚落，数量众多的历史建筑，"停留在过去"的意象；曲折迂回的交通，漫长的路途。

历史道路的景观特征主要来自地形地貌、道路和交通设施、道路沿线的聚落、交通行为和交通工具等要素，以及它们与其他要素形成的不同的组合关系。历史道路的景观性格比较复杂，交通运输类道路具有复杂多变的地形、壮美险绝的景色、高超的工程技术、与自然完美结合的道路和不易到达、因运输而繁荣的聚落；商业贸易类道路往往残损或已湮灭，留下多元文化交流产生的聚落，呈现"文明的十字路口"的景观意象。宗教朝圣类道路艰难、充满挑战，沿线分布着一系列具有强烈的信仰关联的各种事物（建筑、构筑物、自然景物等）。

历史边界的景观特征主要来自地形地貌、隔离物、历史边界沿线的聚落、道路和交通设施等要素，以及它们与其他要素形成的不同的组合关系。历史边界的景观性格包括由隔离物、监视防御设施和聚落共同组成的严密的防御体系；险要多变的地形、绵延不绝的边界，封锁、隔离和对峙的景观意象；坚固、内向、规整的沿线聚落；居高临下、互成犄角的监视防御设施。

人工水道的景观特征主要来自地形地貌、水道和各种附属设施、植被、水道沿线的聚落和生产性景观等要素，以及它们与其他要素组成的不同组合关系。水渠类人工水道往往造就干旱区域的绿洲，形成强烈的环境对比；拥有尺度较小、设计精巧的引水系统，与生产性景观紧密结合的支系水渠，以及围绕水为中心，以农业为主导、自给自足的聚落。运河类人工水道则拥有宏大、漫长的河道，体现高超技术的水工设施；巧妙利用自然水体形成的、既有斧凿痕迹，又与自然融合的滨水风光；"水盛而荣，水衰而微"的商业性聚落，"与水为邻"的生活方式。

第6章 基于景观性格的线性文化景观保护方式

第 5 章引入景观性格评估体系，对线性文化景观的四种类型进行了分析，并分别归纳了四种线性文化景观的要素、要素之间的关系、特征和景观性格。

景观要素和要素之间关系的改变，会影响到线性文化景观的性格。那么，对于线性文化景观，哪些要素及它们的组合是不可改变，又有哪些可以接受有限度的变化？在世界遗产的框架下，它们的真实性和完整性如何界定？

本章希望在景观性格分析的基础上，研究线性文化景观的保护方式，解答这些问题。

6.1 作为真实性和完整性评价工具的景观性格评估体系

作为文化遗产的一部分，线性文化景观的“突出普遍价值”需要接受“真实性”和“完整性”的检验。真实性的检验包括材料和实体、形式和设计、精神和感知等七个方面；完整性的检验则需要满足“整体性”和“无缺憾性”，其检验包括代表要素的完整等三个方面(见 3.5 小节的论述)。

但是，线性文化景观是一种复杂的遗产。它不仅具有文化景观的动态性，还具有线性遗产的尺度和流动性，其真实性和完整性不仅仅在于其中的人造物，还在于文化与自然之间微妙的联系；这种联系的真实和完整，往往比物质实体的真实和完整更加重要。

景观性格评估体系为线性文化景观真实性和完整性的评价提供了一个系统性和层次化的工具。通过景观性格评估体系，一处线性文化景观可以被分拆为三个层次——景观要素、景观特征、景观性格；它们具有层层递进的关系，从单体的要素走向组合的格局,再从组合格局中提取出特征,最终抽象为景观性格。因此,线性文化景观的真实和完整就可以转化为景观要素和景观特征的真实和完整;对线性文化景观的保护也可以通过这种方法,转化为对景观特征的保护,再落实到景观要素和要素之间的组合关系上去。

根据以上论述,图 6－1 展示了通过景观性格评估体系,进行线性文化景观的真实性和完整性评价的初步框架。

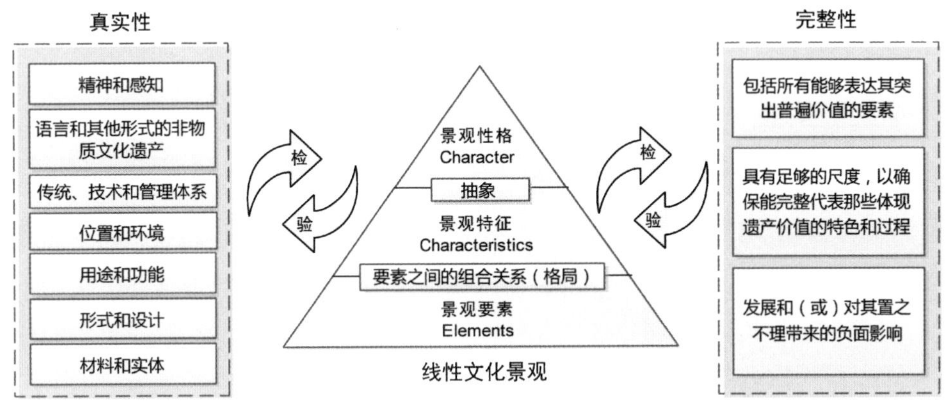

图 6－1　基于景观性格评估的线性文化景观的真实性和完整性评价框架

6.1.1　景观要素的真实和完整

线性文化景观是由一系列景观要素组成的。这些景观要素既包括人造的部分,如谷地中的聚落、建筑(群)、历史道路本体等,也包括自然的部分,如作为线性文化景观基底的地形地貌、自然植被等,还包括人类创造、改造的自然,如农田、牧场、果林、矿井等。

根据线性文化景观类型的不同,景观要素又可以分为两种。其一是关键要素(key elements),如谷地聚落线性文化景观中的村镇、人工水道线性文化景观中水道的本体等,它们是线性文化景观的主体和视觉焦点,往往也是传统遗产保护理论最关注的部分。其二是辅助要素,如地形地貌、自然植被,它们是线性文化景观的背景、周边环境,它们的价值需要与关键要素联系在一起,才能体现出来。

因此,在景观要素的层面,真实性和完整性的检验主要针对关键要素。

在真实性方面,对于已经成为化石景观的要素,如聚落残垣、史前文明遗址等,真实性检验的重点在于要素的材料、实体、形式和设计。对于属于持续性景观的要素,如仍然在发展的城镇、保持着生产功能的农田、牧场等,真实性检验的侧重点在于要素的用途、功能、传统、技术、管理体系；相较之下，田地是否保持着远古的模样、城镇中的建筑是否与过去完全相同，就显得不那么重要了。相应的，对于人类改造过的自然要素，如传统的轮伐区域、狩猎的山林等，真实性检验的侧重点在于它们的位置、环境、技术等方面；而那些寄托人类情感、与宗教产生联系的要素，其真实性检验的重点则在于非物质文化遗产、精神、感知等方面。

在完整性方面，对于已经成为化石景观的要素，其完整性检验的侧重点在于物质实体的保存情况。对于属于持续性景观的要素，完整性检验的重点在其发展脉络的完整，如一条历史道路包含着各个时期发展轨迹的实证，尽管其真实性可能在材料或实体上有所减损，仍然可以认为它是完整的。

6.1.2 景观要素的组合关系及其特征的真实和完整

在线性文化景观中，几种景观要素的组合可能反复出现，这表示它们之间具有物质或非物质的联系。例如人工水道在穿越山野时，常见的组合要素包括水道、地形和自然植被；而在穿越城市时，常见的组合要素则包括水道、城市中的建筑和人工植被。这种组合关系既是景观要素的集合，也是景观要素之间的有形和无形的联系的集合，这些内容都需要得到真实性和完整性的检验。

景观要素的组合关系在真实性方面检验的重点在组合的形式、设计、位置、环境的真实、组成要素之间联系的真实，以及非物质性的活动、感知的存续等。例如葡萄牙上杜罗河谷的葡萄园梯田，根据地形、技术的不同和营造时间的先后呈现出不同的形式，因此对梯田进行的修缮要同时符合这几个方面的特征，才能保证不破坏组合的真实性。

景观要素的组合在完整性方面检验的重点有两个。第一是这种组合是否包括足够的要素，例如在考虑谷地中的聚落与其他要素的组合关系时，不仅要将地形考虑在内，还应当包括土地上生长的植被；第二是组合要素之间的关系是否受到发展的威胁，如加拿大里多运河沿线的一些区域在过去的 30 年过度城市化，影响了运河与滨水景观的和谐关系[①]。

6.1.3 景观性格的真实和完整

景观性格是抽象的，是要素和要素的组合关系形成的特征的集合，一处线性

① "Intensive shoreline development as occurred during the past 30 years should not occur in the future." P293, Nomination file of Rideau Canal, http://whc.unesco.org/uploads/nominations/1221.pdf

文化景观(或线性文化景观中的一段)具有的景观性格可能包括一系列景观特征;只有这些特征都“真实”且“完整”,它们支撑的性格才“真实”且“完整”。因此,要检验景观性格的真实性和完整性,仍然要回到景观特征上。

景观性格在真实性方面检验的重点是观赏者的感受。这种感受可以通过将景观性格解构为一系列景观特征而描述出来;例如海涅的诗歌《罗蕾莱》所描述的莱茵河“罗蕾莱礁石”段(图 6－2)带给人“美丽而危险”的感觉①,是因为莱茵河的罗蕾莱段十分狭窄,河水湍急、带有漩涡;而航道正前方就是高耸且形状奇特的“罗蕾莱礁石”、河谷高耸的峭壁和如画的风光等一系列景观特征共同作用的结果。如果罗蕾莱礁石被炸毁,或这里的航道被拓宽,这种“美丽而危险”的景观性格便不复存在了。

图 6－2　莱茵河谷罗蕾莱段(来源:http://zh.wikipedia.org/wiki/File:Loreley_mit_tal_von_linker_rheinseite.jpg)

因此,通过判断这些景观特征的真实性,就能够完成景观性格的真实性检验。

同样的,景观性格的完整性也可以解构为一系列景观特征的完整,以及形成景观特征的要素和组合关系的完整。如穿越阿尔卑斯山脉的雷蒂亚铁路,其景观特征包括沿线白雪皑皑的阿尔卑斯山、郁郁葱葱的植被、壮观的山地铁路和定期驶过的鲜艳列车;纯净的蓝天、白雪、绿树和红色列车产生的强烈对比吸引了许多游客的目光。如果列车停止行驶,或是更换了车身颜色,就意味着一项重要景观特征的缺失,景观性格的完整性也随之大打折扣。

---

① 《罗蕾莱》是德国著名浪漫主义诗人海涅在 1824 年创作的叙事诗,1837 年由希尔歇尔谱曲,从而成为一首脍炙人口的德国民歌。该诗描写了德国民间传说中坐在莱茵河畔悬崖上歌唱的女子“罗蕾莱”,在她的歌声中,航行在莱茵河上湍急水流中的少年水手忘情而葬身于河水中。“罗蕾莱”是莱茵河中一座高 132 米的礁石,该段莱茵河深 25 米,宽度却仅有 113 米,是莱茵河最深、最窄的河段,也是最危险的河段,诸多船只在这里发生事故遇难。

经过“真实性”和“完整性”检验的景观要素、景观要素之间典型的组合关系和它们所体现的特征，是线性文化景观“突出普遍价值”的主要承载物，也是线性文化景观中需要得到妥善保护的部分。景观性格作为一种抽象的、景观特征的集合，则更适合用于指导线性文化景观的发展，如新增景观要素，或对现存的景观特征进行修补。

6.2 谷地聚落线性文化景观的保护方式

在谷地聚落的各景观要素中，最易受到发展影响的是生产性景观、聚落和道路交通设施。这三类要素以及它们与其他要素的组合关系的变化将影响到谷地聚落线性文化景观的整体性格。

6.2.1 生产性景观的保护

对于农牧主导类谷地聚落，田地每年都要翻耕，牧场常常需要迁移，因此保护的重点不在于材料和实体、形式和设计的真实，而在于用途和功能、传统的生产活动、技术和管理体系的真实。

对于工矿主导类谷地聚落，如果生产性景观仍然在运转(如我国芒康的盐井)，它们在真实性方面保护的重点与前述相同。如果生产性景观已经成为过去(如英国的德文特河谷)，其保护重点就转变为材料和实体、形式和设计方面的真实了。

谷地中的生产性景观，在形态上会明显受到谷地地形的影响，其景观特征是通过与谷地地形的结合呈现的。这种典型的组合的保护方式将在“谷地与生产性景观的组合关系”小节讨论。

维持生产是保护谷地聚落中生产性景观的第一要务。如德国莱茵河谷针对葡萄种植园的抛荒问题，提出了一系列保护策略①：

- 确保可耕地面积最小；
- 促进全职和兼职酿酒者的合作；

① World Heritage Management Plan, Challenges and visions for the future development of the upper middle rhine valley, P22.

- 更有效地推广旅游业，例如促进当地的参观和旅游商的合作；
- 生产高品质（且有可能是有机的）的"Mittelrheinwein"品牌中莱茵葡萄酒，或由生长在陡峭山谷坡地的葡萄制成的"Steillagenwein"品牌葡萄酒；
- 优化、改革与葡萄种植园维护和种植有关的行政法规；
- 寻找废弃葡萄种植园利用的新途径，例如果树、放牧或打造"莱茵花园"；
- 与自然保护机构合作，如建立自然步道；
- 建立社区联动系统，设立自然保护区；
- 引导酿酒者，令他们感到有义务保护葡萄种植园的景观。

这些策略没有一项针对葡萄园的材料、形态，绝大多数关注的是如何让葡萄种植业能够继续维系下去。由此也可以看出，生产性景观的"保护"，更多保护的是生产者与土地的传统联系，以及由他们传承的技术和管理体系。

6.2.2　谷地沿线聚落的保护

绝大多数谷地沿线的聚落都属于活态遗产。

以聚落整体的和谐为"突出普遍价值"的谷地聚落（如葡萄牙的"葡萄酒产区上杜罗"谷地沿线的小镇），其保护的重点在于聚落的整体形态的真实，包括聚落的天际线、建筑平面布局和空间关系。此类聚落的保护普遍通过编制导则实现：对于不符合整体特征的建筑，进行改建或拆除；新建、改建的建筑应当符合导则的规定。如日本石见银山的大森町编制了非常详细的设计导则，要求不得砍伐围合聚落的谷地植被、不得越过控制范围新建建筑，还通过导则规定了大森町内部新改建建筑占地度、高度、屋顶和墙面等外部界面的材质、色彩，并根据建筑与周边环境的结合情况，划定了视廊，规定历史景观不得被弃置等①。

以独立、突出的建筑物为景观特征的谷地聚落，其保护重点分为两个方面。第一，作为视觉焦点的独立、突出的建筑物（通常也是重要的历史建筑），其材料、实体、形式、设计等方面的真实性应当得到妥善的保护。第二，作为对比、衬托的其他建筑，它们与独立、突出的建筑物的关系应当被注意，它们的修缮、改建不能

① P452, Nomination file of Iwami Ginzan Silver Mine and its Cultural Landscape, http://whc.unesco.org/uploads/nominations/1246bis.pdf

影响这种强烈的对比。一个典型的反面例子是德国的德累斯顿，该城市沿易北河谷有一系列精美的巴洛克建筑，这些建筑本身得到了妥善的保护，但由于新建的瓦德施罗森大桥体量过大(图 7－6)，破坏了传统的尺度和对比关系、遮挡了一些广受欢迎的传统观景点，易北河谷在 2009 年被从世界遗产名录除名。

6.2.3 对要素之间组合关系的保护

1. 谷地与生产性景观的组合关系

谷地与生产性景观的组合关系造就了独特的景观特征。其保护的重点包括两个层次：第一是因谷地地形的影响，形成的生产性景观的格局的真实；第二是谷地地形与生产性景观的组合关系的真实。其保护的实现必须基于对地形、生产技术和传统生产方式的理解。

以葡萄牙杜罗谷(Douro Valley)为例，该谷地地形起伏多变，不同区域的土壤、水源、坡度等都不太一样，且各时期种植的葡萄种类、技术力量也不同，因此造就了完全不同的梯田景观格局(图 6－3)。20 世纪 70 年代之前的葡萄田由石

图 6－3　葡萄牙上杜罗谷地沿线梯田的几种典型格局(来源：Nomination file of Alto Douro Wine Region)

墙挡土、每层阶地高 1～2 米，阶地宽度较窄，沿谷地蜿蜒，每公顷栽种不多于 3 500 棵葡萄树；70 年代以后的现代葡萄田引入了机械作业，阶地可宽至 4 米，呈现棱角分明的形态，阶地之间的通道可行拖拉机；80 年代的葡萄田引入了莱茵河流域葡萄种植的新技术，葡萄园能够建立在非常陡峭的坡地上，坡度甚至可达 40%①。

上杜罗地区的葡萄园梯田格局非常明显地受到谷地地形的影响，同时，梯田的格局也反映出从早期人力开垦到现代机械开垦的发展过程，因此对梯田的保护和修缮工作必须立足于对梯田、生产活动和地形关系的理解。在修复 80 年代的葡萄田时采用 20 年代的传统营造技术显然是不妥当的，反之亦然。针对这一点，葡萄牙政府编制了《上杜罗葡萄酒产区市际土地规划》(*Intermunicipal Plan of Land of Alto Douro Wine Region*)，对梯田的景观格局进行了详细的研究和清晰的分类，并有针对性地制定了不同的修缮和控制导则，实现了对这种关系的保护。

2. 谷地与聚落、植被的组合关系

谷地与聚落、植被的组合关系造就了谷地中的景观节点。其保护的重点包括两个层次：第一是因谷地地形的影响，形成聚落之格局的真实，即聚落的形态(如线状、阶状)不应发生明显的变化；第二是谷地地形、植被与聚落的组合的完整，即它们应被作为一个有相互关联的整体进行保护。

对聚落、植被与谷地的关系进行保护的典型例子有日本石见银山的大森町。在 2007 年首次申遗时，大森地区山谷聚落的保护范围仅包括聚落本身，面积为 32.8 公顷(图 6－4 左图，以及右图的蓝线部分)。ICOMOS 专家在进行真实性和完整性评估时指出，环绕大森町及银矿运输道路的、植被茂盛的谷坡，自古以来就与聚落存在密不可分的关系；地形造就了聚落的形态，自然植被则提供了建筑的木材和燃料，因此建议将其中部分也划入核心区范围②。日方接受了提议，并在 2010 年将保护核心区的界线从聚落边界(图 6－4 右图的蓝线部分)拓展到环绕聚落的山体山脊线(图 6－4 右图的红线部分)，保护区面积也扩大到 129.9 公顷，提升了整个线性文化景观的完整性。

① P359－360, Nomination file of Alto Douro Wine Region, http://whc.unesco.org/uploads/nominations/1046.pdf

② P3, Cover letter, Nomination file of Iwami Ginzan Silver Mine and its Cultural Landscape, http://whc.unesco.org/uploads/nominations/1246bis.pdf

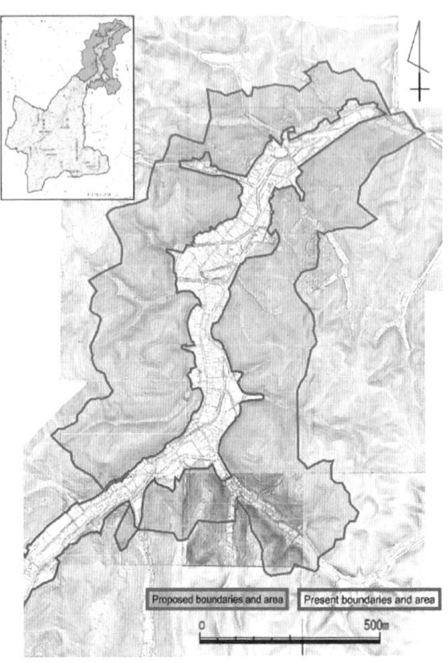

图 6 - 4　石见银山大森地区银矿运输道路与聚落及周边环境定界方式的变迁(来源：Nomination file of Iwami Ginzan Silver Mine and its Cultural Landscape)

3. 谷地与道路和交通设施的组合关系

与地形和植被类似,道路的保护需要考虑其与谷地和聚落的关系。由于道路是感受谷地景观序列的途径,谷地与道路的关系因此表现为"从道路看到的谷地"和"从谷地看到的道路"。

图 6 - 5　石见银山通过清理植被恢复可见的一段运输道路(来源：Nomination file of Iwami Ginzan Silver Mine and its Cultural Landscape)

在"看"的方面,作为谷地聚落中传统的观赏线路的道路应当得到保护,它们的材料和实体可以变化,但观景的序列和观景点应当得到保护。如卢瓦尔河谷在进行基础设施建设时,保留了河谷沿线的旧道路,并将它们改造为游步道和自行车道。道路的铺装材料、设计发生了一定变化,但道路的用途、功能和位置都被完好地保护下来。

在"被看"的方面,如果道路本身

是谷地景观的一部分，或道路有较高的历史、文化价值，这部分道路的材料、实体、形式、设计、位置等特征就不应被改变，道路的可见性也应当得到保护。如日本石见银山在拓展遗产范围时发现了一段消失在植物中的道路，在清理植物后，道路的可见性得到了恢复(图 6－5)。

6.3　历史道路线性文化景观的保护方式

6.3.1　道路和交通设施的保护

公路、铁路等现代工程技术发展的产物，其“突出普遍价值”在于道路建设体现的高超工程技术，因此保护的重点是道路的形式、设计、用途和功能的真实性。此类道路需要得到持续的维护，更换材料和部件并不会影响它们的真实性。

对那些已经停止使用，但保持着传统面貌的历史道路及沿路设施，其“突出普遍价值”在于它们的实证性，因此保护的重点是道路材料、实体、形式、设计、位置、环境等方面的真实。它们可以通过完善的田野调查和考古发掘来确定。对道路本体和设施进行修复的标准是能够辨认、结构安全、足以应对发展的威胁和自然环境的侵蚀。如以色列对“熏香之路”进行了细致的考古研究，归纳了多种当年修筑道路的技术，保护工作在此基础上展开，取得了较好的效果。

对于保持活态、但已受到发展影响的历史道路，位置、环境、用途和功能方面的真实性，比材料和实体的真实性更为重要。应谨慎修复、尽量避免“恢复重建”的情况，防止二次破坏。如日本的石见银山在 2010 年申请拓展时增加了温泉津附近的 7 段历史道路，这些道路或已成为田埂，或被水泥和石块等现代铺装掩盖，但路线、走向、位置和环境都与最初无二。日方没有将它们“恢复原状”，而是向世遗委员会提出：尽管这些道路的真实性有所降低，但它们有可靠的依据可以恢复，原始路面应当于现代路面的下方，同时，它们见证了石见银山区域对历史道路的持续利用，保持现状并在拓展时包括它们有助于历史道路整体的真实和完整①。ICOMOS 在评估时接纳了日方的意见，同时指出此类道路减弱的真实性可以通过解说、展示等手段予以补充②。

---

① P41, Nomination file of Iwami Ginzan Silver Mine and its Cultural Landscape, http://whc.unesco.org/uploads/nominations/1246bis.pdf

② P39, Nomination file of Sacred Sites and Pilgrimage Routes in the Kii Mountain Range, http://whc.unesco.org/uploads/nominations/1142.pdf

宗教朝圣类历史道路比较特殊，其保护重点在于“路线”的真实、完整，而不是道路的物质部分。道路沿途的各种作为信仰寄托的事物常常比道路本身更为重要，如西班牙和法国的“圣地亚哥之路”，它们的“突出普遍价值”在于道路沿线的一系列与基督教有关的历史建筑。

6.3.2 历史道路沿线聚落的保护

历史道路连接的聚落是重要的景观要素。根据聚落的性质，其保护可分为两种模式：

(1) 已经成为化石景观的聚落

这种聚落，通常采用静态的“博物馆”模式进行保护。保护的重点是聚落遗址的材料和实体、形式和设计、位置和环境的真实性，以及遗址的完整性；在确保结构安全的条件下，应当尽可能地保持现状，避免破坏性的“修复”行为。

该保护模式的代表有以色列“熏香之路”沿线的阿伏达特(Avdat)、席伏塔(Shivta)等城市。我国丝绸之路上的北庭故城、高昌故城也都采用该模式进行保护。

(2) 保持活态的聚落

仍然保持活态的聚落，其保护需要与历史道路一同考虑。具体的保护方法将在“道路与聚落的关系”一节予以讨论。

6.3.3 对要素之间组合关系的保护

1. 道路与地形、植被的组合关系

道路与地形、植被的组合是历史道路线性文化景观的典型格局之一，如雷蒂亚铁路很大一部分都体现了“铁路＋阿尔卑斯山地＋高山植被”的组合关系。这种组合关系的保护重点包括两个层次：第一是道路和植被受地形影响体现的形式和设计上的真实，如印度山地铁路采用的“窄轨”是为了适应山地地形而修建的；第二是地形、道路与植被的组合的完整，即它们被作为一个具有关联性的整体进行保护，如以色列的“熏香之路”。

在具体的保护方式上，首先要确定保护的范围，再通过土地利用控制，防止可能的发展对作为道路周边环境的地形和植被的影响。

(1) 划定保护范围

保护范围的划定，既要考虑道路和地形、植被的联系，又要考虑可操作性。如果地形、植被对道路的景观特征有明显的塑造作用，或它们存在直接的联系，

那么它们应当被作为一个整体予以保护。例如以色列穿越内盖夫沙漠的“熏香之路”，其典型的景观特征是道路两侧略有起伏的丘陵和季节性的植被。在修建“熏香之路”时，由于沿途很难得到补给，纳巴泰人设计的部分道路绕行丘陵，利用地形和季节性植被，为驼队提供庇护。在编制管理规划时，专家们认识到了这一点，将道路本体、途经的丘陵和植被共同划入核心区，将道路的视域范围划入缓冲区，实行整体保护。这些区域大都属于内盖夫国家公园的范围，因此它们的具体保护工作就由国家公园予以实施①。

(2) 通过控制土地利用进行保护

作为道路周边环境的地形和植被如果发生显著的变化(开荒种田、开山取石、砍伐树木等)，就可能对景观特征产生影响。在发展有可能产生影响的区域，进行土地利用的控制是一种较为普遍的做法。

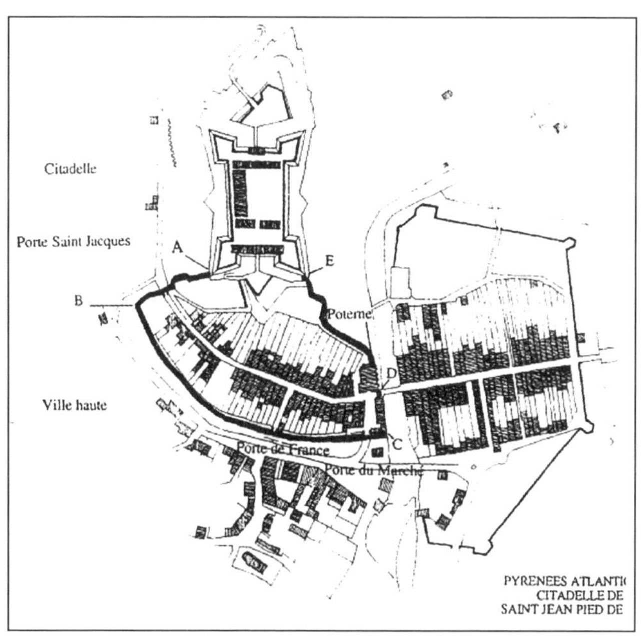

图6-6　圣地亚哥之路上的小镇 **St. Jean Pied de Port** 仍然保持着“街村”的格局(来源：**Nomination file of Routes of Santiago de Compostela in France**)

① P56, Nomination file of Incense Route — Desert Cities in the Negev, http://whc.unesco.org/uploads/nominations/1107rev.pdf

例如瑞士的雷蒂亚铁路专门设立多个等级的缓冲区来保护与铁路和车站有直接联系的周边环境(包括地形地貌、植被、农田和聚落)。缓冲区共分三级：主缓冲区(Primary buffer zone)、邻近缓冲区(buffer zone in the"near" area)和远距离缓冲区(buffer zone in the"distant" area),其中主缓冲区内的景观要素主要是与铁路和车站紧邻的聚落、独立建筑和森林,它们由"联邦景观清单"(Federal Inventory of Landscapes of National Importance)或"州风景保护区"(cantonal landscape protection zones)进行控制;邻近缓冲区主要包括与铁路、车站等有间接联系的建筑、设施、植被等;远距离缓冲区是距车站和铁路有一定距离的区域,为了防止发展对地形、植被造成的破坏,该区域直接规定不允许在非聚落区域(non-settlement areas)建造任何建筑,同时通过联邦法律保护和控制区域内的森林、自然遗址和农地,以保护作为大背景的地形地貌和自然植被①。

2. 道路与聚落的组合关系

历史道路沿线已经成为化石景观的聚落,可以采用静态的、博物馆式的保护方式。对于仍然保持着活态的聚落,则必须要考虑历史道路与聚落的关系。

历史道路与聚落的关系主要体现在聚落的布局形式上。道路穿越的聚落首先形成"街村"的格局,即建筑呈线状分布在道路两侧;随着交流的增加和聚落的发展,"街村"扩大为城镇,历史道路经过改造、拓宽,逐渐转变为城镇的中心干道,但"街村"的格局延续了下来。因此,这种布局形式的真实和完整是保护的重点。

法国南部边境的小镇 St. Jean Pied de Port 是圣地亚哥之路法国段的起点,在圣地亚哥之路的带动下,小镇形成了"街村"格局。小镇发展至今,街道两旁的历史建筑(黑色部分)并未发生太大的变化,尽管后排出现一些改造或新建的多层房屋(白色部分),但"街村"的格局得到了延续,聚落的肌理也保持着当年的形态(图 6-6)。类似的例子还有日本石见银山的大森町,尽管町内的不少建筑通过改造已经现代化,但穿过大森町的银矿运输道路的走向并未改变,沿银矿运输道路形成的"街村"格局也保留了下来(图 6-4 左)。

---

① P521, Nomination file of Rhaetian Railway in the Albula/Bernina Cultural Landscape, http://whc.unesco.org/uploads/nominations/1276.pdf

6.4　历史边界线性文化景观的保护方式

6.4.1　历史边界本体的保护

历史边界的本体包括以阻隔交通为目的建设的各种永久或非永久性工事(如边墙、铁丝网、栅栏、水体),也包括与隔离物组合的监视与防御设施(哨所、炮台、要塞)、通关设施(关卡)、标志物(界碑及各类标识)等等。这些设施绝大多数已成为化石景观,它们的威胁主要来自自然的风化侵蚀、无依据的"修复"和重建行为。

早期历史边界的保护工作以传统的遗产保护理论为指导,工作重心是对隔离物、监视防御设施等遗迹的修复和重建,"破坏性修复"的行为在国内外都很常见。英国的哈德良长墙在申遗之前进行了相当数量的重建,如位于维森堡(Wissenburg)、维尔茨姆(Welzheim)、洛克(Lorch)等地的段落;ICOMOS 在对哈德良长墙进行评估时尖锐地批评了这种行为,指出其中有些重建纯粹是依靠想象(图 6-7),还有一些来源于罗马图雷真的柱廊雕刻[①]。无独有偶,我国在长城的保护工作中也出现类似的情况,如河北紫荆关长城在 2004 年的修缮中"新建"了"明代虎皮墙"(图 6-8),遭到志愿者的举报,进而引发了一场争议[②];山西右玉的杀虎口长城,其"保护"(实为重建)完全没有考虑关城与长城墙体的组合关系,原本完整的城台被一分为二,新建的砖砌城台和明代的夯土长城遗址突兀的连接在一起;更甚的是,关口、楼阁、连接楼台拱券都是靠"想象力"修建的[③]。

随着遗产保护理论的发展,这种带有破坏性的"过度修缮"逐渐被认为是不合适的。ICOMOS 推荐了德国菲尔德山(Feldberg)的罗马帝国边界线的保护方式,即在保留遗址现状、维护结构安全的前提下,通过完善的解说和展示将历史场景传递给观赏者[④]。近年来,我国接纳了这种观点,如国家文物局在 2014 年 2

---

① P165, Nomination file of Frontiers of the Roman Empire, http://whc.unesco.org/uploads/nominations/430ter.pdf

② 2004 年,河北的全国重点文物保护单位"万里长城-紫荆关"在修缮过程中拆除原有砖包墙体,用水泥和块石新建虎皮墙,志愿者向文保部门进行了通报。国家文物局专家在巡视后认为施工基本符合设计要求,引起很大争议。2004 年 6 月 25 日新华网对此进行了报道。

③ 1/3 长城丢了,"万里长城第一人"也走了,2012 年 5 月 25 日,南方周末.

④ P165, Nomination file of Frontiers of the Roman Empire, http://whc.unesco.org/uploads/nominations/430ter.pdf

图 6-7 1970 年代重建的哈德良长墙,位于文德兰达(来源: http://www.geograph.org.uk/photo/407926)

图 6-8 2004 年修复的河北紫荆关长城,水关部分为旧砖,顶部为新砖,两侧虎皮墙亦为新砌(来源: http://www.he.xinhua.org/jiaodian1/2004-06/21/content_2352051.htm)

月下发的《长城保护维修工作指导意见》,对历史上损毁及受到风化影响的长城的修缮工作作出了规定①:

> 除非是结构安全需要,否则不得进行长城主体结构及相关设施的复原或重建。对于历史上已经局部损毁、坍塌或已经全部毁坏的长城遗址,应当实施遗址保护,不得在原址重建、复建或进行大规模修复。
>
> ……
>
> 对于出现风化但经过评估确认其风化程度尚不足以威胁长城本体结构安全的长城砖、石构件,不得对其进行替换等过度干预;如确需替换或剔补,应使用原形制、原材料、原工艺,并采取适当方式对新换构件进行标识。

总的来说,由于历史边界已经失去了原有的使用功能,隔离物都已转化为化石景观,因此它们的保护重点在于材料和实体、形式和设计、位置和环境的真实;对它们进行的任何修缮行为,都应当维持在结构安全和遗迹完整的程度。

6.4.2 历史边界沿线聚落的保护

与历史道路沿线的聚落类似,历史边界沿线的聚落也可以分为两种模式进

---

① 关于印发《长城"四有"工作指导意见》和《长城保护维修工作指导意见》的通知,http://www.sach.gov.cn/art/2014/2/25/art_1691_140362.html

行保护。

对于已经成为化石景观的聚落，保护的重点是遗迹的材料和实体、形式和设计方面的真实，以及遗迹总体的完整。其保护主要采用静态的“博物馆”模式，在确保结构安全的条件下，尽可能保持现状，避免破坏性的“修复”行为。英国哈德良长墙沿线的文德兰达(Vindolanda)、德国的菲尔德山(Feldberg)、我国的山海关城等都采用了这种模式。

在历史边界失去防御作用以后，有些聚落转变为村镇和城市，并延续发展至今。此类聚落往往体现出两个特征：第一，聚落内部包含着历史边界的遗迹(关口、门楼、边墙等)，如匈牙利布达佩斯的阿奎肯(Aquincum)遗址；第二，聚落内部有历史文化价值的建筑不多，但聚落整体保留着当年的空间格局，如我国山西朔州的旧广武尽管缺乏价值很高的历史建筑，但历代重建都未改变基本的道路和空间格局(图 6－9)。它们的保护重点，其一是内部遗迹的材料、实体、形式、设计的真实性；其二是聚落的道路、空间格局的真实性；在这两种特征得到妥善保护的基础上，可以对聚落内的建筑进行一定的新建和改建。

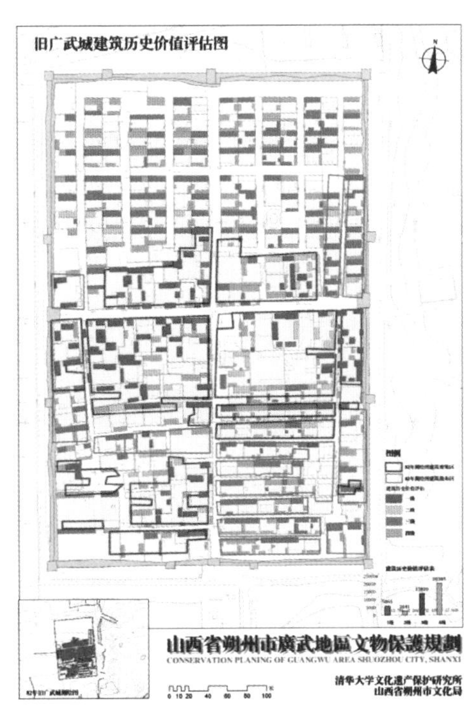

图 6－9　旧广武城建筑历史价值评估(来源：《山西省朔州市广武地区文物保护规划》，北京清华城市规划设计研究院)

6.4.3　对要素之间组合关系的保护

1. 历史边界与地形、植被的关系

在大部分历史边界中，历史边界本体与地形、植被的组合都体现出显著的景观特征，如我国的八达岭长城，在山势和植物的衬托下显得气势磅礴。其保护重点也分为两个层次：第一是历史边界表现出的、受地形影响所体现的形式和设计上的真实，以及作为环境的地形和植被的真实；第二是地形、道路与历史边界的组合的完整，即它们被作为一个具有关联性的整体进行保护，如密云的“断长

城”,其保护范围应当包括作为长城基底、同样起到阻隔和防御作用的自然地形。同样的,对它们的保护也分为“确定保护范围”和“土地利用控制”两个阶段。

长期以来,对历史边界景观要素的保护都只局限于边界的本体。如我国2006年颁布的《长城保护条例》规定,“本条例所称长城,包括长城的墙体、城堡、关隘、烽火台、敌楼等”。尽管在各方编制的保护规划中也会提及对周边环境的保护,但具体什么样的环境、多大的范围应当获得保护,却缺乏衡量的标准。

英国在安东尼长墙的管理规划中提出,包括地形和植被在内的缓冲区,是“能够直观、明确地感知到它与世界遗产(核心部分)的联系,并可切实保护或管理的景观的物理范围”,并提出了安东尼长墙与周围环境视觉联系的三个类型[①]:

- 具有几乎连续的视觉通廊,根据所在地地形不同,通常距长墙2～3 km;
- 不具有连续视觉通廊,并反映出因地形扰动而呈现碎片化的景观;
- 与大段或者大面积的长墙具有“看与被看”关系的远处的山丘(超过2～3 km)。

安东尼长墙的鉴别标准可以归纳为三个方面:有限的范围、视觉特征突出、与历史边界具有“看与被看”的视觉通廊。因此,参考安东尼长墙的标准,可以归纳与历史边界具有直接联系的地形应具有的特征:

(1) 作为历史边界建设基础的地形地貌,如建有长城的山脊。

(2) 被作为历史边界使用的自然边界,如辽东长城的“山险墙”。

(3) 在历史边界视线范围内、具有突出景观特征的地形,如哈德良长墙的坎普西丘陵(Campsie Fells)。

相应的,在植被方面,如下几种情况可以被认为与历史边界存在直接联系:

(1) 在设计之初就考虑了防御的作用,如明长城沿线的植树造林。

(2) 是历史边界存在和发展的实证,如哈德良长墙沿线的屯田和牧场遗迹。

(3) 作为生产性景观,为历史边界的维护提供了材料,如敦煌汉长城附近的

---

① P712, Nomination file of Frontiers of the Roman Empire, http://whc.unesco.org/uploads/nominations/430ter.pdf

红柳林、哈德良长墙附近的橡树林等。

(4) 有突出景观特征的自然植被,如八达岭长城的黄栌树林。

这些与历史边界具有直接关联的地形和植被,应当被划入保护范围,并通过管理规划防止发展对它们的景观特征造成影响。如哈德良长墙就对沿线缓冲区内的土地利用进行了控制,鼓励邻近长墙的居民自觉保护历史景观,种植对景观和墙体结构没有明显影响的作物等。安东尼长墙定期由古物遗迹调查员回访,他们承担着长墙的监测任务,并督促当地居民清除对墙体可能存在威胁的植被①。

2. 历史边界与聚落的关系

与其他线性文化景观不同,历史边界沿线的聚落是完整防御体系的一部分,它们与历史边界存在着紧密的联系。其保护的重点有二:第一是历史边界与聚落共同形成的防御体系的完整性;第二是两者之间存在的联系的真实性,如历史边界与聚落直接连接组成的防御节点,以及历史边界与聚落间接连接组成的视廊。

(1) 对防御体系完整性的保护

对防御体系完整性的保护,实际上是一个保护范围的问题。在传统遗产保护理论影响下,早期对历史边界的保护仅仅局限于作为边界本体的建筑和构筑物(如边墙)。随着保护理论的发展,学界逐渐认识到,历史边界通常是一个体系,而不仅仅是简单的一条分界线。沿狭长线性区域均匀分布的聚落和设施应当作为一个整体得到保护。英国在 1987 年登录“哈德良长墙”(Hadrian's Wall)时,保护范围仅包括长墙本体和沿线的一些要塞、堡垒的遗址。2005 年、2008 年,位于英格兰和苏格兰分界线的“安东尼长墙”和其他一些位于别的国家的罗马帝国时期遗址加入,该遗产更名为“罗马帝国的边界”。这是一个跨度很大、分布分散的防御体系,其中的遗址并不是每一处都具有很高的价值,但当它们作为一个整体呈现在人们面前,就显示出防御体系的深度和广度。

相比之下,我国长城的保护方面还太重视“墙”。首先,目前登录为世界遗产的长城只占现存长城的很小一部分,登录的也仅包括墙体、烽火台、敌楼等设施,保护范围由墙体直接偏移固定距离得来,既没有体现长城与地形的关系,也没有

① P106, Nomination file of Frontiers of the Roman Empire, http://whc.unesco.org/uploads/nominations/430ter.pdf

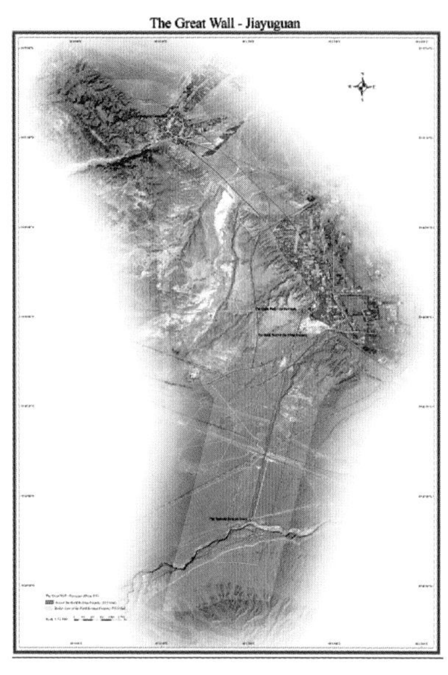

图 6－10　长城-嘉峪关段保护范围(来源：http://whc.unesco.org/download.cfm?id_document=119891)

体现长城与屯兵聚落的联系(图6－10)。第二,长城沿线的军事防御性聚落(关堡、寨堡等)与长城本体存在联系,但由于划定保护范围采用的是机械的“外扩固定距离”,这种联系被忽略了。

裴钰指出,长城是城镇(town),而非墙(wall),不是个体的文物,更不是所谓的不可移动文物,而是完整的文化遗产系统;长城保护的重心不是护“墙”,重心要放在护“城”,做好边塞古城镇的整体规划和系统保护;长城关隘周边一定范围及地下部分也应列入保护范围[162]。王琳峰采用 ArcGIS 的缓冲区(Buffer)工具,以长城为基准线建立 500 米和 3 000 米两个缓冲区域,计算了蓟镇明长城沿线 286 个聚落与长城本地的关系,研究指出,500 米的保护区远不能形成对长城的整体性保护,即使3 000米的建控地带也不能将长城军事聚落完全纳入。这种划界方式过于机械,不利于线性文化遗产的保护(图 6－11)[163]。

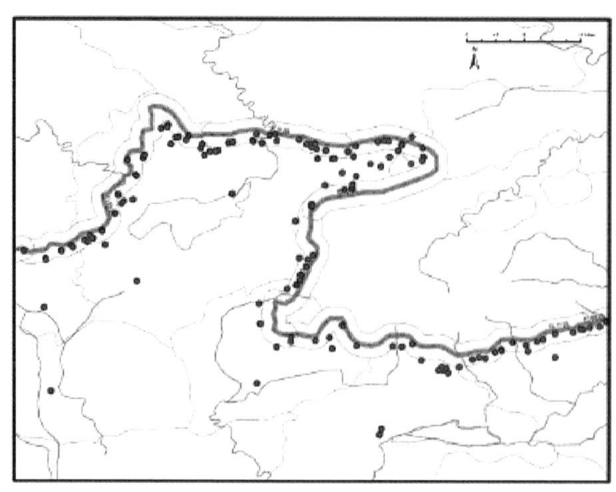

图 6－11　采用 ArcGIS 绘制的长城缓冲区与聚落叠加图(来源：王琳峰绘制)

(2) 对空间联系的保护

历史边界与沿线聚落之间存在着两种空间联系。其一是直接的联系(历史边界与聚落直接连接);其二是间接的联系(历史边界与聚落存在视觉通廊)。直接联系的保护较为简单;间接联系的保护则需要基于对历史边界与聚落选址建设原因的了解。在直接联系和间接联系同时存在的情况下,间接联系很容易被忽略。

以我国山西朔州广武地区的长城和军事聚落为例,广武地区现存的长城附近有三处聚落,其一为北宋初期遗留下来的"六郎城",位于白草口出口处的小山脚下,已废;其二为建于辽、金时期的旧广武,位于六郎城东北侧,是雁门关的山前防御据点;其三为建于明代的新广武,位于旧广武东侧 2 km 处的广武口。

在三处聚落中,新广武与长城存在着直接的联系,长城从代县进入山阴、过白草口、翻越海拔 1 750 米的猴岭山、再折向正北,与新广武城墙相连,并在新广武形成南北两关,居高临下。新广武进而成为明代广武地区防御体系的核心和

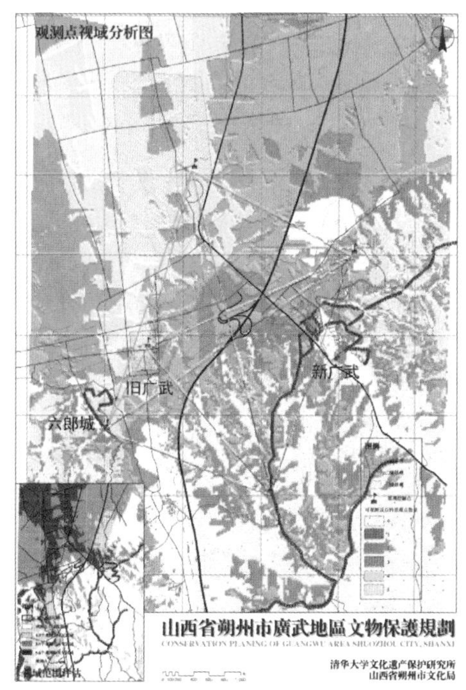

图 6-12　山西广武长城与新、旧广武城的空间联系(来源:《山西省朔州市广武地区文物保护规划》,北京清华城市规划设计研究院)

沟通关内外的重要关口。

旧广武建于辽、金代，其时此地不属于边境，猴岭山段长城也尚未建设。明代旧广武仍作为屯兵使用。从史料记载和视域分析的结果来看，长城和新广武城的选址考虑了对旧广武的瞭望，旧广武与长城存在着间接的空间联系。遗憾的是，新建成的大运高速公路恰在两城间设置了匝道和出入口，由于常有大型煤矿运输车从此处上高速公路，而出入口盘查又较严密，经常出现大量运输车淤堵在匝道甚至附近小路上，对景观和环境造成了较大影响①。新旧广武城之间的视廊也遭到遮挡，破坏了它们的间接联系；位于旧广武西侧的六郎城也受到了同样的影响（图 6 - 12 右）。《保护规划》因此提出，应当制定并设法消除或减弱大运高速公路工程对广武段长城所在山体造成的不良景观影响。

6.5 人工水道线性文化景观的保护方式

6.5.1 水道及各种附属设施的保护

对于已经失去作用的水道和附属设施，保护的重点是它们的材料、实体、形式、设计、位置和环境的真实性；在结构安全的情况下，应当尽量保存现状，如我国大运河的土桥闸等遗址均采用这种方式进行保护。此类水道和设施不应轻言“恢复”，如北京的南玉河，在大运河申遗成功后，有专家提出“重新通水”，但由于通水也不是活水，且可能对考古遗址造成破坏，该提议引起了很多争议②。

对于仍在发挥着作用的水道和沿线的各种附属设施，使用是最好的保护。保护工作的重点是水道和设施的形式和设计、传统使用方式、传统营造技术和管理体系的真实；至于水道和设施是否完全采用原始材料并不特别重要。如英国的庞特斯沃泰水道桥在近 200 年的历史中一直都有不间断的维修，铸铁、锻造、石砌等传统工艺都得到比较好的传承；我国新疆的坎儿井有许多从清代使用到现在，由于营建工艺传承较好，现在仍然在当地的农业生产中发挥着重要作用。

6.5.2 人工水道沿线聚落的保护

运河类人工水道沿线的聚落与历史道路沿线的聚落有一定的相似之处；它

① 山西省朔州市广武地区文物保护规划规划说明，北京清华城市规划设计研究院，2009，P4.

② 38 处大运河遗产点将继续申遗，法制晚报 A10，2014 - 6 - 26，http://www.fawan.com.cn/html/2014 - 06/26/content_498040.htm

们都因交通运输的便利带来长时间的、持续的交流而得到发展，并留下诸多历史遗迹，如我国大运河中有 6 处历史建筑集中的历史文化街区，还有一大批散布于运河沿线各城市的寺庙、衙署、会馆等建筑。

运河沿线的聚落大多至今仍保持着生命力。它们的保护重点不仅包括聚落内部的历史街区和重要的建筑，还包括它们因运河的影响而产生的整体形态和内部空间格局，以及聚落和运河之间存在的其他非物质文化和精神感知方面的联系。

水渠类人工水道沿线的聚落大都位处干旱地区。它们之中的有些在水渠建立之前就已存在，随着水渠的出现而逐渐繁荣；在水渠的灌溉下，这些聚落与周边的环境呈现出极大的反差，如伊朗“舒希达水利系统”所在的舒希达城(图 5-17)。此类聚落保护的重点是聚落的整体形态、平面布局、内部建筑的形式、设计等方面的真实性，但更重要的是它们与水渠和生产性景观之间存在的双重联系的真实。

这两类聚落的具体的保护方法将在“人工水道与聚落的关系”一节予以讨论。

6.5.3　生产性景观的保护

生产性景观是人工水道灌溉作用的产物。在水渠类人工水道中，其景观特征尤其突出。

生产性景观的保护分为两个层次。第一是对生产性的土地利用(农田、林地、果园等)部分的保护，保护方式与谷地聚落中的生产性景观类似，重点不在于材料和实体的真实，而在于形式、用途和功能是否得到延续。第二是对人工水道与生产性景观的组合关系的保护，保护重点既包括人工水道和水利设施的形式和设计，也包括传统的灌溉体系和灌溉技术；水渠与田地的特定组合方式也应得到妥善的保护。其具体保护方法将在“人工水道与生产性景观的组合关系”一节进行讨论。

6.5.4　对要素之间组合关系的保护

1. 人工水道与聚落的组合关系

人工水道穿越的聚落，往往呈现狭长的线状，这是在水道的运输和商业发展的共同作用下产生的。现行的保护规划已经比较重视这种空间格局的保护，如无锡清名桥历史街区的保护规划就将该区域格局归纳为“一核、三线、四面”(图 6-13)，并明确指出，古运河和民族工商业两条历史脉络主导了该历史街区的发展，是格局产生的主要原因。

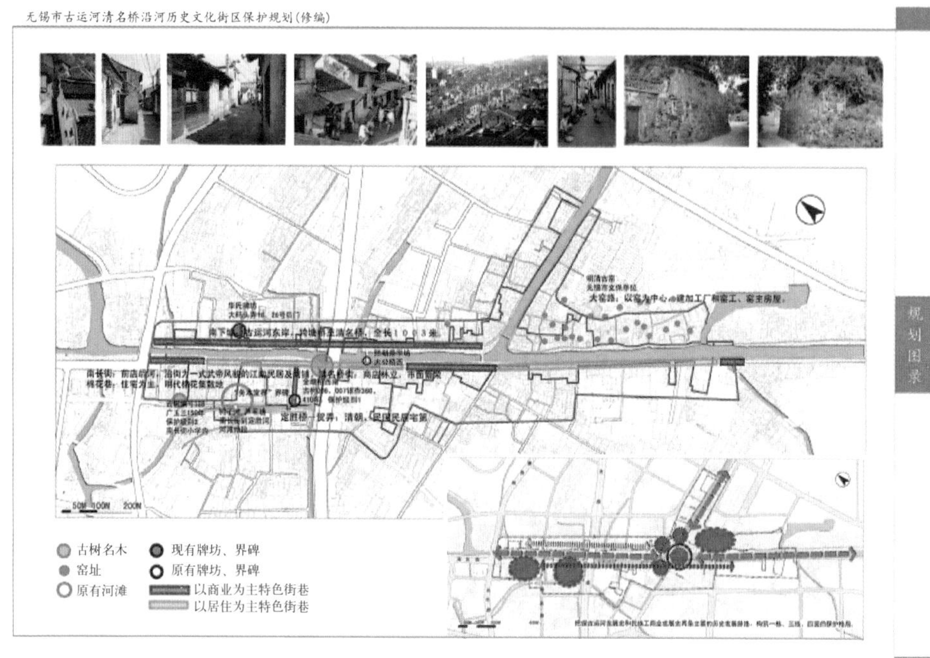

图 6-13　清名桥历史文化街区保护格局(来源：无锡规划网)

聚落内部的格局由道路和建筑主导。道路是聚落空间组织的骨架。人工水道穿越的聚落，出于跨越水系的需要，桥梁会成为聚落中常见的交通设施，并与聚落的道路结合，形成有特色的路网，或与聚落内的建筑结合，形成特征突出的景观节点。典型例子如米迪运河在图卢兹(Toulouse)的跨河桥、里多运河的豕背路平转桥、我国大运河杭州段的拱宸桥、广济桥等。

建筑的特征则体现在其与水体和道路共同创造的空间上。如张帆等人在对无锡清名桥历史文化街区的研究中，归纳了沿运河民居的六种自发性的空间实践模型，分别为“升”、“展”、“挑”、“退”、“折”和“围”，它们都是居民在日常生活中创造的空间利用方式[164]。在对聚落中的建筑进行修复时，需要理解这种空间格局的来源。

2. 人工水道与地形、植被的组合关系

在聚落以外的区域，地形与植被共同组成人工水道景观的大背景，这些段落往往利用自然水体，富有野趣，如里多运河的“里多湖”段落。这些段落的景观特征，往往会受到村庄扩张、道路和其他基础设施建设的影响，如我国徐州的湖西运河沿岸的村庄扩张速度很快，对运河苍茫、辽阔的景观特征造成了一定影响。

这种组合关系的保护主要通过划定缓冲区、进行土地利用控制实现。根据人工水道周边环境的不同，各国划定的缓冲区大小有一定区别。如加拿大里多运河的缓冲区仅为运河本体外扩 30 米，原因是运河附近很少有人居住①；英国庞特斯沃泰水道桥大部分位于谷地，其缓冲区范围止于谷地两侧的山脊线，在缓冲区范围内兴建建筑或开垦田地，需要经过当地遗产管理部门的评估，在确定不会对水道桥的景观造成显著影响的前提下，才能获取施工许可。

3. 人工水道与生产性景观的组合关系

人工水道与生产性景观的组合关系，其保护重点有二。第一是人工水道与生产性景观的组合的完整，生产性景观应当与人工水道一同得到保护；第二是人工水道的独特的形式、设计和生产性景观之间的联系，例如根据作物的不同，水渠的密度、灌溉面积、采用供水方式（重力、泵、暗渠等）都不相同。

以阿曼的“阿夫拉贾灌溉体系”为例，由于认识到水道与需水区域（demand area）自古以来的紧密联系，它们被一同划入保护区域，水道作为核心区进行保护，而农田等需水区域则划入缓冲区（图 6 - 14）。

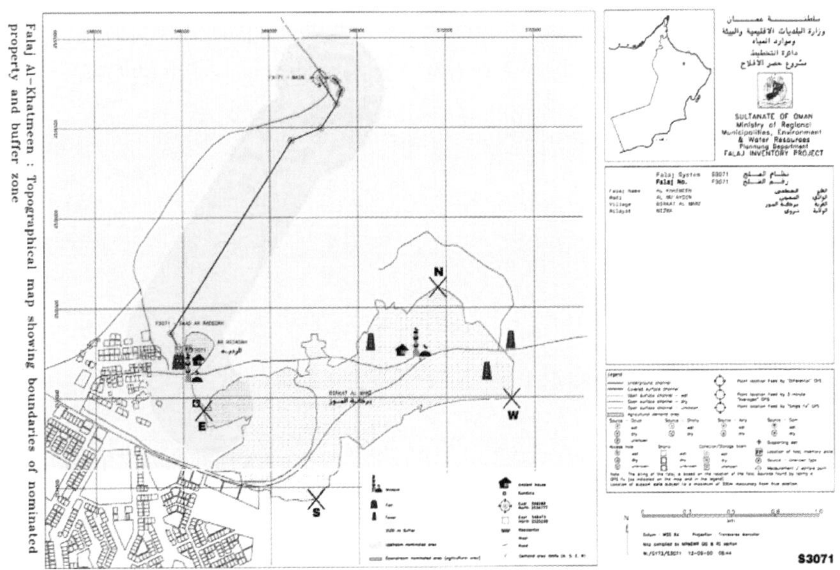

图 6 - 14　阿夫拉贾灌溉体系的保护范围（来源：Nomination file of Aflaj Irrigation Systems of Oman）

① P104, Nomination file of Rideau Canal, http://whc.unesco.org/uploads/nominations/1221.pdf

在水道的形式和设计与生产性景观的联系方面，阿夫拉贾灌溉体系的主水道进入需水区域后，分为一系列支渠；饮用水、灌溉用水和污水通过不同渠道，被小心地分离开来。需水区域的作物和水道存在层叠的组合关系，田地中高大的棕榈树为季节性作物和水道提供了荫庇，既减少了水道的蒸发，也保护了季节性作物，令它们不至于因长时间日照而干枯。随着当地社区的发展，棕榈树等传统作物的种植正在减少，当地政府认识到作物和水道存在的组合关系，通过法令对该区域的作物种类进行了限制，并拆除了一些新建的、与传统风貌不符的建筑①。

6.6 本章小结

本章从景观性格理论的视角，探讨了线性文化景观的保护方式。

具有“突出普遍价值”，且经过真实性和完整性检验的景观要素、景观要素之间的组合关系和它们体现出的景观特征，是线性文化景观需要保护的内容。传统的保护理论通常以主观的方式来评价遗产地的真实性和完整性；而景观性格评估体系为线性文化景观的“真实性”和“完整性”评价提供了有层次的、系统化的工具。通过景观性格评估体系，线性文化景观的“真实性”和“完整性”，可以分解为景观要素、要素之间的组合关系和它们所反映的特征的“真实”和“完整”；不同的要素和组合关系，其“真实”和“完整”的评判标准也不同。

基于以上认识和前一章对景观要素、要素关系及其特征的研究，本章分别讨论了谷地聚落、历史道路、历史边界和人工水道四种线性文化景观的保护方式。

谷地聚落的保护围绕着生产性景观和谷地沿线的聚落两个关键要素，同时要考虑作为地形地貌要素的“谷地”与其他要素的组合关系。

历史道路的保护围绕着道路交通设施和历史道路沿线的聚落两个关键要素，同时要考虑作为“狭长线状区域”主要来源的道路与地形、植被、聚落的组合关系。

历史边界的保护围绕着历史边界的本体（包括隔离物和监视防御设施）和历史边界沿线的聚落两个关键要素，同时要考虑边界与地形、植被、聚落的组合关系。

人工水道的保护围绕着水道和附属设施、水道沿线的聚落和生产性景观三个关键要素，同时要考虑水道与聚落、地形和植被、生产性景观的组合关系。

---

① P24, Nomination file of Aflaj Irrigation Systems of Oman, http://whc.unesco.org/uploads/nominations/1207.pdf

第7章 基于景观性格的线性文化景观发展策略

线性文化景观的发展首先建立在保护的基础上。那些代表线性文化景观“突出普遍价值”，且具有“真实性”和“完整性”的要素、组合关系和特征需要得到保护，它们是线性文化景观的景观性格的主要来源。第 6 章已经对此进行了研究。

同时，线性文化景观还要向前发展。而发展的难点在于控制“度”：什么样的发展策略，能够让线性文化景观在现代社会中既保持动力，又承接传统、持续进化？什么样的发展策略会对线性文化景观的走向发生不可逆转的损害，导致其消亡？这是本章希望讨论的问题。

7.1 作为发展策略评价工具的景观性格评估体系

7.1.1 基于景观性格的发展决策

景观性格评估体系为线性文化景观“真实性”和“完整性”的评价提供了具有层次性和系统性的工具。在线性文化景观的发展阶段，景观性格评估体系仍然可以发挥作用。

根据景观性格理论，线性文化景观可以分为景观要素、要素之间的组合关系和特征，以及从特征中抽象出的景观性格三个层次。“保护”的目的，是留住那些对景观性格的形成有至关重要作用的景观特征，因此着力点在于景观要素、要素的组合关系和特征；而“发展”应当基于对景观性格的理解，创造与传统景观特征相协调的、“和而不同”的新事物。

缺乏对景观性格、景观特征的理解，仅凭借对景观要素的认识而作出的发展决策，可能走向“仿古”、“复古”，这是一种“形似”。此类发展策略不一定会导致线性文化景观的特征和性格的衰退，但是它们是属于过去的，无法代表今天为线性文化景观的发展留下的痕迹。

基于对景观性格和景观特征的理解生成的发展决策，可能创造出在材料、实体、形式、设计等方面与传统完全不同的景观，但它们与传统存在足够的联系，这是一种“神似”。它们是线性文化景观在这个时代发展的实证；在未来，这些“神似”的部分也将成为遗产。

7.1.2　发展决策的具体方法

1. 决策过程

基于景观性格评估的线性文化景观的发展决策，可分为几个阶段：

第一步，对已经完成景观性格分类的线性文化景观进行景观质量评估，确定景观性格的控制目标(哪些段落的景观性格应该增强，哪些段落的景观性格应该保持等)。

第二步，根据控制目标，提取性格产生的景观特征(该性格由哪些景观特征组成?)，并将景观特征落实到关键要素和要素之间的组合关系(哪些要素/要素之间的组合关系产生了这种景观特征?)上。

第三步，根据提取的要素和要素之间的组合关系，确定保护范围(哪些要素/要素之间的组合关系保持不变?)，提出要素的发展策略(哪些改变是可以接受的? 是改造现存要素/组合，还是引入新的要素/组合?)。

第四步，将要素预期的保护和发展状况归纳为纲要，供决策者参考并提出发展策略，或邀请设计单位编制保护规划、发展规划或设计导则(发展策略)。

该决策过程的框架如图 7－1 所示。

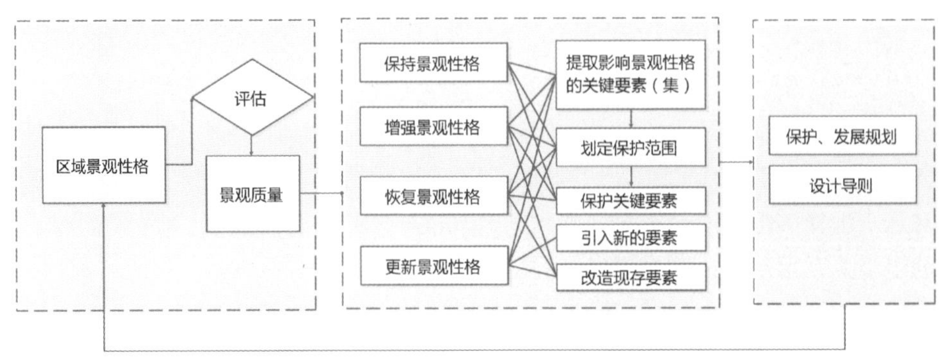

图 7－1　基于景观性格的线性文化景观发展决策过程

2. 进行景观质量评估

基于对景观性格的认识，线性文化景观的质量可以从几个方面进行评估，分别为：景观特征的真实性和完整性，对改变的敏感程度，景观在美学、历史文化和生态上的价值。

(1) 景观特征的真实性和完整性

对于景观特征真实性和完整性的评价，第5章和第6章已有较多讨论，不再赘述。景观特征的真实性和完整性越高，景观的质量就越高。

(2) 景观对改变的敏感程度

对改变的敏感度，主要指具有某一种性格的景观能够承受多少改变，而不会散失这种性格。通常情况下，景观的组成要素越多元化，单个要素对景观的影响就越小，对环境改变的敏感度也就越小，例如建筑类型新旧混杂的谷地聚落，比主要由历史建筑组成的谷地聚落的敏感度要小，即使将其中的旧建筑都拆除换成新建筑，也不会给人以“彻底颠覆”的印象。对改变的敏感度的评价可通过多种因子实现，包括生态系统脆弱性、地表水资源稀缺性、林木覆盖率、自然灾害频发率、周边人类活动的干扰性、进入性与破坏性等[165]。

(3) 美学、历史文化和生态价值

美学、历史文化和生态方面价值的评估，可以通过传统的、以景观资源为基础的评价方法实现，例如香港将这些方面分为“作为自然资源的价值”(value as natural resources)、“地方特色”(local distinctiveness)、“遗产价值”(value as heritage)和“观赏价值”(scenic value)，分别予以评价。每一个方面的价值由一系列因子组成，例如观赏价值列出的因子包括突出性、视觉复杂度、视觉连贯性、对相邻景观性格区域的影响、视觉吸引度、视觉破坏度、水体存在、夜间效果等多项①。

景观质量的评估分为两个方面。一方面由专家进行评估，例如可采用量化或非量化手段，分辨为特征的完整度、改变的敏感度、美学、历史文化和生态方面价值判定等级；另一方面，由公众参与评估，评估方法是采用问卷，结合公众偏好模型，要求以形容词概括被评估的景观特征。例如香港在进行景观性格评估时，提出采用三个级别的“状况”来描述景观的质量(表7-1)。

---

① http://www.pland.gov.hk/pland_en/p_study/prog_s/landscape/tech_report/ch2.htm

表 7－1　香港景观性格评估中对于景观“状况”的描述

标　　准	级别	描　　　述
状况 即评估构成景观特色的正面特色的格局完整性。每一个景观特色区的景观状况会评级为“良好”、“中等”或“差劣”，并会建议相应的景观管理策略（保育/改善/重造）。	良好	自然资源有其连贯的格局，大致上完整无缺和未受破坏，即属状况良好的景观。这意味着如自然地形、自然特征和河道只受到有限度的干扰，而且有大量植被覆盖（包括乡郊地区的自然植被或路旁树木和市区环境装饰性植被）。
	中等	自然资源格局有大面积的改变或范围缩细，即属中等状况的景观。举例来说，乡郊景观若为中等状况，便可能意味着自然地形、河道或植被格局受到某种程度的破坏。就市区而言，则可能意味着地形和坡面有相当大的改变和/或被极其有限的植被所覆盖。
	差劣	构成景观的自然资源在格局方面的质素严重下降，即属差劣状况的景观。这意味着自然地形、自然特征和河道近乎完全被干扰，只有很少或没有植被。

（来源：根据香港规划署网站内容整理，http://www.pland.gov.hk/pland_en/p_study/prog_s/landscape/tech_report/ch2.htm）

线性文化景观的每个景观性格区都可根据这套框架进行评估，并得出景观质量的级别。同时，还需要通过文字描述获取级别的原因。

3. 设定景观性格的控制目标

根据景观性格理论，线性文化景观的保护是通过对景观性格的控制实现的。保护决策应当根据景观性格分区及评估的结果，对每一个景观性格区域提出相应的景观性格控制目标（Landscape Policy Objectives）。这些目标可分为四个类型①：

（1）保持景观性格（maintainance）

主要针对景观质量良好、维护得当，或对改变的敏感度较高的景观性格区域，策略重点是维持对现状景观性格有显著贡献的景观特征，以及景观要素之间的联系，严格控制有可能对景观特征造成破坏的发展行为。例如在植被丰茂的山谷中、保持着良好传统风貌、有大量历史建筑遗存且维护得当的谷地聚落。

① 景观性格控制策略部分内容参考 The Landscape Policy Objectives, Staffordshire Landscape Character Assessment, http://www.staffordshire.gov.uk/transport/publictransport/trains/highspeedrail/county-council/Landscape.pdf

（2）增强景观性格（enhance）

主要针对景观特征明确，但景观性格已经出现一定衰退的景观性格区域，策略重点是维持并修复景观特征和景观要素之间的联系，消除明显的破坏性要素，如拆除对景观特征有影响的、不恰当的新建物，停止不适合的开发活动等等。

（3）恢复景观性格（restoration）

主要针对相比传统的景观性格出现衰退、景观特征有所丧失的景观性格区域。策略重点是维护残余的积极的景观特征（positive landscape characteristics）及景观要素之间的联系，研究历史景观性格，提取历史景观特征和要素，并予以恢复。

（4）更新景观性格（regeneration）

针对现状景观质量较差、不具备恢复景观性格的条件或价值，且对改变的敏感度较低的景观性格区域。策略重点是引入新的景观要素，重塑景观性格。

根据景观性格的控制目标，规划设计单位和决策者就可以进行规划和导则的编制工作，并进一步接受景观性格评估体系的检验。

4. 评估发展策略的影响

景观性格评估体系能够为线性文化景观的提供发展方向的建议，但具体采用什么样的策略则取决于决策者。为了防止“好心办坏事”，景观性格评估的另外一个重要的作用就是评估发展策略对线性文化景观的性格可能造成的影响。

英国的线性文化景观——哈德良长墙，为了了解 SRC 轮伐和芒草种植[①]对沿线景观的影响，就采用景观性格评估体系。首先，“泰恩峡谷和哈德良长墙”区域的景观性格被归纳为 9 个景观特征大类，包括林地、边界特性、聚落、农田等。第二步，分析这些景观特征是由哪些要素构成的，并归纳出数十个小类，例如农田就包括“丘陵缓坡的田园牧歌式乡村景观”、“混杂的耕地”等多种。第三步，分析 SRC 轮伐和芒草种植对这些关键的景观特征的影响，标准分为 PA（具有潜在的不良影响）、N（中性的）、PB（具有潜在的有利影响）三种，根据每个区域的不同情况，分别得出评估结果，例如对于“丘陵缓坡的田园牧歌式乡村景观”，轮伐和芒草种植都是不合适的；而对于“平坦且管理良好的耕地”，轮伐可能造成不良影响，但芒草种植则不会造成太大的冲击（表 7－2）。

① 2000 年，英国政府为了替代化石燃料、减少碳排放，开始实施“能源作物计划”（Energy Crops Scheme），试图在全国的林区、牧区推广 SRC（short rotation coppice，一种白杨属植物与柳树种的轮伐）和一种芒草的种植。由于该计划可能会对哈德良长墙沿线的景观性格造成影响，“自然英格兰”（Natural England）采用景观性格评估体系对新介入的“能源作物计划”进行了评估。

表 7-2 “能源作物计划”对泰恩峡谷和哈德良长墙区域地理景观特征影响的评估(部分)

<table>
<tr><th rowspan="2">景观特征大类</th><th rowspan="2">关键的景观特征</th><th colspan="2">潜在影响(PA,N,PB)</th></tr>
<tr><th>白杨与柳树轮伐</th><th>芒　草</th></tr>
<tr><td>林　地</td><td>峡谷两侧的山坡被阔叶林和针叶林覆盖,北泰恩地区则森林密布</td><td>PA—大面积种植会导致现存的针叶林的边界更加明显
N/PB—尊重了阔叶林区域现存的尺度和格局</td><td>PA—引入芒草将会与现存的林地产生明显的不协调</td></tr>
<tr><td rowspan="2">边　界</td><td>(西部)宏大、规则的墙体围成的围场,处于支配地位</td><td colspan="2">PA/N—若引入,将形成与原格局不同的围场,并因此导致另一种景观特征的出现</td></tr>
<tr><td>(东部)树篱围成的围场</td><td colspan="2">PA/N—在谷地中应避免田地的进一步扩大,也不应移除行列式的树篱</td></tr>
<tr><td>聚落和开发</td><td>地方的林业基础设施(黑克森木材加工厂)</td><td>PB—该基础设施有利于收获和产品运输</td><td>—</td></tr>
<tr><td rowspan="3">农　田</td><td>(西部)丘陵缓坡的田园牧歌式乡村景观</td><td colspan="2">PA—若引入,将破坏田园牧歌的乡村景观</td></tr>
<tr><td>(东部)混杂的耕地</td><td colspan="2">N/A—由规划尺度决定,可能导致景观风貌的丧失</td></tr>
<tr><td>(南泰恩平原)平坦且管理良好的耕地(与丘陵缓坡有所区分)</td><td>PA—大规模种植将导致平原耕地景观特征的消失</td><td>N/PB—与目前耕地上规模化种植作物的方式能够匹配</td></tr>
<tr><td>河流和河岸</td><td>池塘、沼泽和湿地由于农业集约化生产已经消失</td><td>PA—若引入,会加剧农业对池塘等景观的破坏</td><td>PA—若引入,会加剧农业对池塘等景观的破坏</td></tr>
<tr><td>……</td><td>……</td><td>……</td><td>……</td></tr>
</table>

(译自 http://www.naturalengland.org.uk/ourwork/farming/funding/ecs/sitings/areas/011.aspx)

注:PA——具有潜在的不良影响(Potentially adverse),N——中性(Neutral),PB——具有潜在的有利影响(Potentially beneficial)

通过一系列评估,专家们在最终提交的报告中提出,由于哈德良长墙沿线的景观性格非常突出,“能源作物计划”对该区域的景观性格可能产生较大的消极影响,不建议在这里推广“能源作物计划”。

对决策影响的评估,为线性文化景观的保护和发展决策提供了依据,也能够在一定程度上避免将不适合本地的策略进行大规模推广的情况,尤其是在对文化景观的视觉特征影响不显著的策略上。

7.2　谷地聚落线性文化景观的发展策略

在谷地聚落中，生产性景观、聚落和道路交通设施对“改变”最为敏感，它们的变化将影响到整个谷地聚落线性文化景观的性格。一个典型的例子是英国的“德文特河谷工业区”，理查德·奥克莱特发明的水力纺纱机极大地提高了生产力，随之兴起的工业建筑群在短短二十年间，将这条原本具有典型英国乡村风光的河谷，转变为具有现代工业园雏形的工业市镇。

因此，本节将分别研究谷地聚落中生产性景观、聚落和道路交通设施的发展策略。

7.2.1　延续传统的生产性景观

生产性景观的特征对谷地聚落线性文化景观性格的形成有重要作用。

生产性景观受到的威胁主要来自代际转移、收入不足等原因造成的土地抛荒或土地用途的改变，以及随之而来的传统技术和土地利用方法的消失。例如德国莱茵河中上游河谷沿岸、地势较为陡峭区域的葡萄田，因竞争激烈、种植成本过高、限制较多等因素，出现了大面积抛荒（图7-2），现存葡萄园约为极盛时期的1/4①。裸露的土地降低了该区域的景观质量，并导致景观特征的变化。

图7-2　莱茵河谷沿线废弃的葡萄田（来源：http://www.deutscheweine.de）

生产性景观衰退的根本原因在于土地的投入产出的不平衡。从现代社会的认识论来看，绝大部分谷地聚落的传统产业都是原始而低效的，在工业化产品的竞争下，传统产业的生产所得甚至无法维持生存。我国西藏芒康的盐井，当地人长期以来以制盐和贩盐为副业，但随着214国道的整修和青藏铁路的贯通，人们

① P22, Nomination file of Upper Middle Rhine Valley, http://whc.unesco.org/uploads/nominations/1066.pdf

可以更方便地获取质量好、价格低的海盐，盐井出产的岩盐销路越来越差，专业盐户的生存受到严重威胁。以加达村为例，2009 年 3 月“纯盐户计 24 户，146 人……人均（年）收入在 850 元以下的家庭有 18 户 110 人”。当地政府试图改善这种状况，却“因产量低、质量差、高成本、低产出等问题，直接导致产品无法在市场上销售”①。

随传统产业衰亡的还有生产性活动和其中蕴含的传统生产技能。由于收入不足和代际转移，愿意留在土地上的年轻人越来越少，传统生产技能无人传承。另一方面，新技术的采用、工业化机械设备的大规模引进也会导致传统生产技能的丧失，如葡萄牙上杜罗的葡萄种植园就面临这个问题②。

总的来说，生产性景观的用途、功能、传统的生产活动、技术和管理体系应当在发展中得到传承；它与地形和作物的组合关系也很重要。形式和设计、材料和实体的重要性相对低一些，允许在发展中有一定的改变。生产性景观的具体的发展策略包括：

1. 通过生态补偿延续传统生产

生态补偿（Eco-compensation）即通过政府补偿，鼓励传统产业的发展。如英国环境、食品及乡村事务部在 2002 年通过乡村景观资助计划（Countryside Stewardship Scheme），鼓励农牧民维持传统生产方式，并依照景观性格评估的结果对环境进行修复，取得了良好的效果。我国的云南红河哈尼梯田也向农民提供补助，鼓励他们继续种植当地的特产“红米”，保持梯田的景观特征。

生态补偿只能作为扶持传统生产的手段之一，其能否实现主要取决于政府的经济实力。完全通过政府补贴支撑传统产业是比较困难的，也不利于产业的发展。前文的芒康盐井已经为纯盐业户提供补贴，纯盐业户同时还享受国家最低生活保障，但即便如此，盐井的纯盐业户还在继续减少。

2. 通过原产地保护减少外来竞争压力

与平原地区相比，谷地具有独特的自然环境和气候条件，常常生产出富有特色的农产品。如“哥伦比亚咖啡文化景观”登录的一个重要原因就是该地生产的

---

① 数据来源：《纳西民族乡专业盐业户生产、生活调查情况汇报》，纳西民族乡党委、纳西民族乡人民政府，2009 年 3 月。

② Nomination file of the Alto Douro Wine Region, P782, http://whc.unesco.org/uploads/nominations/1046.pdf

咖啡质量很高，在国际上享有盛誉。

对于这些富有特色的产品，实行原产地保护是一种较为常见的做法。欧洲的一系列葡萄酒产区都采用了“限制原产地命名体系”，如法国的卢瓦尔河谷等主要的葡萄酒产区通过 AOC 体系(限制原产地命名体系)，仅向特定区域出产的葡萄酒颁发认证，将传统工艺生产的葡萄酒推向高端市场，抵消了其他地区工业化生产的葡萄酒的竞争，保护了“落后”的手工酿酒产业。我国哈尼梯田的“红米”等也采用了类似的方法。

3. 结合生产发展旅游业

发展旅游业，是谷地聚落普遍采用的策略。欧洲的一系列河谷都提供包括葡萄酒酿造流程参观、葡萄酒品尝等与生产性景观相关的旅游项目；奥地利哈尔施塔特在盐矿停止开采后向游客开放了矿井，将盐矿的采掘过程展示在游客面前，并提供包括乘坐矿车、矿工讲解等一系列体验性的旅游项目，取得了很好的效果。前文所述的盐井也在逐步开发旅游，旅游业带来的收入成为维护井盐生产的动力，岩盐也慢慢从一种生活必需品转变为旅游纪念品。

7.2.2　维护谷地聚落的历史风貌

谷地沿线的聚落在发展过程中遇到的威胁主要来自建设活动。损毁建筑的改造和翻建、聚落扩张、旅游开发带来的房屋的新建活动等都有可能影响聚落的景观特征。这种情况非常常见，如葡萄牙上杜罗的谷地聚落因缺乏控制，当地居民新建了一批尺度较大、缺乏细节的建筑，严重影响了该区域传统村落与葡萄种植园共同组成的田园景观(图 7－3)。

从景观性格的角度，谷地聚落是历史建筑集中的区域，存在着“世外桃源”、“停留在过去”的景观特征。谷地聚落具有的突出普遍价值之一，就是“展示人类历史重要阶段的建筑、建筑群或景观”(标准 iv)，即将过去某一个时期的生活景象如实展现在人们面前。从景观体验者的角度，人们到谷地聚落中寻觅的也是传统、怀旧的意象。因此，谷地聚落的发展应当在整

图 7－3　葡萄牙上杜罗谷地中不恰当的新建建筑(来源：Nomination file of Alto Douro Wine Region)

体上维持传统风貌、在局部体现创新。其具体发展策略包括：

1. 重新利用和有条件的恢复历史建筑

对于聚落中空置或废弃的历史建筑，可在维护其景观特征的前提下重新利用。重新利用应尽量不改变建筑的外观和主要结构；建筑的内部可以进行一定的现代化。

已经严重损坏的历史建筑可以进行修复，但需要有明确、可靠的历史依据。重建应当尽量避免，除非是长期以来形成共识的视觉焦点或著名的景观，且必须有可靠的历史依据。如莱茵中上游河谷的“罗蕾莱展览计划”(Loreley EXPO Project)就包括对政府所有和私人所有的历史建筑的重建计划[①]，这些重建基于早期的绘画和文字记录，以及近代以来的历史照片和测绘图纸。

谷地中的聚落带有“怀旧”的景观意象，因此采用传统营造手段进行的新建活动也是可以接受的。

2. 通过导则控制聚落格局和建筑细节

通过编制导则(guideline)对聚落格局和新建建筑的细节进行控制是一种常见的做法。相比统一的“仿古”行为，导则控制的建设更多样化，也更适应居住者的要求。新建的建筑应当适应聚落的格局，具有与传统建筑相似的特征，但没有必要与传统建筑一模一样。如石见银山的控制导则内容包括建筑群的布局、结构、尺度，以及建筑的屋顶(包括风格、坡度、材料、屋檐、排水沟)、结构、地基、建筑前的狭道和设施，以及石阶、院门、围墙、停车场、附属庭院、行道树等等[②]。导则实施后取得了良好的效果，新建、改建的建筑和保留下来的“街屋”形成了非常和谐的景观效果(图 7 - 4)。

图 7 - 4　大森町街景(来源：http://www.compora.com)

---

① P58, Nomination file of Upper Middle Rhine Valley, http://whc.unesco.org/uploads/nominations/1066.pdf

② P451, Nomination file of Iwami Ginzan Silver Mine and its Cultural Landscape, http://whc.unesco.org/uploads/nominations/1246bis.pdf

3. 鼓励基于传统的社区营造

在文化遗产的保护工作中，为了使整体风貌与现存的遗产相匹配，经常采用统一规划设计的方式进行“修补”。这种方式可以在很短的时间内大面积恢复“历史风貌”，但缺点也非常明显：对建设速度的要求，导致新材料和工业化建筑方法的大规模引入；只追求外观的“形似”，通过符号化的装饰表达传统，最终生成的建筑往往呆板、机械，且大多雷同；建筑与建筑之间缺乏传统聚落自然形成的联系；建筑的内部布局无法适应不同家庭的生活需求。

居住在同一区域的居民持续的以集体行动来处理所处社区的生活议题，通过解决问题的过程，居民之间、居民与社区环境之间建立起紧密的社会联系，这个过程称为“社区营造”。通过推动社区营造来维护聚落的传统性，是近年来许多国家采用的方法。社区营造改变了以政府为主导的聚落发展模式，在导则的限制下，利用普通人的智慧，发展出多种多样的新建筑。如服装设计师松场登美等人在石见银山大森町创办“群言堂”，组织当地居民和外来人士购买、修复历史建筑。一批老久的历史建筑通过恰当的改造，成为既保持传统风貌，又具有现代化的使用空间的场所(图 7-5)，成功实现了该区域的复兴。

图 7-5　松场登美利用旧街屋改造而成的“群言堂”(来源：http://www.gungendo.co.jp)

7.2.3　谨慎发展道路交通设施

谷地聚落大都交通不便，因此在谷地聚落的发展进程中，道路交通设施常成为优先改造的对象。道路交通设施的影响来自两个方面，第一是不恰当的改造或修复，如截弯取直、拓宽等；第二是道路形式的变化，包括兴建高架道路、开挖隧道、新建桥梁等。

在世界遗产线性文化景观中，因道路交通设施的建设严重破坏景观的例子有德国德累斯顿易北河谷的瓦德施罗森大桥(Waldschlösschen Bridge)。该桥梁 2005 年开始建设，由于尺度过大(四车道、长达 636 米)，且位于易北河谷的景观主轴线上，引起了世界遗产中心的关注。在世界遗产中心的干涉下，德累斯顿暂停了大桥的修建工作，并请亚琛工业大学对修建大桥的影响进行评估。亚琛工业大学最终提交的《视觉影响分析报告》指出，瓦德施罗森大桥的兴建将严重影响易北河谷景观(图 7－6)，并造成不可逆的影响[①]。有鉴于此，在 2006 年举行的第 30 届世界遗产大会上，易北河谷被列入濒危名单，世遗中心同时要求德累斯顿立刻终止瓦德施罗森大桥的建造工程，寻找其他解决方案(如采用地下隧道穿越易北河)。2007 年 3 月，德累斯顿所属的萨松自由邦举行听证会，最终该邦最高法院判决：根据德累斯顿的民意，瓦德施罗森大桥将继续建造。11 月，该桥复工。由于工程的持续推进及已经造成的不可逆影响，在 2009 年举行的第 33 届世遗大会上，世遗委员会作出决议，将德累斯顿易北河谷从世界遗产名单中删除。这是世界上第二个被除名的世界遗产，同时也是第一个被除名的文化景观。

图 7－6　瓦德施罗森大桥的视觉影响评估(来源：Evaluation, nomination and management of UNESCO-World Heritage Sites)

从谷地聚落的发展过程来看，道路交通设施的进步是一种必然，也如实反映了文化景观的进化过程。生活在谷地聚落的居民也有权利享受便利的交通。其关键在于如何在平衡道路交通设施的发展和传统景观性格的维持。

1. 采用对景观特征威胁较小的交通方式

对于谷地聚落来说，在道路交通设施发展的过程中，采用对景观特征威胁较小的交通方式是一种优先选择。如前述的瓦德施罗森大桥的案例，在大桥刚刚开始动工时，世遗中心就知会德国有关方面，要求寻求如地下隧道等对景观不会造成太大影响的解决方案。但这种方式意味着较大的施工难度和较高的成本，并且往往还会受到地质条件等现实因素的影响。

---

① http://whc.unesco.org/en/soc/955

2. 通过设计维持交通设施与传统景观性格的联系

在不具备地质条件、没有足够的建设资金等情况下，通过设计上的控制，也能够实现道路交通设施与传统性格的和谐。如 2005 年，德国的"莱茵河中上游河谷"希望在中段威尔米奇（Wellmich）和费伦（fellen）两座小镇之间修建一座跨越莱茵河的桥梁，以解决长期以来两岸只能靠渡轮往返的交通问题，并平衡两岸的经济发展。经过评估，由于费用过高、行人和自行车也难以使用，下穿隧道方案最终被放弃。

2009 年，爱尔兰彭士佛建筑事务所（Heneghan Peng Architectes）的桥梁设计方案赢得国际竞赛。这是一座完全现代化的桥梁，既考虑了与景观的关系，本身也具有独特的造型。为了防止重蹈易北河谷的覆辙，莱茵兰-普法尔茨州邀请亚琛工业大学对大桥可能造成的影响进行评估（图 7-7）。在分析了威尔米奇-

图 7-7　对莱茵河谷威尔米奇与费伦之间规划桥的视觉影响比较（来源：Independent Evaluation of the Visual Impact of the planned Rhine Bridge between Wellmich and Fellen on the Integrity of the World Heritage Property "Upper Middle Rhine Valley"）

费伦区域的文化历史要素、代表性景观，以及自然、文化、历史与景观之间的关系之后，该团队认为，该桥梁的修建不会影响莱茵河谷作为世界遗产文化景观的真实性和完整性。理由包括几点[①]：

- 新建桥梁并不位于莱茵河谷最具代表性的景观区域。
- 该桥梁应当被理解为世界遗产文化景观持续发展的标志，因为桥梁不仅考虑了文脉，还减少了莱茵河两岸经济和社会的矛盾。
- 该桥梁的设计考虑了对景观的影响。这是一件从国际设计竞赛中脱颖而出的作品，其对设计、施工和材料的考虑也都维持了很高的水准。

亚琛工业大学提交的《报告》得到了世界遗产中心的认可。莱茵河谷的景观并未因新的桥梁建设而受到破坏，相反的，新建的桥梁成为河谷文化景观的一部分，增强了该区域的景观性格。

同样位于德国的两个例子充分证明，在谷地聚落发展道路交通设施行建设是可接受的，但必须注意新建物与传统景观性格的关系。从逻辑上来看，这两座现代化的桥梁都可以认为是“有机进化”的标志，是对河谷历史桥梁特征的继承，但前者对传统景观性格表现出“傲慢”，而后者则更加“谦逊”，也因此产生了完全不同的结局。

7.3 历史道路线性文化景观的发展策略

在历史道路线性文化景观中，道路本体和沿线的聚落对“改变”最为敏感，它们的变化将影响到整个历史道路线性文化景观的性格。因此，本节将分别研究它们的发展策略。

7.3.1 逐渐从交通运输转变为观光旅游

对于仍然承担着交通运输职能的历史道路，最理想的状态是继续使用和维护。但随着现代交通方式的发展，这些道路会无可避免地走向衰落。例如印度的大吉岭喜马拉雅铁路曾经是连接西里古里（Siliguri）和大吉岭（Darjeeling）的

① Independent Evaluation of the Visual Impact of the planned Rhine Bridge between Wellmich and Fellen on the Integrity of the World Heritage Property “Upper Middle Rhine Valley”, P13.

主要交通方式，但由于行驶极慢、又经常在雨季因山体滑坡中断，越来越多的本地人转而乘坐汽车或摩托车出行。

在原始的交通运输功能逐渐淡出的情况下，转向观光旅游是一种常用的策略，也是延续历史道路"连接"和"交流"的最好方法。如前述的大吉岭喜马拉雅铁路就成为怀旧火车迷的最爱，由于 55 号国道与铁路基本平行，有不少游客甚至雇用吉普车，与火车同时行驶进行拍摄、到站后再换乘火车继续前进。除大吉岭铁路以外，雷蒂亚铁路一直是旅游者最喜欢的高山铁路线，其三条全景观列车（冰川列车、伯尔尼纳快车和棕榈快车）是到访阿尔卑斯山的游客必选的旅游项目。塞默灵铁路仍然担负着连接格洛格尼茨和米尔茨楚施拉格两座城镇的任务，但也成为一条极受欢迎的旅游线路。

从交通运输转变为观光和体验旅游，不能仅仅做道路本身的文章，还需要沿线的聚落有相应的意识。澳大利亚的大洋路（Great Ocean Road）在内陆高速公路开通后逐渐失去交通干道的作用，但由于道路沿海前进，美丽的景色吸引了很多游客；大洋路沿线的各个城镇纷纷推出自己的旅游主题，争抢前来度假的游客；大洋路沿途也设置了大量解说牌和指路标（图 7－8），将海滩、沉船、国家公园等旅游资源全部串联在一起。无独有偶，美国的 66 号公路（Route 66）在沉寂多年以后，在沿线城镇志愿者的共同呼吁和努力下，成为注册历史道路、重新登上美国地图，并转而成为一条承载怀旧和梦想的公路；密苏里州的一段 66 号公路甚至成为国家公园。动画片、汽车厂牌、导航软件的介入①，让这条道路转而成为自驾车旅游者喜爱的路线之一。

图 7－8　澳大利亚大洋路沿线的解说牌

我国对交通运输类历史道路遗产的关注还比较少。贵州晴隆的二十四道拐抗战公路就曾经长期被遗忘，近年来才重新见诸报端。云南的滇越铁路已有百年历史，虽然有一些遗产点已列为文物保护单位，但也正随着泛亚铁路的开通而

① 2006 年由皮克斯和迪士尼合作的动画片《汽车总动员》是以 66 号公路为背景的；汽车厂牌凯迪拉克（Cadillac）推出的 SRX 汽车以也冠以 66 号公路的名字。此外，Route66 也是智能手机上常用的导航软件之一。

退出历史舞台。尽管云南省各界一直在呼吁对滇越铁路重新利用，也传出滇越铁路与越南联合申遗的消息[①]，但仍然无法阻止它的停运，沿线不少车站已经关闭，有些段落也已拆除，令人遗憾。

7.3.2 通过展示、解说和体验重现“交流”

对于已经失去原有使用功能，转化为化石景观的历史道路，其威胁主要来自各种建设活动的破坏和置之不理而造成的自然消亡。如我国陕西的秦直道屡遭公路建设、油田开发乃至畜牧、耕种的破坏[②]；又如蜀道的“褒斜道石门及其摩崖石刻”在修建褒河水库时，被迁移至汉中市博物馆，原址则被水库淹没[③]。此类道路应当首先完善保护，再谋求发展。其发展重点主要是通过展示、旅游等手段实现道路的重新利用。

通过展示来呈现历史道路的特征，适合那些与聚落结合的、遗留长度较短的历史道路。相比遗存丰富的聚落，这些历史道路“没有东西可以看”，很容易被忽略；展示、解说和体验重现了它们“交流”的场景。如以色列的阿伏达特(Avdat)在穿越古城的“熏香之路”遗址上设计了一组耐候钢雕塑，再现了驼队行走在“熏香之路”的场景。这个简单的设计将雕塑与奥维特的残垣和留存的道路本体组合在一起，在内盖夫沙漠强烈的日光下呈现出非常真实的剪影效果；当游客走到近前，抽象的雕塑又留给他们足够的想象空间。这组基于传统景观性格认识而创作的艺术品，完美地还原了当年纳巴泰人在“熏香之路”商旅往来的繁忙与艰辛(图 7－9)。

Avdat – presentation: "The Frankincense Caravan"

图 7－9　熏香之路阿伏达特段的驼队雕塑(来源：Nomination file of Incense Route — Desert Cities in the Negev)

通过体验来感受历史道路的特征，适合已失去原有功能，但遗留比较完整的历史道路。例如我国安徽、浙

① 滇越铁路申遗期待中越法跨国合作，云南网，2013 年 4 月 30 日 http://news.ifeng.com/gundong/detail_2013_04/30/24816699_0.shtml

② 古道境况堪忧，专家吁为秦直道建馆保护，陕西日报，2011 年 10 月 24 日，http://www.chinanews.com/cul/2011/10-24/3410335.shtml

③ 蜀道申遗靠谱吗？蜀道具备世遗的价值吗？，新华网，2011 年 9 月 20 日，http://cd.qq.com/a/20110920/002617.htm

江的徽杭古道，曾是徽商离家经商的重要通路，现在已经转变为“中国十大徒步路线”之一（图4-14），每年都有几十万名游客前来体验这条商路的艰辛；甘肃瓜州的“玄奘之路”则成为“国际商学院挑战赛”的举办地点，学员们在4天中徒步穿越112公里的戈壁，通过重访玄奘法师当年走过的道路，感受“理想、行动、坚持、超越”的精神。这种体验可以视为一种旅游活动，但是更多带有精神“朝圣”的意味，与行走在朝圣线路上的信徒们相似，体验的目的不仅仅是欣赏景色，更多的是磨练意志、感受文化和寻找心灵的归宿。

7.3.3 发展沿线聚落“和而不同”的景观特征

与谷地中的聚落不同，历史道路沿线的聚落很少凝固在一个时间，而是普遍呈献出“和而不同”的景观特征（见5.3小节的研究）。这种景观特征来源于不同时期、不同风格的历史建筑和景观的叠加，是道路带来的持续文化交流的结果。

严格的导则和整齐划一的重建不适合历史道路沿线的聚落。将它们凝固在一个时间点的做法，无法体现历史道路与聚落之间的互动关系；此类聚落在发展时应当保持“和而不同”的特征，既要保护那些具有历史、文化、艺术价值的遗产，又要审慎而大胆地引入代表这个时代的建筑和景观。

一个较好的例子是圣地亚哥之路的终点、西班牙的圣地德孔波斯特拉（Santiago de Compostea）。这座充满历史建筑的城市1985年登录为世界遗产，随处可见的罗马式、哥特式和巴洛克建筑是城市最突出的景观特征。但这座城市的发展并没有拘泥古典，而是保持了多元文化“混杂”的特性；1993年，由葡萄牙建筑师阿尔瓦罗·西扎（Alvaro Siza）主持设计的加利西亚当代艺术中心（Galician Center of Contemporary Art）落成，这座简洁的现代主义风格建筑就坐落在17世纪的圣多明哥博纳瓦尔女修道院旁，建筑师用本地传统建筑常用的花岗岩向历史建筑致敬，并在尺度和外观上进行了恰当的控制，建筑建成后并未对德孔波斯特拉古城的景观风貌造成破坏，反而形成了一种独特的“和而不同”的效果（图7-10）。而彼得·埃森曼（Peter Eisenman）1999年设计的加利西亚新文化中心（City of Culture of Galicia）则将德孔波斯特拉通往老教堂的五条朝圣线路与地貌融合，同时模仿了地图的经纬，并借用了当地的石材和中世纪的石工技巧，将地域文化糅合到现代的设计之中（图7-11）。

图 7－10　德孔波斯特拉城中，由阿尔瓦多·西扎设计的当代艺术博物馆（来源：http://thomasmayerarchive.de）

图 7－11　德孔波斯特拉城外，由彼得·埃森曼设计的加利西亚新文化中心（来源：http://www.eisenmanarchitects.com/）

7.4　历史边界线性文化景观的发展策略

在历史边界线性文化景观中，历史边界本体和沿线聚落对“改变”最为敏感。历史边界本体应以原样保护为主，第 6 章对此已经进行了详细的阐述。因此本节将主要研究历史边界整体及沿线聚落的发展策略。

7.4.1　结合国家步道和城市绿道网建设

国家步道系统（National Trails）是西方国家 20 世纪 60 年代兴起的回归山野运动的产物。英国在 1965 年开放了第一条国家步道奔宁线（Pennine Way），而美国则在 1968 年开放了阿巴拉契亚步道（Appalachian Trail）和西北太平洋步道（Pacific Crest Trail）。法国、瑞士、奥地利、加拿大等国家也都建设了类似的步道系统。对于步道的选线，各国的出发点都比较类似，即尽量选择那些风景优美、历史文化气息浓厚的区域，尽量避开繁华的城市，为游憩者提供回归山野的体验。

城市绿道(Greenway)与国家步道的出发点相似，其建立的目的一方面是为了限制城市的发展，另一方面是为城市居民提供具有郊野气息的健身和锻炼路线。

结合国家步道或城市绿道网的建设是历史边界可以尝试的一种发展策略。其理由可归结为几种：第一，大部分历史边界位处偏远，又具有禁区性质，有较为丰富的隔离物和巡边道等线性形态的遗存，周边环境良好，稍加整修，即可直接使用；第二，从历史边界的保护状况来看，缺乏广泛的群众参与是导致其破坏的原因之一，步道系统带来的人流和逐渐形成的志愿者组织，可以在一定程度上缓解这个问题；第三，通过国家步道系统可以将历史边界不同主题的段落串联起来，城市绿道则能够带动历史边界与附近聚落的互动。

将历史边界转化为城市绿道在我国已有先例，如位于深圳经济特区的“二线”历史文化绿道。“二线”是中央政府为防止走私、偷渡等行为，于 1982 年 6 月在深圳特区和非特区之间修筑的“深圳经济特区管理线”的俗称(深圳和香港的边界俗称“一线”)，全长 90.2 公里，沿线有高 2.8 米的铁丝网围墙。二线沿线设有 10 个较大的检查站，即俗称的“二线关”，其中绝大部分原样留存至今(图 7 - 12)。2010 年 6 月，国务院批复将宝安、龙岗并入深圳特区，二线失去隔离作用，转化为历史边界，随之引发了深圳市民关于二线是否应当保留的一场大讨论。

图 7 - 12　2011 年，尚未进行改造的一段二线铁丝网及巡边道

图 7 - 13　2011 年，改造为绿道的一段二线铁丝网及巡边道(来源：李妍汀提供)

2010 年，深圳将二线整体纳入市域绿道网络，不仅保留了石板路巡边道、铁丝网、岗楼等文化遗产，保留和美化了沿线环境，局部还增加了一系列驿站节点，成为市民休闲、锻炼的极佳去处(图 7 - 13)。

7.4.2 边界与聚落紧密结合,开展旅游活动

开展旅游活动是历史边界发展的重要方向,但历史边界本身能够作为旅游资源的遗迹游线,如何开展旅游就成了一个待解的问题。裴钰在对我国长城旅游的研究中指出,绝大多数旅行社都把长城的游览时间卡在90分钟到120分钟,旅游的内容是“爬爬长城,扭头就走”,缺乏必要的休闲、娱乐、购物的时间;长城景区严重依赖门票收入,产业链延展匮乏,服务业发展水平很低①。

5.4小节的研究已经指出,历史边界的一个重要的特征,就是由隔离物、监视防御设施和聚落共同组成的严密的防御体系。如果仅仅围绕历史边界的本体发展旅游,难免会出现前述情况。因此,在历史边界发展旅游,不能拘泥于边界的本体,而应当基于对历史边界景观性格中“防御体系”的理解,抓住边界和聚落的联系,将它们作为一个整体进行旅游开发。只有通过这种方式,才能在延续历史边界生命力的同时,延续聚落与历史边界的组合关系。

英国很早就认识到历史边界与聚落同时开发的优点。哈德良长墙在进行考古发掘和旅游发展规划时,失业率较高的地区总是被作为优先考虑的对象,因为这些活动能够创造新的就业机会[166]。

边界与聚落结合开展旅游活动,主要有两种模式:

1. 重现场景,提供边塞文化体验

再现边界对峙的场景是历史边界常用的发展策略之一。如英国文德兰达哈德良长墙的旅游开发,重建了罗马时期的木制瞭望塔、城墙和雉堞,吸引了许多游客;我国长城沿线的一些关城也采用了这种策略,如山海关城。但这种重建有违遗产保护的“真实性”原则。较好的一种策略是增加解说、展示和体验内容,通过动态的方式串联聚落和历史边界。如山西广武在旅游规划中提出新建古代军事主题公园,向游客提供马术、射箭等古代军事活动的体验,游客通过这些活动感受古代守城将士的生活,同时也自觉地将“城”和“墙”联系在一起(图7-14)。

① 长城的保护和开发需要“双转型”,《中国经济周刊》文化遗产开发难题专栏,2010年9月27日。

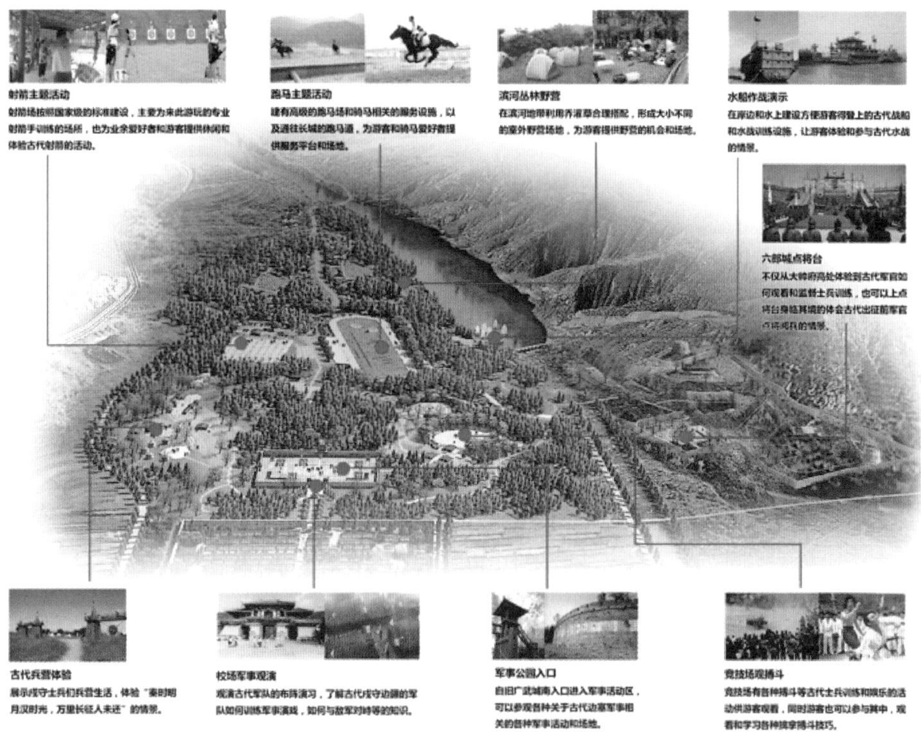

图 7－14　广武旅游区设计的古代军事主题公园(来源:《山西省山阴广武旅游区总体规划及重点地区详细规划》)

2. 注入主题,创造新的利用方式

距城市较近,或聚落本身已经成为城市一部分的历史边界,可以采用注入主题、重新利用历史边界的策略。荷兰的“阿姆斯特丹的防御线”,将防线、阿姆斯特丹的城市遗产和周边的乡村景观结合在一起,每个堡垒都被重新利用、赋予不同的主题,并与附近的城镇、村庄结合形成游线。如沿德雷赫特的堡垒(Fort along the Drecht)的主题是“烹饪之旅”,建立在堡垒内的 Amstelfort 餐厅提供一系列有机食品和葡萄酒品尝服务;游客在参观堡垒之后,还可以到访附近的乌苏尔恩(Uithoorn),享受阿姆斯托河宁静的乡村风光,并了解阿姆斯特丹防线是怎样将水与防御体系完美结合①。防线的旅游开发带动了附近聚落的经济发展,这种方式也值得我国参考。

① http://www. defencelineamsterdam. com/en/discover/discover-cultural-highlights/a-culinary-trip-to-the-fort-along-the-drecht

7.5 人工水道的发展策略

在人工水道线性文化景观中，水道及周边的环境、水道沿线的聚落和水道灌溉的田地对“改变”最为敏感。如我国大运河济宁以北许多段落已经断流，有些甚至已经被农田蚕食，大运河“最具科技含量”的南旺分水工程也随停运深埋地下，景观性格与过去有显著不同。因此，本节将主要研究水道及周边环境、水道沿线的聚落和水道灌溉的田地的发展策略。

7.5.1 重建水道的“连接”和“交流”作用

具有航运功能的人工水道，发展可能对其造成的威胁包括几点。第一是因停航造成的航道淤积、废弃；第二是因吞吐量不足而进行的航道拓宽、改建工程；第三是因土地利用变化造成的沿岸景观特征的改变。从景观性格的角度，维护人工水道的“连接”和“交流”是保证其发展的根本。具体策略包括：

1. 保持航运功能，逐渐向旅游观光转型

根据景观特征和资源禀赋的不同，运河的各段落的发展策略也不尽相同。运河的有些段落直到今天还扮演着重要的角色，如我国的京杭大运河宿迁段是整个大运河最繁忙的航段之一，其城区流经运河长达 16 公里，居运河沿线各市之最①。此类段落，保持现有的航运功能、适当控制运载量是较好的发展策略；可以通过两岸的景观建设，逐渐从航运转向观光。拓宽航道、截流、改道等对景观特征可能产生较大影响的工程应进行评估，避免对景观质量产生消极影响。

另一些运河(或段落)随着铁路、公路、海运等现代交通工具的发展已经结束历史使命，如加拿大的里多运河，现在已不再是主要的货物运输通道；法国的米迪运河也早已不再承担沟通大西洋和地中海的作用。它们穿越的区域既有宁静的乡村，也有开阔的郊野，景观丰富多样，因此普遍转为旅游观光使用。里多运河提供游船、划艇、自驾、骑行、滑雪等多种旅游路线②；米迪运河的许多段落早已成为前往法国旅行的游客必到的景点。

---

① “景点遍布多重价值交汇宿迁如何让大运河再放异彩?”，宿迁晚报，2014 年 6 月 29 日。

② http://www.rideau-info.com/canal

2. 建立遗产廊道，连接沿线各类资源

与其他几类线性文化景观相比，运河跨度大、沿线景观特征变化多样，穿越从城镇到郊野的各种环境。从整体上建立遗产廊道（Heritage Corridor）有助于串联沿线的各类资源，促进其整体发展。

遗产廊道是美国首先提出并采用的区域性的保护方法。遗产廊道是绿道与线性文化遗产保护结合的产物，是拥有特殊文化资源集合的线性景观，通常带有明显的经济中心、蓬勃发展的旅游、老建筑的适应性再利用、娱乐及环境改善[167]；与纯粹强调连接、通行和游憩的绿道、国家步道相比，遗产廊道更注意遗产的历史文化要素，每一条遗产廊道都具有明确的主题。如美国为例，“黑石河谷国家遗产廊道”的主题是“美国工业革命的发源地”；“特拉华与利哈伊国家遗产廊道”的主题是“美国建立之地”；“伊利诺伊-密歇根运河国家遗产廊道”的主题是“美国第一条国家遗产廊道”等①。通过主题的分离，一条运河可以形成完全不同的多条游线，为人们提供不同的旅游体验。

遗产廊道是对运河整体“连接”的一种重建。需要强调的是，遗产廊道的“连接”并不意味着要将运河已经淤积或消失的段落重新恢复。对那些已经淤积、断流或消失的水道段落应谨慎对待，北京的大运河段落“南玉河”就因是否恢复通水引起很大争议。较好的方法是通过其他交通方式连接已经消失的段落，如我国大运河正在建设的“运河遗产小道”，向游览运河的旅行者提供徒步、骑行等多种方式，是一种值得推广的模式。

加拿大借鉴了美国遗产廊道的经验，建设了里多运河遗产廊道（Rideau Corridor），将运河沿岸的一系列城市、国家公园和自然保护区联系在一起，并提供丰富的游程选择。我国对遗产廊道的研究也已不少，其中很多都将大运河与遗产廊道结合在一起，如李伟[62]、奚雪松[92]、朱强[93]、俞孔坚[94-95]等人的研究。但在现实中，除了大运河的整体保护工作在一定程度上借鉴了遗产廊道的理论之外，国内还没有实施的案例。

7.5.2　维护聚落“与水为邻”的特征

无论是沿水形成线状聚落，还是夹水形成水巷、水街的格局，或是坐落在水道一侧、向纵深发展，“与水为邻”都是运河沿线聚落最突出的特征。人工水道对沿线的聚落具有明显的塑造作用，这种水与聚落的关系应当得到维护，并发展出

① 均来源于各遗产廊道的官方网站。

新的空间格局。

有些聚落因运河水道的衰落而沉寂，但留下了相当数量的历史建筑或历史街区。此类聚落的发展必须建立在妥善保护的基础上，滨水空间的修复和更新应当遵循传统风貌，适当的“复古”也可以接受。如我国大运河无锡段的清名桥历史文化街区。

另一些聚落随着经济社会的发展，已经没有多少过去的痕迹，历史建筑零星分布，呈现“混杂”的整体风貌，但保持着当年的格局，从路网、建筑分布到滨水空间都能看到运河水道的影响，如法国米迪运河沿岸的图卢兹等城镇。对于此类聚落，国内常常围绕其中的历史建筑大做文章，通过“复古”、“创古”将它们“恢复”、“打造”为古街、古城，如山东的台儿庄古城①；但此类“恢复”一方面缺乏可靠的依据，无法经受“真实性”的检验，另一方面“恢复”的目标也值得商榷，如台儿庄古城要“恢复到二战之前”，这意味着战后的建设毫无价值，且为什么不是恢复到明、清或其他历史时期？

对于此类聚落，比较好的发展策略是在继承水道与聚落的空间关系的基础上发展新的滨水空间景观。如法国的米迪运河在图卢兹与加隆河相连，图卢兹两岸并没有统一“回到”某个历史时期，而是呈现出多样化的景观风貌，只是在空间格局上保持着传统的运河与城市的关系（图 7－15）。加拿大的里多运河渥太

图 7－15　法国米迪运河图卢兹段景观（来源：http://hopeeternal.files.wordpress.com）

① 台儿庄在 1938 年 3—4 月的“台儿庄大战”中成为中日双方争夺的主战场，城内大部化为废墟，根据 2008 年编制保护规划时的勘察，仅有不到 30 处建筑具有一定的历史价值（包括文物保护单位）。其中位于古运河（月河）沿岸的不足 10 处，主要是古码头。其余建筑均为战后重建，大部分是建国后建设的。

华段也是如此；由 bbb 建筑事务所设计的、以大面积玻璃幕墙为主的“渥太华会议中心”与附近的历史建筑尽管在外形上有很大差别，但在高度、形态和滨水空间的处理上达成了较为和谐的效果，维持了水道与聚落中的公共建筑的传统关系（图 7－16）。

图 7－16　加拿大里多运河渥太华段，渥太华会议中心与附近的历史建筑（来源：bbb architects）

7.5.3　延续水道与生产性景观的联系

大多数水渠类人工水道都属于持续性景观。水渠与生产性景观的紧密联系是水渠类人工水道的突出特征之一。

发展对水渠类人工水道造成的威胁主要来自几个方面：第一是新技术造成传统灌溉方法的淘汰，进而导致生产性景观与水道关系的割裂；第二是水源断绝造成水渠闲置、废弃，进而影响生产性景观的生存；第三是水渠的维护方式、灌溉体系没有得到传承。

从水渠与生产性景观的关系来看，营造技术和灌溉传统的保持是发展的根本。只要水道与生产性景观的联系没有丢，即使更新了水道设施，或改变了农田的形态和作物的种类，都是可以接受的。如我国新疆的吐鲁番，在传统营造技术得以保持的情况下新建了不少现代坎儿井，它们与已经受到保护的诸多古代坎儿井一同发挥着作用；又如伊朗的舒希达历史灌溉系统引入了一些现代材料对输水渠进行修复，种植的作物也不再局限于过去的种类，但根据管理规划的规定，从该灌溉系统获取的水资源仍然只能用于本地的农业和畜牧业，水道与生产性景观的组合关系并没有断裂。

从具体策略来看，要延续水道与生产性景观，既要将水道作为一种遗产，又要将它们作为一种活态的生产设施。一方面要控制灌溉规模，防止水资源枯竭；另一方面要谨慎发展现代水利设施，防止传统技术在竞争中被淘汰。另外，还可以通过发展旅游等手段，对使用传统灌溉方式产生的"效率损失"进行补偿，保证这种生产方式的可持续。

1. 控制灌溉规模，谨慎发展现代水利设施

现代水利设施（如水库、水坝、深井等）的建设对水渠类人工水道来说是一把双刃剑。它们可以起到蓄水、调水的作用，在一定程度上缓解水资源紧张的问题，但也容易影响传统水渠的灌溉作用。如伊朗舒希达历史灌溉系统中的达利安运河（Dâriun Canal）近年来安装了一系列新的灌溉设备，对景观和传统灌溉的方法造成了很大影响。我国新疆吐鲁番地区近年来大量引入机井技术，由于机井投资少、效率高，传统的坎儿井的使用率逐年下降；同时，机井对地下水的快速抽取也导致许多坎儿井失去水源，逐渐坍塌、消失。

前文的研究已经指出，水渠类人工水道建设的区域大多原本干旱缺水，传统水渠与生产性景观的组合通过长期"试错"，形成了稳定、可持续的发展模式；现代技术引入之后，水资源被过分攫取，尽管可以在短时间内扩大农业生产的规模，但可能最终导致地下水位下降、水资源枯竭，得不偿失。因此，水渠类人工水道应当控制灌溉规模、谨慎发展现代水利设施，并探索传统灌溉模式更优的利用方法。

2. 通过发展旅游，反哺农业生产

这种策略主要针对传统水渠灌溉成本高、无法维持的问题。如我国河南安阳的红旗渠面临水源不足的问题。1997 年红旗渠首次出现断流，年引水量仅为 0.7 亿立方米（建成时年引水量达 3.7 亿立方米）。2002 年的断水更是严重影响了沿线乡镇农田的灌溉，不得不通过购水解决，造成当地农民用水成本大增。为了解决这个问题，红旗渠近年来提出"买卖水权＋旅游淘金"的策略，一方面不断发展旅游，扩大收益，另一方面，将旅游收入投入市场，从上游山西省购买水资源，满足当地群众灌溉的需要。尽管还需要通过政府补贴，但这种方式维持了水渠的运转、保证了灌溉的正常进行，在传统和发展之间取得了平衡。

7.6 本章小结

本章以前文归纳的四种线性文化景观的景观性格为基础，研究了线性文化景观的发展策略。

谷地聚落是带有“桃花源”性质的线性文化景观，其中最易受到发展影响的是生产性景观、谷地沿线的聚落和谷地中传统的道路交通设施。对于生产性景观，继承传统、延续生产，是较为理想的发展策略；具体而微，可以通过生态补偿、原产地保护、结合生产发展旅游业等策略弥补传统生产方式低效的缺点。对于谷地沿线的聚落，维护历史风貌是较为理想的发展策略；可以通过重新利用和有条件的恢复历史建筑、通过导则控制聚落格局和建筑细节、鼓励基于传统的社区营造等方式，实现“怀旧”气息的传承。对于道路交通设施，应当尽量采用对景观特征威胁较小的交通方式，并通过设计维持交通设施与传统景观性格的联系。

历史道路是强调“连接”与“交流”的线性文化景观，其中最易受到发展影响的是道路本体和沿线的聚落。对于仍然保持着使用功能的道路，理想的发展策略是保持使用和维护，在无以为继的情况下，可以逐渐从交通运输过渡到旅游观光；对于已经失去原有功能的道路，展示、解说和体验能够重现“交流”的场景。历史道路的“交流”作用，为沿线聚落带来了“和而不同”的景观特征，在历史道路的发展过程中，这种景观特征应当继续得到发展，而避免走向复古的道路。

历史边界是“封锁”、“隔离”和“对峙”的线性文化景观，其中最易受到发展影响的是历史边界本体和沿线的聚落。历史边界的本体是需要得到保护的景观要素，结合国家步道和城市绿道网建设有助于它的保护和重新利用。历史边界与聚落组成完整的防御体系，这种组合关系应当被今天的发展所继承；通过将它们结合开展旅游活动，可以让游客感受到“封锁”、“隔离”和“对峙”的景观性格，感受到战争的残酷和和平的可贵。

人工水道与历史道路相似，也是强调“连接”与“交流”的线性文化景观；具有灌溉功能的人工水道也塑造了一批位处险恶环境中的“绿洲”。人工水道最易受到发展影响的是水道本体、水道沿线的聚落和水道灌溉的生产性景观。对于仍然保持着使用的人工水道，理想的发展策略是保持使用和维护，在无以为继的情况下，向旅游观光转型；同时，通过建立遗产廊道、连接沿线各类资源，可以重建水道的“连接”和“交流”作用。对于人工水道沿线的聚落，“与水为邻”、“逐水而生”是最突出的特征，应当在发展中予以尊重和维护；对于水道灌溉的产物——生产性景观，应当控制灌溉规模、谨慎发展现代水利设施，结合旅游的反哺，保证传统的、可持续的农业的生存。

第8章 线性文化景观保护与发展的实证研究

8.1 概　　述

8.1.1 作为线性文化景观的闽江福州段

本章实证研究的对象是位于福州市闽江沿线的文化景观(以下简称"闽江福州段")。

闽江是福建省最大的河流,建溪、富屯溪、沙溪三大支流在南平市附近汇合,穿过沿海山脉,在福州南台岛分为北侧的闽江和南侧的乌龙江,在马尾罗星塔附近复合二为一,折向东北、注入东海。闽江的福州段属闽江下游,江水流速平缓,在竹岐一带受潮水影响,沉积作用显著,沿江有一系列的沙洲发育。

作为国家级历史文化名城,福州的大多数遗产都位于闽江沿线(图 8-1)。这条重要的历史文化廊道孕育了 2 处国家级历史文化名村(闽安、琴江)、5 处省级历史文化名镇名村(林浦、螺洲、阳岐、南屿、青口)、1 处历史街区(上下杭)、2 处历史风貌区(洪塘、烟台山)。

根据《福州历史文化名城保护规划(2012—2020)》(简称《名城保护规划》,下同)的要求,闽江福州段应突出古文化遗址、古村落景观、近代史迹和沿线山水景观等特色,控制闽江沿岸建设的空间尺度,协调城市新区现代景观和闽江自然生态、历史人文景观的关系,逐步创造与历史传统文化风貌一脉相承又富有时代感的滨江城市景观特色。

本章将景观性格的角度解读闽江福州段作为线性文化景观的功能和价值,并阐述笔者通过建立的 GIS 地理信息系统将景观性格框架应用于保护规划的经验。

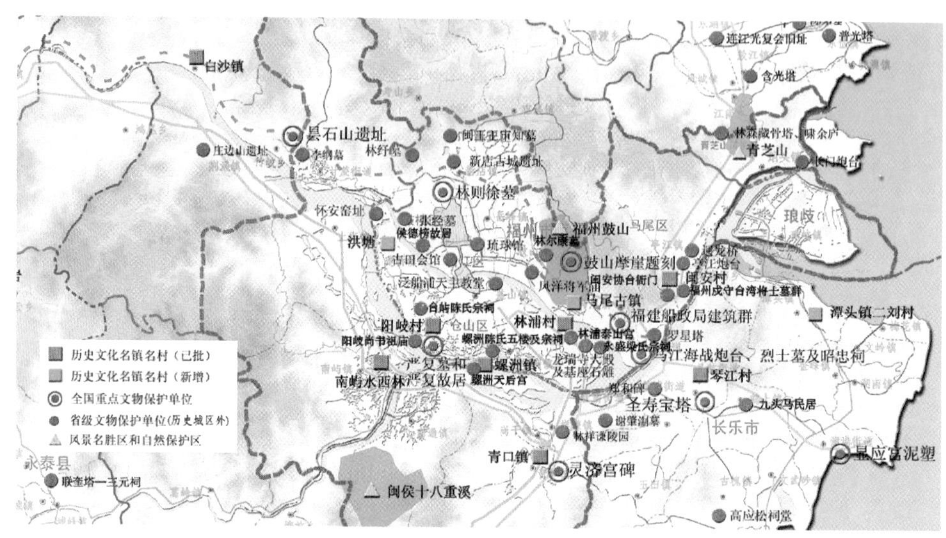

图 8-1　福州闽江流域文化遗产分布图(来源:《福州历史文化名城保护规划(2012—2020)》,同济大学国家历史文化名城研究中心)

8.1.2　与文化线路——“海上丝绸之路”的关系

古代闽越人“处谿谷之间,篁竹之中,习于水斗,便于用舟,地深昧而多水险”①,复杂的地理条件令先民熟练的驾驶舟船。随着闽越族与中原南渡汉人的融合,凭借濒临台湾海峡的独特优势,福建沿海地区逐渐出现享有盛誉的商贸中心,如福州的一系列港口(东冶港、甘棠港、邢港等)、泉州港(刺桐港)、漳州港(月港)等。其中开辟于汉代的东冶港是福州海上丝绸之路之肇始。

唐中期至五代,福州的海上交通贸易处于空前繁荣的状态。王审知家族治闽期间,福州增开甘棠港,香料、象牙等异域的珍贵货物通过“海上丝绸之路”源源不断地输入,同时也将丝绸、茶叶、纸和瓷器等输出到朝鲜半岛、日本、东南亚和阿拉伯地区。到宋元时期,瓷器逐渐成为海路出口的主要货物,福州境内的淮安窑、闽清义窑、闽侯南屿碗窑、连江浦口窑都是重要的瓷器产地,怀安窑烧制的瓷器在日本、泰国、文莱、越南等地都有出土。

2012 年 11 月,“海上丝绸之路”被国家文物局列入申遗预备名单,由蓬莱、扬州、宁波、福州、泉州、漳州、广州、北海、南京 9 个城市联合申报,申报类型为遗产线路(文化线路)。其中“海上丝绸之路·福州史迹”的 6 处文物点有 5 处位于

① 《汉书》卷六十四上《严朱吾丘主父徐严终王贾列传上·严助》。

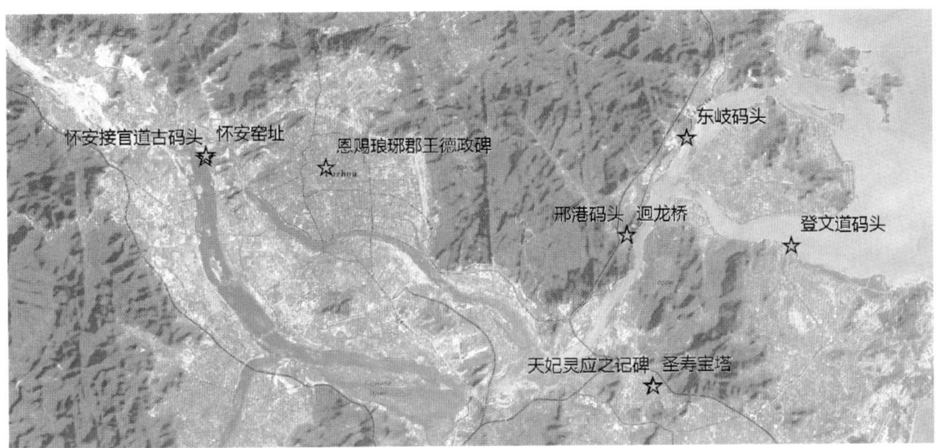

图 8 - 2　海上丝绸之路・福州史迹文物点(来源:"闽江福州段 GIS 数据库"截图)

闽江沿线[①](图 8 - 2),闽江福州段因而成为"海上丝绸之路"文化线路的重要段落。

根据申遗预备文件,"海上丝绸之路・福州史迹"符合世界遗产的提名标准 ii、iii、iv 和 vi,分别对应"持续的价值观的跨海交流"、"作为交流的例证"、"中国古代港口与木建筑的杰出典范"和"郑和下西洋及鉴真东渡等重大历史事件"。

从"海上丝绸之路・福州史迹"的遴选情况来看,可分为海港设施(如几处码头、迴龙桥、圣寿宝塔等)、外贸商品生产基地(怀安窑址)、文化交流产物(恩赐琅琊郡王德政碑、天妃灵应之记碑)三种类型。这些入选的遗产点无疑具有很高的价值,但是也面临着一些问题:

(1) "代表性"过强。

为了保证世界遗产"突出的普遍价值",在提交申遗点时,一些与海上丝绸之路相关的文物点最终被去除,例如位于新店的王审知墓。

(2) 文化线路对具体的文化景观遗产缺乏指导性。

文化线路是一种巨尺度的文化遗产,更关心全体遗产点作为一个集合的整体价值,对具体的点或段落并不关注。在"福州史迹"中,作为海上丝绸之路的重要遗产,同时也属于持续性的线性文化景观的闽江水道并没有被纳入"海丝"范畴,邢港水道虽然被提及,但对于这种仍然在使用的活态景观遗产,地方也不具备太多的管理经验。

---

① 分别为:恩赐琅琊郡王德政碑(鼓楼区)、怀安窑及码头(仓山区);迴龙桥及邢港码头(马尾区);东岐码头(马尾区)、登文道码头、圣寿宝塔和天妃灵应之记碑(长乐市)。其中恩赐琅琊郡王德政碑位于市区。圣寿宝塔和天妃灵应之记碑位于长乐南山,今天已是市区,但在明代南山三面临水,郑和船队长期驻泊于山脚的港口"镇门前"。

(3) 遗产点本身虽然得到维护,但周边环境正在受到破坏。

文化线路并不是一种区域性遗产,而是一系列遗产点或区域的集合。在本地的区域性遗产未能得到保护的情况下,作为其一部分的遗产点无异于文物的“升级版”,如怀安窑址东南侧已经建起规模庞大的别墅区,怀安五帝庙甚至与小区门卫处隔路对望。

(4) 登录遗产点与周边相关遗产点的关系被异化。

由于延续了文保体系的思维,登录遗产点与周边相关的其他遗产点具有不同的等级,例如恩赐琅琊郡王德政碑是闽王祠中的一块碑,碑为省级文保单位,祠为市级文保单位。作为福州重要的地方信仰、同时与闽王祠等物质遗产共同组成文化景观的“闽王崇拜”并没有被考虑在内。

显然,重视跨文化性、重视整体性的文化线路,在对本地遗产的关注上缺乏可操作性,如闽江福州段这样的案例,仍然需要通过分拆为线性文化景观,才能进一步落实保护和发展。

8.2 作为线性文化景观的闽江福州段类型研究

根据第 4 章对线性文化景观进行的类型研究,从历史演变和线性文化景观整体成因两方面来看,闽江福州段兼有谷地聚落、历史道路和边防线路三方面属性。

8.2.1 作为谷地聚落

闽江自西北向东南流经福州。安仁溪口以上,闽江横切鹫峰-戴云山脉,形成峡谷,江面狭窄、水流湍急;安仁溪口以下河谷开阔,水流平缓,在阶地上形成面积较大的平原。闽江福州段沿线的一系列聚落都建立在该阶地平原上。

根据 4.2.3 小节的归纳,可以从几个方面解读闽江作为谷地聚落类线性文化景观的价值:

(1) 早期人类生存繁衍的例证。

福州市境内发现的早期人类遗址相当数量分布在闽江沿线的近山平原上,并与闽江支流或入海口保持着紧密的联系(图 8-3)。典型的例子有位于闽侯甘蔗的昙石山遗址,经过考古发掘的贝壳、螺壳厚度达 1 米①。又如位于闽侯白

① 新石器时代昙石山一带属闽江入海口。

沙的溪头遗址，濒临闽江支流的溪头溪，不仅发现了与昙石山遗址相同的贝壳堆积，还有陶片、青瓷等出土。这一系列早期聚落既有共同的年代地层，又各显分异，反映出“相继占用”的历史进程，同时也是先民在此生存繁衍的例证。

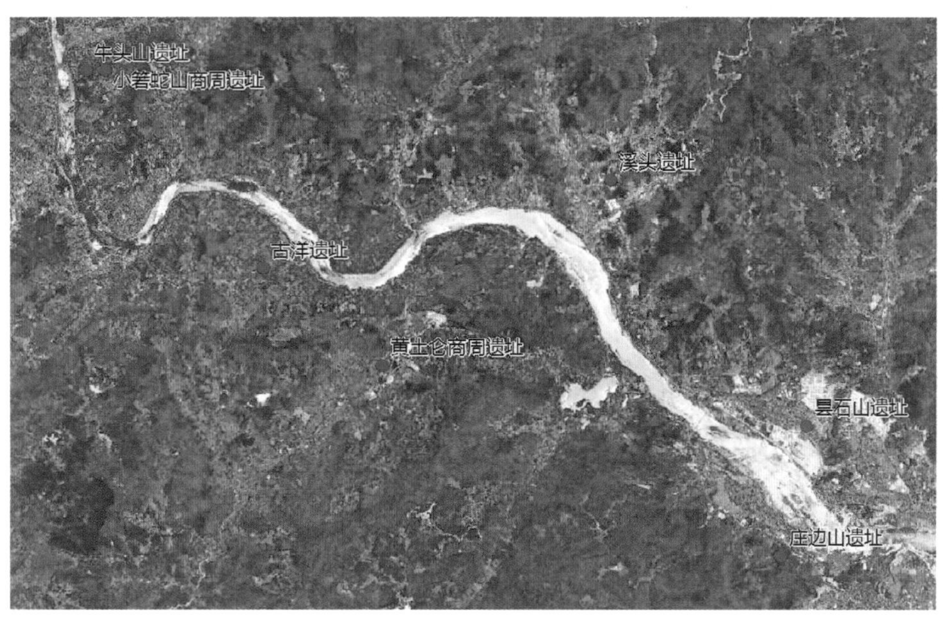

图 8-3　闽江福州段沿线的早期人类聚落遗址(来源:“闽江福州段 GIS 数据库”截图)

(2) 与环境融合的独特生活方式。

闽江在进入福州以后流速变缓，产生了相当面积的冲积沙洲。属福州市区的台江，其南部就是在宋代因泥沙淤积而形成的。特殊的自然环境因而造就了一系列独特的生活方式，如疍民①创造的“连家船”，从西方摄影术进入福州以来就一直是闽江上独特的风景(图 8-4)，至今仍然能偶尔见

图 8-4　20 世纪初闽江万寿桥旁的疍民“连家船”(来源：哈佛大学燕京图书馆)

① 疍民是闽江流域特有的群体，他们以船为家，终生漂泊于水上，极少上岸；主要从事以渔业、运输、挖沙等职业。疍民的姓氏有许多与水有关，其文化、语言、习俗、信仰都与陆地居民有所不同。据建国初期统计，闽江流域的疍民约有 3 万人。“福州疍民渔歌”是福州市第二批、福建省第三批非物质文化遗产。

到。早期沿江居民兴建的旧式柴栏厝，为了在汛期避免上涨的江水的袭击，相当一部分营造为底层架空的“提脚式”，具有独特的风貌。这些依水而居、以水为邻而产生的独特生活方式在闽江沿线广泛分布，体现了人类对环境的认识和接纳。

8.2.2 作为历史道路

福建多山，境内山地、丘陵占全省总面积的 80%以上，不利于陆路交通建设；作为重要的沿海省份，福建直到 1956 年才拥有第一条铁路。长期以来，闽江都是福建省最重要的物产输出和人口迁徙通道；唐宋的海上丝绸之路、瓷器贸易之路，以及明代的郑和下西洋和近代“五口通商”后的茶叶之路都与闽江福州段有重合。福建是重要的侨乡，相当数量的侨民通过闽江水道乘船前往菲律宾、马来西亚和印尼等东南亚国家。

根据 4.3.4 小节的归纳，可以从几个方面解读闽江作为历史道路类线性文化景观的价值：

(1) 促进物质交换与思想交流。

闽江自古以来是物质交换的重要通道。建窑和怀安窑的瓷器、闽西北的木材和茶叶等通过闽江水道出口到世界各地。随“百货随潮船入市，万家沽酒户垂帘”的胜景出现的还有多元文化的传播和思想交流，闽江畔烟台山的近代西洋建筑群、魁岐福建协和大学中西合璧的校舍等都是典型的例子。自海陆经闽江传播的还有各类宗教，如基督教、天主教、伊斯兰教，闽江沿线至今仍有相当数量的遗存。

(2) 见证重要的历史时期。

闽江水道因“海上丝绸之路”而兴盛，在中唐至五代达巅峰，又随泉州港的崛起而逐渐衰落；在福州“五口通商”之后，闽江水道再次复兴，并在 1853 年之后进入全盛期，其原因是太平天国运动阻断了武夷山到广州和上海的茶路，由美国旗昌洋行开辟的经闽江到达马尾港的通路成为茶叶出口的主要路线；随着武夷山的茶叶被引种到印度大吉岭、茶叶贸易减退，闽江水道又迅速衰落下去。闽江水道的兴衰是各个时期政治、经济、文化的具体见证。

(3) 对沿线聚落的深远影响。

闽江水道的存在深远影响了两岸城镇聚落的发展。闽江贯穿福州五区中的四个(仓山、台江、晋安、马尾)，此外还有闽侯、连江、长乐三县与闽江相连。台江的上下杭历史街区、仓山的烟台山历史风貌区、长乐的十洋街，以及闽江出海口的马尾港，都是闽江水道商贸繁荣的产物。

8.2.3　作为边防线路

闽江福州段是东南沿海重要的边防线路，尤其是马尾至闽江出海口的一段，“自五虎门而上，黄埔、壶江、双龟、金牌、馆头、亭头、闽安皆形势之区，而金牌为最要。自闽安而上，洋屿、罗星塔、乌龙江、林浦皆形势之区，而罗星塔为最要。马尾地隶闽县，距罗星塔之上游，三江交汇，中间港汊旁通长乐、福清、连江等县，重山环抱，层层锁钥。”①从明代开始，中央政府及戍边军队就利用闽江出海口易守难攻的地形建立了一系列防御性的海防聚落和炮台。清初期，以郑成功集团为首的抗清势力长期在福建沿海活动，清政府又在明代的基础上对闽江的海防设施进行增建；1866—1885 年间，随着福建船政局的创办、福建海军的建立以及日本侵占台湾、中法马江海战等一系列重大事件的发生，闽江出海口的海防战略地位达到了前所未有的高度。

根据 4.4.3 小节的归纳，可以从几个方面解读闽江作为边防线路类线性文化景观的价值：

图 8－5　1872 年同兴照相馆拍摄的福建水师圆山水寨(来源:“福州老建筑百科”网站)

(1) 对自然环境的利用。

闽江的海防炮台是沿闽江夹岸纵深布置的，而分布在我国各省的明清海防炮台群绝大部分沿着海岸线设置，与福州相似的仅有珠江口的虎门炮台群。其中利用两岸山体掩护，形成对射火力网的炮台布置(如南岸炮台和北岸炮台、金牌炮台和长门炮台)很好是对自然环境利用的极佳体现。位于闽江中大屿岛的圆山水寨设置了双层明暗炮台，还特地设计了地下通道以便守军撤退，是闽江寨堡的突出代表。

(2) 对沿线聚落的推动作用。

自明代以来，闽江一直是海防的后备基地和海军的驻扎地，闽江沿线的一系列聚落都与海防有关。例如长乐市琴江村系清廷派驻的“三江口水师旗营”所筑；马尾闽安村有“戍台文化活化石”之称，为清“闽安水师左右营”驻地；连江长

① 《船政奏议汇编》卷三，光绪戊子年刊 7—10 页。

门村在清代就设立有长门提督衙门，民国时还设有闽厦要塞司令部[①]。这些村落直到今天仍然保留着当年的格局，许多人家世代在海军服役，琴江更是福建省唯一的满族聚居村，至今仍有“台阁”等北方旗人风俗流传。闽江沿岸的一系列聚落是戍边将士迁徙的见证，同时也是边防活动推动的结果。

(3) 先进的军事科技。

作为海防的最前线，闽江口和闽江沿岸的军事布防采用了一系列当时最先进的军事科技。例如长门炮台是中国现存最大的古炮台，清代装备有 9 门德国产克虏伯大炮[②]，是当时世界上最先进的海岸炮之一[③]；马尾造船厂生产出的中国第一艘钢甲巡洋舰、第一艘鱼雷快艇、第一架水上飞机等均在闽江沿线试航、试飞。这些例子都证明了闽江作为边防线路的重要性。

8.3 闽江福州段资源景观性格分类评估

8.3.1 区域尺度的景观性格分类

1. 概况

闽江福州段沿线地貌复杂，景观变化较多。自水口坝以下的闽江下游区域，江面逐渐开阔、流速减缓；过竹岐后，又因潮水顶托产生显著的沉积作用，沿岸发育一系列沙洲和边滩。位于福州市南部的南台岛是闽江上最大的岛屿，闽江在该处被分为南港(乌龙江)和北港(马头江，通常也称“闽江”)两支。南港的水量较北港大，并有支流大漳溪汇入，但河道曲折宽浅，泥沙淤积严重。北港平直狭深，是传统的航运通道。

研究选取的段落始于南北港分界的怀安半岛，终于闽江出海口的琅岐岛，全长约 60 公里。

2. 提取景观性格

根据近两年的现场踏勘情况，研究将影响闽江福州段的要素归纳为以下几

---

① 《福州市志》第 6 册，“民国时期军事机关和驻军”，http://www.fjsq.gov.cn/showtext.asp?ToBook=3201&index=816

② 《连江县志》，“八、长门炮台”，http://www.fjsq.gov.cn/ShowText.asp?Tobook=3187&index=1665&Query=1&

③ 厦门湖里山炮台的同型号“炮王”，是世界上现存的制造于 19 世纪的最大海岸炮。

种：地貌、水体、交通设施、植被、土地利用、聚落（表 8－1）。根据景观性格提取的过程，如果一片区域的多个景观要素与另一片区域有明显不同，它们就被认为拥有不同的景观性格。

表 8－1　闽江福州段景观要素

要　素	特　　　征
地　貌	沿线有一系列孤山、残丘，下游有一系列岛屿风积地貌发育，还有相当数量的冲积沙洲。
水　体	线性要素，主要是闽江及其支流，包括因江中岛屿的存在产生的分支。不同段落的江面宽度、水深、流速等具明显不同。
交通设施	包括高速公路、城市主干道、城市道路、支路、江滨休闲道等。
植　被	沿线植被覆盖率较高，主要包括阔叶林景观、松林景观、杉木林景观、竹林景观、经济林景观、灌木林景观等几类。其中阔叶林主要分布在偏远地区，杉木林、松林景观占优势地位[168]。
土地利用	除用于居住建设土地外，沿线还有大量利用冲积沙洲开发的农田、果林；此外还有一些大型工业生产和仓储用地。
聚　落	沿线有一系列的村镇，福州市的三个主城区也分布在闽江两侧。其中一些人口稠密，有相当数量的高层建筑，另外一些保持着传统的格局和风貌，还有一些在城市扩张过程中已经转变为具有混杂景观的聚落。

3. 景观性格分类

结合上述分析，研究将本区域的景观性格划分为 12 个类型。利用 ArcGIS 可绘制出相应的景观性格分类图（图 8－6），并生成各区域索引、列举出每个区域对应的要素的关键特征（表 8－2）。

通过分析近 10 年该区域的卫星遥感影像，并与早期地形图和历史地图进行比较，研究发现，闽江福州段在 2002 年以前基本保持传统格局，在 2002 年以后开始出现较大规模的建设，并在 2009 年达到高潮。大规模建设活动造成沿线土地利用格局的显著变化，例如城区范围扩大、沙洲和湿地消失等，这些变化直接影响了区域的景观性格。为了直观地反映这种变化，保证评估工作的进行，研究同时提取了 2002 年和现状的景观性格，并对它们进行了比较。

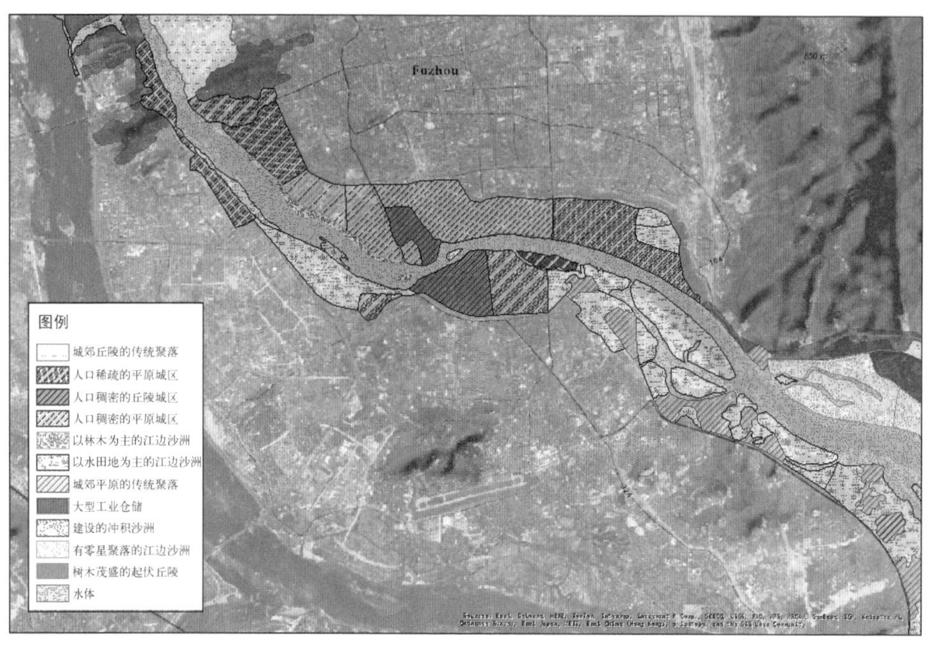

图 8-6　闽江福州段景观性格分区(2002 年,局部)(来源:“闽江福州段 GIS 数据库”截图)

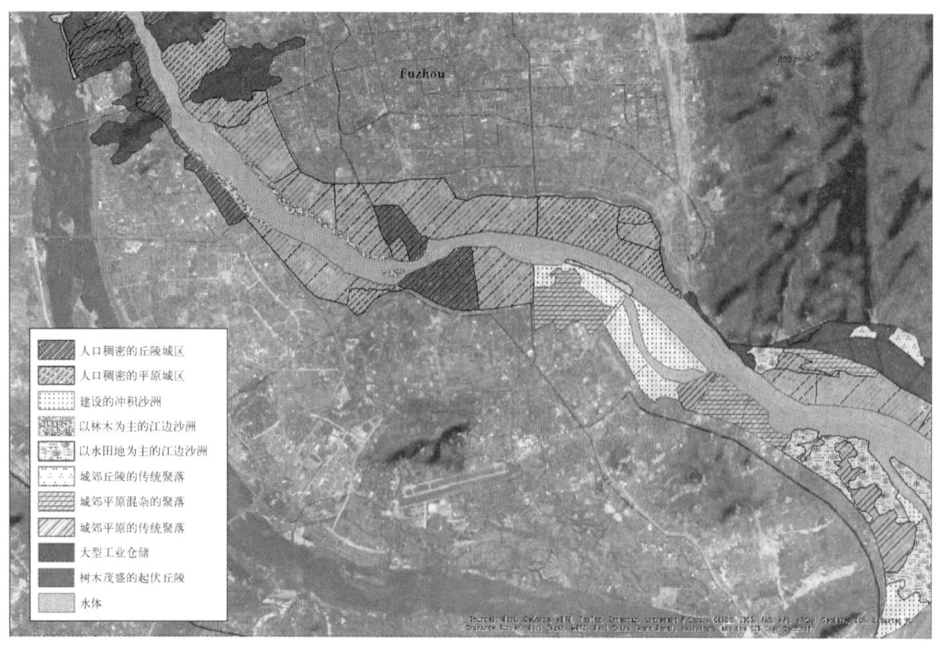

图 8-7　闽江福州段景观性格分区(2013 年,局部)(来源:“闽江福州段 GIS 数据库”截图)

表 8 - 2　闽江福州段景观性格分区(2002 年,部分)

景观性格区	区域索引	关键特征
城郊平原的传统聚落		地貌：闽江阶地的冲积沙洲。 水体：附近江中常有淤积的沙岛，受岛屿影响,航道变窄。 交通：内部仅有狭窄的村道连接，车流量小。 植被：植被覆盖率一般,以榕树为主,多集中分布在聚落中的公共空间。 土地利用：居住。 聚落：家族聚居式的传统聚落,大部分分布在闽江南岸,保持鳞次栉比的原有格局,有相当数量历史建筑留存,混有新建农村住宅。
人口稠密的平原城区		地貌：位于闽江阶地的冲积沙洲。 水体：附近江中常有淤积的沙岛，受岛屿影响,航道变窄。区域内有跨江桥梁。 交通：属于城区,内部有城市干道、支路。 植被：植被覆盖率一般,多为行道树,树种有芒果、香樟、榕树等。 土地利用：居住、商业。 聚落：以多层、高层建筑群为主，也有少量低层历史建筑分布。
以水田为主的江边沙洲		地貌：位于闽江阶地的冲积沙洲。 水体：紧邻闽江,闽江的一些支流对水田的形态有明显的塑造作用。 交通：田间小路。 植被：绝大多数种植水稻,沿田埂种植乔木,树种有木麻黄等。 土地利用：农业、养殖。 聚落：环绕村落分布,内部也有零星居住。

8.3.2　本地尺度下的景观性格分类

在区域尺度景观性格分类的基础上,可以进一步建立本地尺度的景观性格分类。本地尺度的景观性格分类需要考虑更多要素，主要包括建筑、街道、植被、产业等。论文选取了位于闽江中段的烟台山历史风貌区（图 8－6 中部橙色地块）作为研究对象。

1. 概况

烟台山历史风貌区位于闽江中的南台岛北部，属仓山区管辖。与鼓楼等老城区相比，仓山区历史较短，至元代才初有村落。明代盐商在藤山（烟台山大致等于藤山东半部分）北麓建盐仓，该地遂成为福州食盐的贮运中心，“仓山”也因而得名。清康熙二十四年（1685 年），清政府在闽江中的中洲岛设置闽海关（常关），仓山商业贸易渐趋活跃，下渡、观音井等地形成街市。

1842 年，在鸦片战争中战败的中国开放了沿海的广州、厦门、福州、宁波和上海作为通商口岸，史称“五口通商”。出于对茶叶等本地特产的需求，英美等国商人很快进入福州开始从事贸易活动。由于在老城区难以立足，同时也出于商业监视的需要，他们选择烟台山一带，设立领事馆、洋行、码头，并相继建立教会、学校、医院等公用设施。受西方文化的影响，烟台山区域呈现出与老城区鼓楼、台江完全不同的景观风貌，区域内居民的生活方式也渐趋西化。

新中国建立后，仓山区被设定为福州主要的学区。由于距主城区较远，又受到地形限制，除海军在烟台山西麓占用和拆除了一系列历史建筑外，烟台山区域并未开展大规模的建设活动，历史风貌保存较好。

2. 提取景观性格

根据现场踏勘和入户调查，研究将影响烟台山历史风貌区性格的要素归纳为五种，分别为：地形、建筑、街道、植被、产业（表 8－3）。

表 8－3　烟台山历史风貌区景观要素

要素	描　　述
地形	整体位于低山丘陵烟台山，东部烟台山公园海拔 53 米，为全区制高点。地形因素对区域性格影响明显，以乐群路为界的北麓地势较陡，南麓渐趋平缓；早期外人建筑多选址在北麓高处，不仅视野开阔，还可监视闽江水道的货物运输情况。
建筑	建筑风格多样，包括传统中式、柴栏厝、南洋风、西式新古典主义、折中主义、罗马风、维多利亚式等，建筑采用的材料也有很大区别，既有石材、砖砌漆面，也有清水砖、水泥砂浆饰面等。在该区域内，建筑对景观性格的影响最大。

续　表

要素	描　　述
街道	分为石板登山道、水泥铺面、沥青铺面等多种，宽窄不一。其中四条石板登山道已登记为不可移动文物。
植被	风貌区内不同地段植被覆盖率有很大差异。在狭窄的登山道两侧通常没有植被，可见的植被均位于花园洋房的院落内。在经过拓宽的车行道路两侧有行道树，常见树种为蓝花楹、榕树、芒果树等。烟台山公园为植被覆盖率最高的区域。
产业	区内占地面积最大的是数所学校，此外大部分区域为居住功能，有少量商业存在。区内最重要的商业街观井路紧邻闽江，但在近年被拆除。全区的商业分布基本延续清代以来的格局。

除了这五个要素之外，烟台山历史风貌区的成型还受到历史时期的影响，这种影响在建筑风格、材料和形制上呈现的尤为明显。因此，研究将时间维度也纳入考虑的范畴。

借助“福州老建筑百科”通过官方和公众参与两个渠道搜集的历史建筑数据，通过 ArcGIS 进行自动分类和缓冲区(Buffer)分析，研究提取了区域历史建筑的分布情况(图 8－8)。例如 1840 年以前由本地居民自行进行的建设主要集

图 8－8　区域历史建筑建设时间分布情况(来源:“闽江福州段 GIS 数据库”截图)

中在藤山北麓的闽江沿岸，即“盐仓”所在区域；“五口通商”后进入福州的洋人同样也选择了该区域进行建设，集中在烟台山附近；1900 年之后，受西方文化影响的富裕的中国人及买办阶层开始在该区域兴建花园洋房和公寓，这些建筑主要位于山体西、南麓。1927—1937 年之间，受国民政府“黄金十年”和民族资本快速发展的影响，该区域又兴建了一批早期的房地产开发项目，大多为红砖公寓式洋房，等等。

3. 景观性格分类

结合上述分析，研究将本区域的景观性格划分为 13 个类型。其中一些景观性格区域在时间维度上变化非常明显，如清早期、晚期、民国、现代的居住街区具有极大差异，则细分出多个子类；另外一些景观性格区域从建立至今几乎没有变化，如教会所属区域，则只设立一个子类别。

利用 ArcGIS 可绘制出相应的景观性格分类图(图 8-9)。相应可列举出每个区域对应的要素的关键特征(表 8-4)。

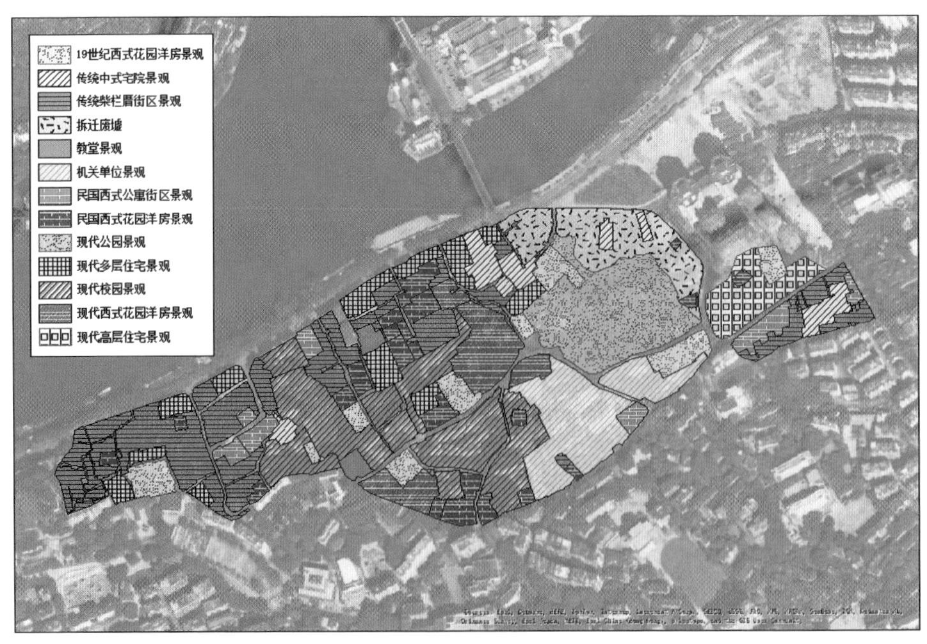

图 8-9　烟台山历史风貌区景观性格分区(来源:“闽江福州段 GIS 数据库”截图)

表 8-4　烟台山历史文化风貌区景观性格分类(部分)

景观性格区	区域索引	关键特征
19 世纪西式花园洋房景观  		地形：分布在北麓各制高点，背山面水。 建筑：2—3 层西式花园别墅，砖木结构，常带有新古典主义风格，石材或漆饰面。带有面积较大的独立庭院。随地势修建。 街道：两侧为花园和围墙的水泥或沥青道铺面道路。可行车。 植被：庭院内绿化丰富，多高大乔木，以榕树为主。 产业：大多数原为领馆、洋行办公兼住宿使用。现均为居住。
传统柴栏厝街区景观 		地形：不受地形限制，大部分分布在区域西麓。 建筑：福州传统柴栏厝，通常为 2 层，木结构。少数有木雕装饰。 街道：狭窄的石板道或水泥铺装。 植被：几乎没有绿化。 产业：居住。
民国西式公寓街区景观 		地形：分布在地势平坦的街道两侧，多呈东西向分布。 建筑：2—3 层的近代英式建筑，通常为红砖，没有独立庭院。 街道：较宽，水泥或沥青铺装，可行车。建筑不退界。 植被：零星分布，多为居民自行栽种。 产业："前店后厂"或"一层商业二层居住"的产业模式，早期服务对象主要是外侨。现均为居住。

续 表

景观性格区	区域索引	关键特征
现代校园景观		地形：依地势修建在南北山麓，层层跌落。 建筑：主要为5—6层现代建筑，混有少量2—3层近代西洋建筑。建筑材料多样。 街道：较宽的山地坡道，水泥或沥青铺装，可行车。 植被：校园内绿化丰富，多高大乔木，以榕树为主。 产业：从建立至今均为教育。

8.3.3 景观性格提取中的公众参与

在闽江福州段的景观性格提取过程中，公众参与主要通过两个渠道进行。其一是传统的现场调研，包括对居民的访谈和问卷调查，其二是通过网络组织的公众参与活动。

1. 现场调研

现场调研主要结合区域尺度的《福州历史文化名城保护规划》和本地尺度的《烟台山历史风貌区保护规划》（简称《烟台山保护规划》，下同）、《上下杭历史文化街区保护规划》（简称《上下杭保护规划》）等规划的编制工作进行。

以《烟台山保护规划》为例，调研人员设计了信息登记表和问卷，并对该区域所有住户进行了入户调查。调查内容包括地形、建筑、街道、植被、产业5类要素，其中地形、建筑、街道、植被要素的外观特征主要通过调查人员观察获得；要素之间的联系（如建筑与地形的关系）主要通过观察、分析和访谈验证获得；产业、街区总体意象、街区和闽江的关系等通过入户调查访谈获得。该区域共回收整理有效登记表及问卷[①] 157份，全部信息均统一录入到EXCEL，并与ArcGIS建立的数据库通过Join工具建立表关联。

① 登记表和问卷样本参见附件。

2. 网络调研

由于现场调研受到时间、方言等因素的限制，网络调研成为现场调研的重要补充。网络调研主要通过笔者建立的 Web 2.0 网站"福州老建筑百科"（www. fzcuo. com），以及由福州的历史建筑爱好者组成的"福州老建筑"QQ 群进行。

在网络调研中，"福州老建筑百科"网站和群的作用体现在几个方面。首先是提供详尽的基础资料，完善现场调研的缺漏，例如调研区域各时期的历史照片、历史地图、居民回忆及公开发表的文章；其次是通过志愿者进行补充调查，例如"福州老建筑群"的志愿者先后协助同济院（负责《名城保护规划》和《烟台山保护规划》）、清规院（负责《上下杭保护规划》）进行了闽江沿岸、烟台山风貌区、上下杭历史街区的补充入户调查；第三是对调研分析的初步结果提出建议，例如建筑、街道、植被等要素的判断、功能区和性格分类的初步划分等，志愿者们都提出了非常有益的建议。

8.4　闽江福州段 GIS 数据库的建立

在提取景观性格和进行分类的过程中，有感于资料的庞杂和管理的困难，笔者综合现实情况，建立了"闽江福州段 GIS 数据库"。与英国的 LCA、HLC 和香港的"景观特色研究"数据库不同，笔者希望该数据库不仅包括景观性格研究的最终产物（如景观性格分区图），还包括景观性格研究的过程文件、各区域的详细信息，并能够向公众开放、保持更新、为未来的规划工作提供持续的参考。因此，该景观性格数据库的建立被划分为三个阶段。第一个阶段，主要是将已经掌握的各种资料和数据录入，并按照设计的数据结构进行叠加，形成完备的基础资料库。第二个阶段，是在现场调研和公众参与的基础上进行景观性格分类，并利用 GIS 绘制景观性格分类图。第三个阶段，是建立向公众开放的界面，向公众展示研究成果，同时也为公众参与提供新的途径。

8.4.1　数据库的基本结构

"闽江福州段 GIS 数据库"包含三个层次（表 8－5），采用 ArcGIS 10.2 建立，涉及的各数据库类型均为个人数据库（personal database）。

表 8 - 5　闽江福州段 GIS 数据库文件结构

数　据　集	内　　　容	文件格式
应用层数据集	景观性格分区图	SHP
	已经过坐标校准的历史建筑	XLSX
	涉及该区域的系列规划	JPEG
历史景观性格数据集	本地景观性格区信息	MDB
	1891—2009 年历史地图、地形图、政区图	JPEG
地理景观性格数据集	区域景观性格区信息	MDB
	自然区划图	JPEG
	植被分布、水体分布	SHP
	遥感影像、数字高程	geoTIFF

根据存储资料来源、格式和内容的不同，"闽江福州段 GIS 数据库"采用了多种方式进行导入和叠合。例如"已经过坐标校准的历史建筑"，是通过 MS EXCEL 使用开放数据库互联（ODBC），从"福州老建筑百科"的 mySQL 数据库中提取建筑名称、坐标和相关资料，再导入 GIS 系统中的；又如各景观性格区的图片、描述等一系列内容，是存储在 MS ACCESS 数据库，再通过 GIS 的 Join 工具建立表关联导入的。此外，该数据库中所有的历史地图、地形图和政区图均经过地理坐标校准，统一采用 WGS84 大地坐标系。

图 8 - 10 展示了通过 ArcGIS 实现的该数据库界面，开启叠加层包括历史文化遗存、景观性格分区图、基础注记及 30 M 分辨率 DEM 高程，可清晰分辨出闽江及其沿线大致的地貌和遗存分布情况。

8.4.2　向公众开放的界面①

"闽江福州段 GIS 数据库"采用 ArcGIS 软件建立，受版权、操作复杂程度等各方面影响，普通人安装 GIS 软件并使用该数据库的可能性几乎为零。但是，从数据的搜集、整理，到景观性格的提取、分类，再到决策的意见反馈和实施过程的监督，每一步又都需要充分的公众参与。公众需要一个界面友好、易用的平台，通过该平台，用户不仅可以看到数据库的内容，还可以提供资料、反馈意见，

① 本节提及的"福州老建筑百科"和"地图上的福州老建筑百科"的具体工作流程可参见附录。

图 8-10　采用 ArcGIS 建立的景观性格数据库(来源：闽江福州段 GIS 数据库截图)

并和开发者共同完善整个 GIS 数据库。

WebGIS[①] 是目前较新的地理信息系统应用模式，对地理数据的浏览、编辑等一系列操作通过浏览器即可实现，是同时满足管理和公众参与需求的理想解决方案。研究提出，采用 WebGIS 建立一个向公众开放的界面，将研究结果和公众共享，并通过互联网搜集反馈意见。

囿于技术开发的难度，同时考虑到用户的现实需求，笔者并未采用 ArcGIS Server 或其他常用的开源 GIS 进行开发，而是采用了变通的办法，利用 WIKI 站点"福州老建筑百科"收集建筑、植被、街道、村落等景观要素信息，再利用百度地图提供的免费 API 实现简易的 WebGIS 功能。通过这套系统，用户在应用端提供的信息将实时反映到管理端的 GIS 数据库中；相应的，GIS 数据库中发生的变化也将实时反映在应用端的两个网站中。该系统的框架如图 8-11 所示。

根据该框架设计，笔者通过 PHP 和 Javascript 混合编程，开发了基于百度地图和谷歌地图提供的免费 API 的简易 WebGIS 系统"地图上的福州老建筑百科"(http://map.fzcuo.com)。该系统与"福州老建筑百科"共享后台数据库，并可将带有地理坐标的建筑、村落和街道通过标记(marker)自动显示在地图或遥感影像上(图 8-12)。

① WebGIS 是基于 Internet 平台，客户端应用软件采用网络协议，运用在 Internet 上的地理信息系统。我们日常使用的谷歌地图、百度地图等在线地图都可视为轻量级的 WebGIS。

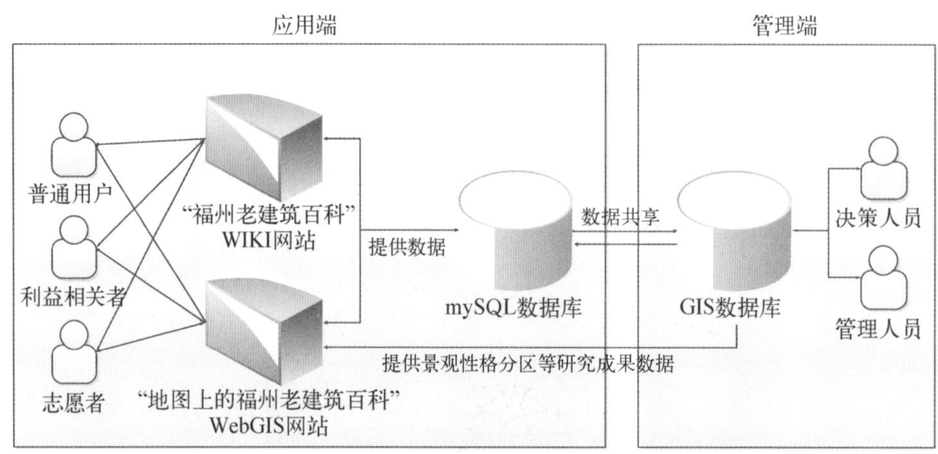

图 8-11　作为管理端的“闽江福州段 GIS 数据库”与应用端网站的关系框架

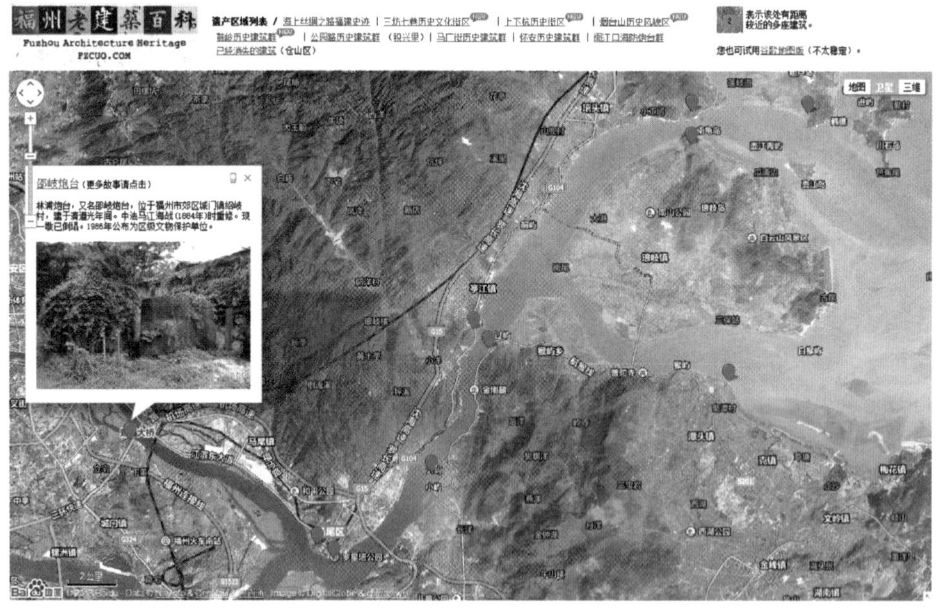

图 8-12　基于百度地图开放 API 自行开发的 WebGIS“地图上的福州老建筑百科”(来源:“地图上的福州老建筑百科”网站截图)

为了便于公众了解区域景观的各种研究成果,掌握区域景观的变化情况,通过利用百度 API 提供的自定义瓦片图功能,“地图上的福州老建筑百科”还可以将“闽江福州段 GIS 数据库”的研究成果数据作为叠加图层,以非常直观的方式展现给用户(图 8-13)。用户可通过点击地图上的标记获取区域或点的具体信息;有权限的用户还可以通过点击链接跳转到“福州老建筑百科”对区域或点的信息进行编辑。

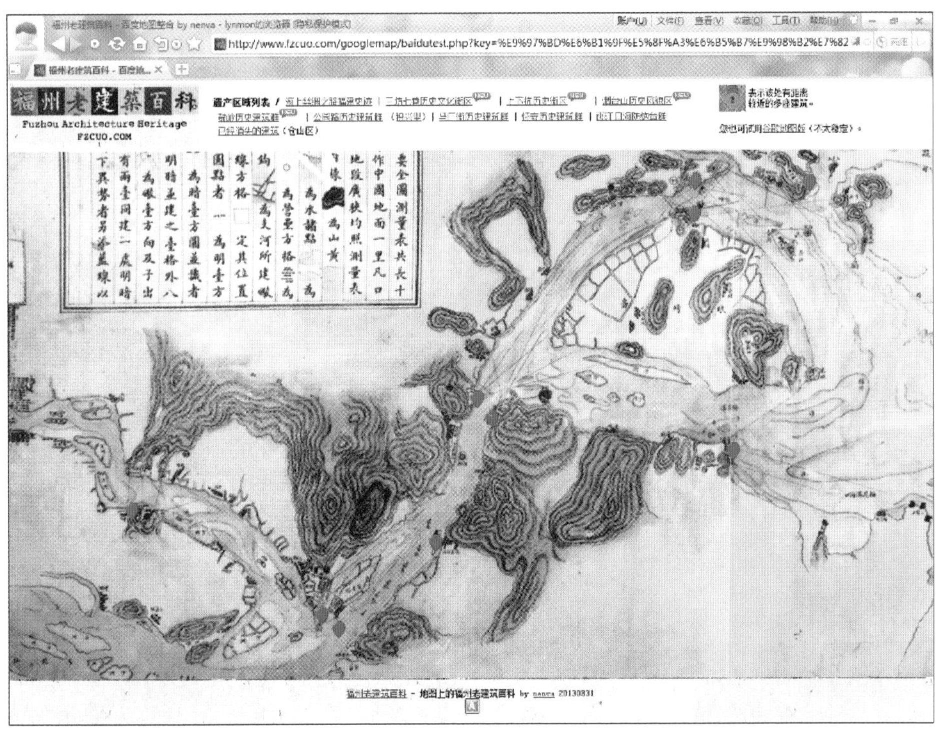

图 8-13　通过自定义瓦片图展示现存遗迹和历史景观格局的关系(来源:"地图上的福州老建筑百科"网站截图)

8.5　研究成果的应用

通过前述阶段,研究初步掌握了闽江福州段作为不同类型线性文化景观的主要价值,对该区域的景观性格进行了分类评估,绘制了区域尺度和本地尺度下的景观性格分区图,并建立了 GIS 数据库。其中一些研究成果在现实的规划和管理工作中得到了应用,促进了线性文化景观的发展。

8.5.1　为规划编制提供基础资料

"闽江福州段景观性格分区图"和"闽江福州段 GIS 数据库"是研究的两项主要成果。在闽江沿线的规划编制过程中,这两项结果首先被作为重要的基础资料得到应用。

作为基础资料,"闽江福州段景观性格分区图"最大的用途是帮助规划编制人员快速了解本区域景观性格，为控规编制典型基础，为风貌整治提供思路。通过 ArcGIS 数据表的 Join 工具，分区图和各分区的详细信息建立了链接，每个景观性格区的资料均可使用 HTML Popup 工具进行查询，操作非常简便。如图 8－14 所示，在 ArcGIS 系统中点击“民国西式公寓街区景观”性格区，即可弹出包含该区域具体信息的对话框，内容包括典型照片、地形特征、建筑特征、道路特征、植被特征和产业特征等。

图 8－14　通过“闽江福州段 GIS 数据库”快速获取景观性格区信息（来源：“闽江福州段 GIS 数据库”截图）

相应的，通过与“福州老建筑百科”网站静态化词条的互联，“闽江福州段 GIS 数据库”也实现了建筑、街道、村落等景观要素信息的快速查询（图 8－15）。与景观性格区不同的是，景观要素信息的查询将直接链接到“福州老建筑百科”网站，大大节省了自行建库的重复劳动，同时也实现了应用端和管理端的实时同步。这一点与澳大利亚的“雅拉-艾利提塔计划”有一定的相似之处。

与“闽江福州段 GIS 数据库”类似，“福州老建筑百科”和“地图上的福州老建筑百科”网站也可作为规划编制的基础资料库，且只需要使用浏览器，便捷性更胜一筹。与传统的纸质档案相比，这种交互式方式在查询、资料复制和录入方面具有极大优势。笔者在参与编制《福州烟台山历史文化风貌区保护规划》过程中推广了这种方法，极大地提高了规划编制的效率。

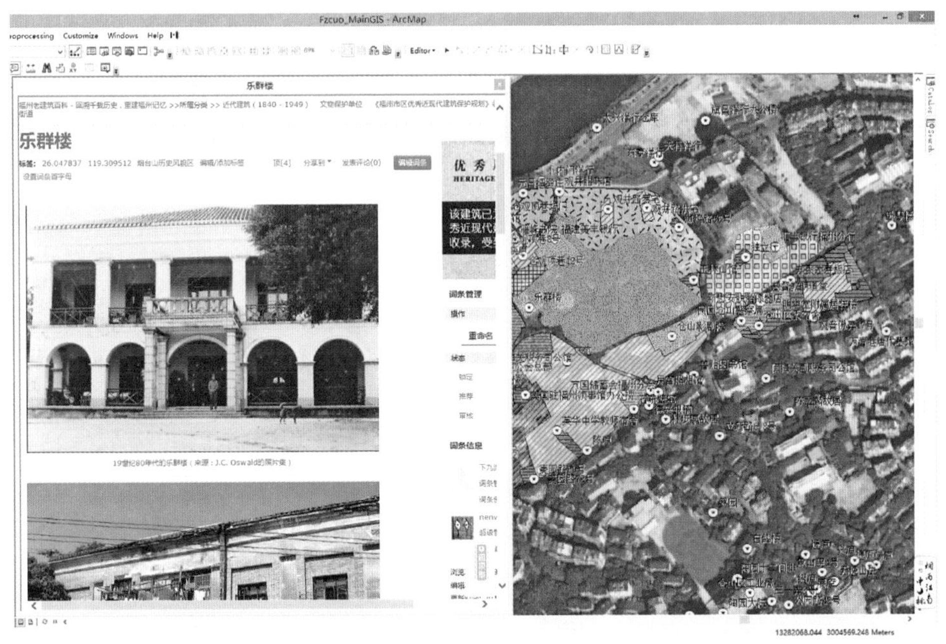

图 8－15　通过“闽江福州段 GIS 数据库”与“福州老建筑百科”网站的对接快速获取景观要素信息(来源：闽江福州段 GIS 数据库截图)

8.5.2　为保护和发展决策提供参考

1. 区域规划层面

从区域层面为闽江福州段制定保护和发展策略的是《福州城市总体规划》和《福州历史文化名城保护规划》，其中 1991 年版《名城规划》明确提出要保护福州“三山两塔一条江”的格局，并被《福州城市总体规划(1995—2010)》和各分区规划、控规所吸纳，对福州名城的保护发挥了较为重要的作用。

1991—1999 年编制的各版规划对福州历史文化名城的保护起到重要作用，但也存在一些问题。在早期保护规划中，景观风貌并没有得到充分的重视，保护工作更多的是“各自为战”，即将闽江流域的各历史文化村镇、历史街区等圈出保护，对于遗产不集中成片，或遗产分布较为分散的区域，则以不可移动文物方式进行保护。2000 年以前，福州老城区以外尚未展开大规模建设，这种保护方式尚未出现问题，2000 年之后，随着福州“东扩南进”、新城区建设的大规模展开，历史街区和文物开始陷入高层建筑的“包围圈”，作为景观基底的远山也被“屏风楼”遮挡，景观性格发生剧烈变化(图 8－16)。在城区以外，作为闽江流域特色的冲积沙洲、水田、湿地、传统村落也逐渐被吞噬。

图 8－16　闽江沿岸的观井路景观变迁(1890 年代、1980 年代、2012 年)(来源：哈佛大学图书馆、“福州老建筑百科”网站、自摄)

有鉴于此，福州市在 2012 年启动修编《福州历史文化名城保护规划》，并明确提出将景观风貌列入保护范围。为了分析两次《名城规划》修编之间闽江沿线景观的变化情况，并提出相应的保护和发展的建议，在“闽江福州段 GIS 数据库”中，利用 ArcGIS 的 Symbology 分别绘制了 2002 年和 2013 年的景观性格区域索引图(部分)(表 8－6)。通过对比，可以明确看到城市的扩张和建设对闽江福州段景观性格的影响：

表 8－6　闽江福州段 2002—2013 年景观性格区域变迁(部分)

	2002	2013
以水田为主的江边沙洲		
城郊平原的传统聚落		

续　表

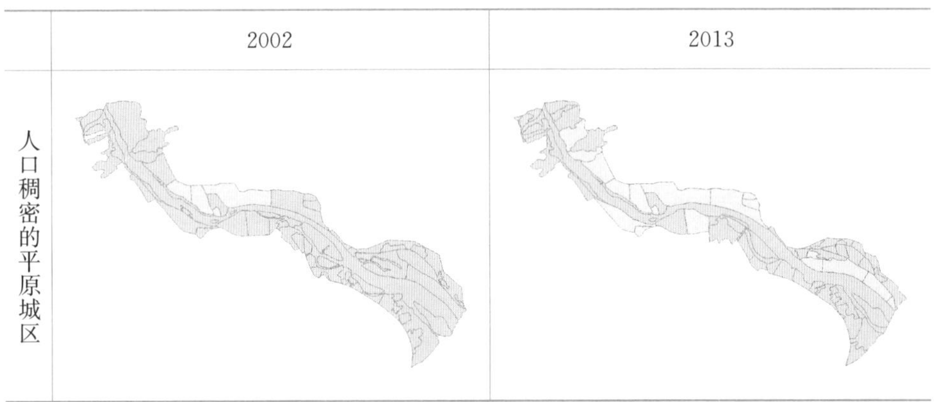

	2002	2013
人口稠密的平原城区		

(1) 在10年的时间中，闽江沿线以水田为主的江边沙洲持续减少，尤其是邻近城市的中段地区，这种在很长一段时间里具有代表性的景观已经彻底消失。

(2) 田地的消失和城市化进程的加快同时影响了城郊平原的传统聚落，除了一部分受保护的历史文化名村，城郊平原的传统聚落也在迅速减少。

(3) 在“东扩南进、沿江向海”的城市空间拓展方针引导下，大部分可供建设的城郊平原均被占据，转变为人口稠密的城区。

基于对景观性格变迁及具体情况的分析，研究建议：

(1) 严格保护江边沙洲、湿地，尤其是闽江出海口区域，严禁填埋和占用沙洲进行建设的行为，城区沿线沙洲可保持自然形态或进行小规模人工绿化，并与滨江景观建设结合。

(2) 在人口稠密的平原城区，重点控制滨江的大庙山、烟台山、鼓山、魁岐等传统历史地段及周边新建建筑高度，并通过滨江的景观建设，将这一系列区域进行联通，协调闽江历史风貌保护和滨水景观建设的关系。

(3) 位于城郊平原和丘陵的闽安、马尾、林浦等一系列传统聚落，应在保护的基础上控制沿岸建设，尤其是江边沙洲、水田、湿地应予保持，保护村镇的景观格局、水系及形成村镇特点的空间环境要素，尤其应注意产业景观的协调，如村镇依托的传统农业、养殖业等。

新修编的《福州历史文化名城保护规划(2012—2020)》采纳了这些建议，并明确提出应从历史文化廊道、生态廊道、景观格局三个方面入手，严格保护闽江作为历史文化廊道、生态廊道的作用，合理构建滨水景观。《规划》也增加了对闽江作为线性文化景观的整体价值的认识，提出“闽江历史文化廊道要突出古文化遗址、古村落景观、近代史迹和沿线山水景观等特色，以昙石山文化为源头，以闽都传统文化和近现代文化为主线，延续和织补历史文化脉络，加强独有的文化特色展示，让历史文化‘活’起来，同时控制好闽江沿岸建设的空间尺度，协调城市新区现代景观和闽江自然生态、历史人文景观的关系，逐步创造与历史传统文化风貌一脉相承又富有时代感的滨江城市景观特色”。[①]

2. 本地规划层面

《福州历史文化名城保护规划》共划定 23 处历史地段，其中 10 处位于闽江沿线，这些历史地段都应编制详细的保护规划。本节以《烟台山历史文化风貌区保护规划》为例，阐述该区域景观性格分区和评估对保护规划编制工作的参考。

《烟台山历史文化风貌区保护规划》属控制性详细规划。根据要求，该规划应制定切实有效的保护措施和手段，制定切实有效的保护措施和手段，保护和传承街区特有的历史文化内涵，保持原有的社区结构和历史文脉的延续。为了实现该目的，研究分为以下几个步骤：第一步，提取该区域现状景观性格，研究各区域在景观风貌等方面的不同之处；第二步，提取该区域的历史景观性格，通过比较，掌握景观性格变迁的情况；第三步，对现状景观性格进行评估、产生决策。

根据 8.3.2 小节的研究，烟台山历史风貌区共划分为 13 个景观性格区域（图 8－9）。这些景观性格区域的形成各种历史事件影响的结果，例如乐群路沿线的近代西式花园洋房街区是“五口通商”后形成的外人居留地的产物，选址在烟台山顶，有利于领事、洋行经理等监视闽江航运的动向；又如沿江观井路街区的形成，是泛船浦一带码头、仓库的兴盛，以及万寿桥带来的城区人流共同作用的结果。随着时代变迁，这些街区的风貌产生了改变，例如沿江的洋房被多层、高层取代，疍民的连家船逐渐消失等等（图 8－17）。只有掌握景观性格变迁的情况，才能评估现状景观性格的合理性，并作出相应的决策。

图 8－17　烟台山西侧滨江段景观变迁（1980 年代、2008 年）（来源：“福州老建筑百科”网站、自摄）

① 福州历史文化名城保护规划（2012—2020），同济大学国家历史文化名城研究中心，P36－38.

在历史性格的提取方面，通过“闽江福州段 GIS 数据库”中，利用 ArcGIS 的影像配准工具（Georeferening）工具，将 6 张不同时期的历史地图分别配准（图 8－18），并结合现状历史建筑要素数据进行分析，最终得到整个区域的发展过程（图 8－19）。

根据烟台山历史风貌区的景观性格分区和发展情况，研究建议：

（1）无论是现状景观性格还是历史景观性格，现代校园景观和各种类型的居住景观都在整个烟台山区域占有统治性地位。现状明显继承了历史景观的格局，在规划中应注意对该格局的维护。

（2）改革开放后沿江新建的一系列多层建筑，部分是对所在区域景观性格的延续，部分则造成所在区域景观性格的衰退，应当区别对待。尤其是烟台山西侧的一系列多层建筑，破坏了烟台山与隔江对望的双杭大庙山的传统视廊，应予拆除。

（3）该区域各时期的居住景观有很大区别，且具有典型性。建议规划以此作为景观风貌整治的出发点，如西侧龙峰里维持以柴栏厝为主的街区景观；仓前忠烈路以东、池后弄以西，在拆除多层建筑后，恢复为采用清水砖的近代西式公寓街区景观；观井路建设为中西合璧风格、具有现代特征的商业街区等。

（4）地形和产业两个要素对居住景观的形成具有驱动作用，例如使领馆、教会等外人建立的公用事业均位于制高点，在该街区两侧分布着以服务业为主的商铺，中下层人群聚居在西北部等。这些格局直到今天都没有改变。在规划中应注意这些要素对景观形成的影响，避免引入的商业行为破坏原有的产业格局。同时建议在保持西北部景观风貌、尊重当地群众意愿的前提下，通过部分土地置换将商业向该区域延伸，提高当地居民的经济收入和生活水平。

《烟台山历史文化风貌区保护规划》基本接受了这些建议，并以之作为各功能区划分和控规方案设计的依据。景观性格研究还为街区风貌的整治提供了帮助，根据景观性格分区的建议，规划设定了近现代住宅风貌区、领事馆风貌区、传统木构住宅风貌区、商住混合风貌区和其他建筑风貌区五个类型，通过设计导则，对建筑立面、材料、院落、植被、街道等景观要素做出了具体规定[①]。

---

① 《福州市烟台山历史文化风貌区保护规划》，上海同济城市规划设计研究院，P43－44、P47－48.

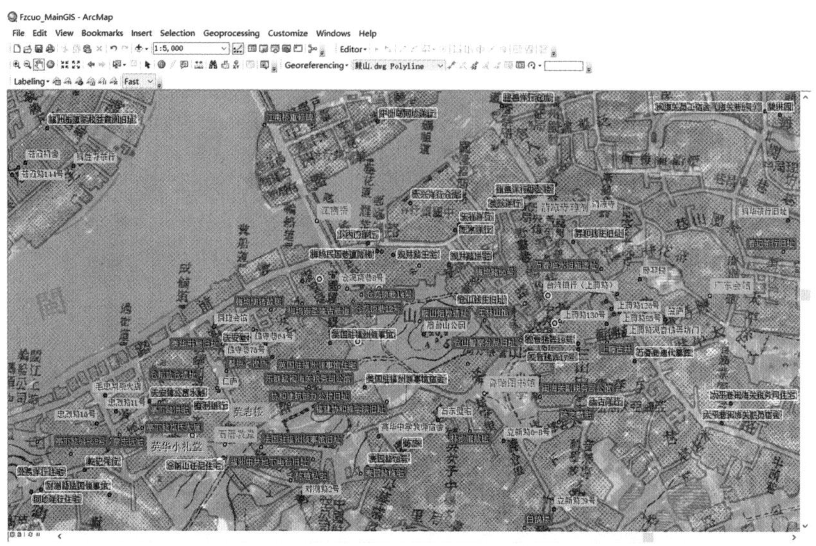

图 8-18　利用配准的历史地图研究区域发展情况（来源:“闽江福州段 GIS 数据库”截图）

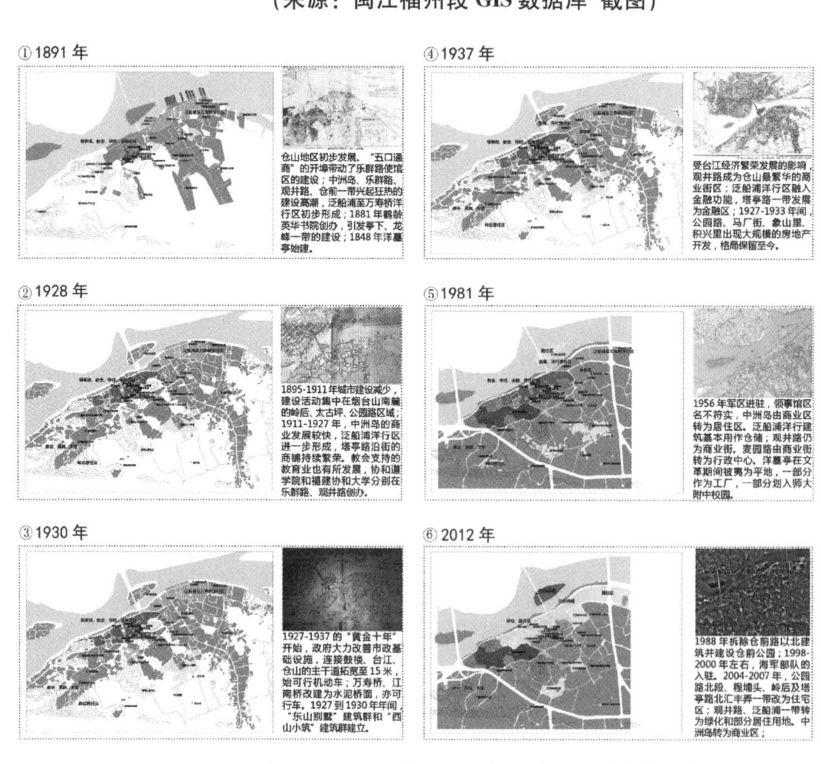

图 8-19　烟台山历史风貌区的发展过程（来源：《福州烟台山历史文化风貌区保护规划》）

8.5.3 为景观管理和公众参与提供平台

除了在规划编制方面提供帮助，“闽江福州段GIS数据库”的建立还为景观管理和公众参与提供了平台。

根据数据库的公众开放界面设计(图8-11)，数据库分为管理端和应用端两个部分。公众和巡查人员可以通过手机、平板电脑或计算机的浏览器访问应用端，编辑信息、上传照片，报告景观区域和遗产点的现状。由于管理端共享应用端的数据库，管理端可实时获取应用端上报的信息，及时掌握现场情况。同时，上报的信息本身也作为档案留存在系统中。

以福州烟台山历史风貌区的“陈庐”为例，在《烟台山历史风貌区保护规划》编制过程中，有志愿者通过“福州老建筑百科”传递信息，称该历史建筑正在被主人自行拆毁。信息通过管理人员很快反馈到规划编制单位和管理部门，本地媒体也迅速跟进进行了报道。尽管该建筑最终未能得到保留，但通过公众参与、档案记录和信息传递，GIS数据库留下了陈庐的变迁过程(图8-20)，成为该建筑珍贵的历史记录。

图8-20 “福州老建筑百科”留存的陈庐变迁过程(2012—2013)(来源:“福州老建筑百科”网站，陈朝军、池志海摄)

8.6 本章小结

本章选取的闽江福州段的案例集中体现了论文的研究成果。

论文采用文化景观的认识论和景观性格理论，对作为线性文化景观的闽江福州段的类型、整体价值和景观性格进行了系统性的研究，对该区域的保护和发展提出了相应的建议，并反映在实际的规划编制成果中。

闽江是福州的母亲河,也是福州最重要的历史文化廊道。论文通过类型研究指出,闽江历史文化廊道主要包括三个方面的特征:第一,作为谷地聚落,孕育了两岸的文明;第二,作为历史道路,保证了文明的交流;第三,作为边防线路,维护了福州城市的安全。

在此基础上,论文进一步探讨了闽江福州段沿线的景观性格,并从地貌、水体、植被、土地利用、交通设施、聚落等多方面着手,通过公众参与,提取了区域和本地两级尺度下的景观性格,并进行了景观质量评估。根据评估结果,研究向区域尺度的和本地尺度的保护规划提出了景观性格理论的引入,弥补了保护规划编制中对景观格局分析、景观价值评估和景观发展决策的不足。

为了便于景观性格的提取、查询和后期的管理,笔者采用 ArcGIS 建立了"闽江福州段 GIS 数据库",并与笔者先期建立的 Web 2.0 网站"福州老建筑百科"进行了连接,同时还自行开发了简易的 WebGIS 系统"地图上的福州老建筑百科"。GIS 数据库的建立不仅大大提高了规划编制的效率,同时也与景观性格分类一起为发展决策提供了参考;更重要的是,数据库开放的界面,为本地建立了长效的景观管理和公众参与的平台。

第9章 结论与展望

9.1 结　　论

9.1.1 线性文化景观在世界遗产中占有重要地位，应当引起重视

文化景观在1992年成为世界文化遗产的一个新的子类。20多年来，文化景观广受各国重视，截至2013年，已经有85处遗产地以“文化景观”登录世界遗产名录。

在文化景观的申报过程中，《操作指南》提出“具有狭长、线性形态的区域，不应被排除在认定的行列之外”的原则，因而催生了“线性文化景观”的概念。通过对已登录的文化景观的梳理，研究发现，在85处世界遗产文化景观中，线性文化景观就有26处，占到总数的近1/3。此外，从文化景观中相继析出的“遗产线路”和“遗产运河”概念，也明显带有线性文化景观的影子。线性文化景观在世界遗产，尤其是世界遗产文化景观中受到的重视可见一斑。

我国并不缺乏线性文化景观，总体类型的比较研究已经证明，几乎任何一种线性文化景观，都能在国内找到对应的例子。遗憾的是，作为世界遗产数量居全球第2位、文化景观数量居全球第3位的“世遗大国”，我国对线性文化景观的认识仍然处于初级阶段，仍倾向于将其认为是一系列孤立的遗产点的集合，而不是文化与自然交融的整体，如大小金川河谷的藏羌碉楼与村寨、西藏芒康盐井等都体现了这个问题。

因此，研究认为，我国应当认识到线性文化景观在世界遗产中的重要地位，并在识别和申报工作中重视该类型的遗产地。

9.1.2 线性文化景观与文化线路具有显著区别，不能相互取代

1993年的《操作指南》增加了关于“具有狭长的线性形态”的文化景观的条文，要求注意对线性文化景观进行识别和登录。1994年，圣地亚哥之路的登录促使“文化线路”概念析出，成为文化遗产的另一个子类。由于缺乏权威的解释和具体案例的支撑，“线性文化景观”和“文化线路”在近十年的时间里成为一对难以辨析的概念，造成了混乱。直到2002年的《马德里共识》和2008年的《文化线路宪章》的发布，两个概念才从矛盾走向共存，并导向不同的发展走向。

文化线路是国土尺度上的、强调产生文化遗产的“驱动力”、带有很强的非物质性的遗产的集合，其本质是一种系列遗产；线性文化景观则是区域或本地尺度上的、具有明确、单一主题的、具体且物质存在的区域性遗产，本质是一种线性遗产。它们都关注文明之间的沟通和交流，但视角不同；线性文化景观无法涵盖文化线路的广度，文化线路也无法深入到线性文化景观的细节；文化线路可以导致线性文化景观的出现，反过来则不能；文化线路可以包含线性文化景观，线性文化景观是文化线路存在的实证。

通过对一系列实际例子的分析和比较，研究认为，在本地尺度上，线性文化景观比文化线路更加重要。文化线路在本地尺度上往往呈现为零散的遗产点(例如“海上丝绸之路”福州史迹)，它的“线路”是意象性的；线性文化景观是物质的、连续的、与本地人的生活息息相关的；文化线路的认识论无法为线性文化景观的保护提供指导，文化线路中的具体段落，最终还要在线性文化景观的认识论下进行解读和实施保护。

近年来随着丝绸之路、茶马古道等巨尺度线性文化遗产受到重视，文化线路成为我国遗产领域研究的热点，大有取代“线性文化景观”的趋势，如扬州瘦西湖(以文化景观类型列入申遗预备名单)被纳入大运河(最初以“文化线路”类型列入申遗预备名单，但最终以“遗产运河”类别申报成功)进行申报，意味着瘦西湖可能从此失去以文化景观登录世界遗产的机会。对于“大运河”来说，瘦西湖可以作为“突出普遍价值”的一个加分点，但反过来，大运河只是瘦西湖产生的诱因之一，无法反映瘦西湖的完整价值。

因此，研究认为，线性文化景观与文化线路等遗产类型具有不同的关注点，在遗产的概念、保护和发展等多方面都具有显著区别，不能相互取代。

9.1.3 线性文化景观具有多种类型,表现出不同的价值取向

登录世界遗产的线性文化景观必须满足一定的提名标准,同时还应当具有真实性和完整性。通过分析已登录世遗名录的线性文化景观的提名标准,研究指出,代表"跨越时间、跨越文化区域的重要交流"的提名标准 ii、代表"存在或已消逝的文明或文化传统的独立见证"的标准 iii、代表"人类历史重要阶段物证的建筑、建筑群或景观"的标准 iv,以及代表"聚居、利用土地或海洋的杰出范例"的标准 v,是线性文化景观最受重视的 4 种提名标准,它们反映了世界遗产框架对线性文化景观的价值取向。

在归纳提名标准的基础上,研究进一步分析了线性文化景观的分类方式。研究认为,无论是世界遗产文化景观的提名标准,还是概念性的分类方式,在面对具体的线性文化景观时都略显粗疏;采用概念性-功能性并置的方式,通过类型学方法、划分线性文化景观的总体类型,能够更好地理解线性文化景观形成的原因、发展的过程和具体的价值,并为申报和保护工作提供切合实际的参考。

研究将线性文化景观的总体类型大致分为 4 种,包括谷地聚落线性文化景观、历史道路线性文化景观、历史边界线性文化景观和人工水道线性文化景观,这些类型又可以根据产生的驱动力细分为多个子类,例如历史道路线性文化景观可根据成因细分为交通运输类历史道路、商业贸易类历史道路和宗教朝圣类历史道路,它们体现出不同的价值。

研究认为,通过功能性-概念性的分类方式和总体类型-子类型的分类结构,能够便捷地认识线性文化景观的完整价值;一处线性文化景的完整价值,就是线性文化景观作为不同子类型价值的叠加,例如作为线性文化景观的闽江福州段同时涵盖了谷地聚落、历史道路和边防线路三个子类型的价值。

9.1.4 景观性格理论有助于更好地评价线性文化景观的遗产价值

"真实性"和"完整性"是世界遗产"突出普遍价值"衡量的准绳。尽管"真实性"和"完整性"对于文化遗产十分重要,但由于各国的理解不同,造成了许多令人困扰的问题;Herb Stovel 在回顾"真实性"和"完整性"在世界遗产申报中应用的情况时指出,许多国家对世界遗产的提名并未植根于"真实性"的检验标准,而是以笼统的、概括性的语句描述遗产具有真实性;甚至连 ICOMOS 在早期对文化遗产的评价中也常常出现"这项遗产无可否认的具有真实性"这样缺乏依据的论断,甚至还出现了将完整性与真实性混为一谈的情况[169]。

在总结各国经验的基础上，研究提出，可以引入景观性格理论，为线性文化景观遗产价值的评价提供新的视角。景观性格理论的核心，是将一切景观都视为平等的资源，景观性格区域之间只有“不同”，没有“高下”；由于景观性格理论采用区域而不是单体要素的方式看待景观，很好地弥补了传统遗产保护理论将遗产视为单体组合的缺陷。

景观性格理论的引入为线性文化景观“突出普遍价值”的“真实性”和“完整性”的评价提供了系统化、层次化的工具。研究提出，可以通过景观要素的真实和完整、景观要素的组合关系及其特征的真实和完整、景观性格的真实和完整三个层次检验线性文化景观的“突出普遍价值”；三个层次的分类，跳出了传统遗产理论只关注物质遗产单体的桎梏，将要素与要素之间的组合关系纳入“真实性”和“完整性”评价的范畴，规避了遗产整体的“突出普遍价值”等于各部分价值总和的悖论。

因此，研究认为，景观性格理论和景观性格评估体系更适用于线性文化景观的价值解读和评价，能够为线性文化景观的保护和进一步的发展奠定坚实的基础。

9.1.5 景观性格理论为线性文化景观的保护和发展提供了新的视角

线性文化景观的保护和发展是一个复杂的系统工程。研究指出，传统保护方式在面对线性文化景观这样尺度较大、遗产类型复杂的遗产地时显得力不从心；传统保护方式针对的主要是景观中具有某种特定价值的遗产点，而仅仅对它们实施保护，无法达到线性文化景观的整体保护，反而有可能使线性文化景观走向孤岛化、碎片化；传统保护方式对线性文化景观的发展无法提出明确的指导，或放任不管，或拆真建假，影响了线性文化景观的可持续性。

研究提出，可以在景观性格分类和评价的基础上，采取提取景观性格-景观质量评估-设定景观性格的控制目标—生成决策的四步流程，完成线性文化景观的保护决策，并通过多角度切入保护景观要素、维持景观要素之间的联系和延续传统的观念和行为三个层面的手段，实现线性文化景观的保护和发展决策；同时，景观性格评估体系也可用于发展策略的影响评估。

相比传统保护方式，以景观性格评估为基础的保护方式具有一定的优势。首先，景观性格评估摒弃传统保护方式以资源价值决定保护力度的做法，将景观特征作为保护的对象，关心特征的“变化”而不是“质量”；其次，景观要素的组合关系和它们所体现的特征被纳入到保护范围，规避了传统保护方式“各自为战”的缺点;第三,由于保护的重心在于景观特征而不是景观要素的物质部分,保护方式有更大的灵活性,并为景观要素的发展留下了充分的空间。在此基础上生成的发展策略更有针对性,且在景观性格的指导下,能够产生代表这个时代的“神似”的作品,而不是停留在过去、以模仿和复古为特色的“形似”的景观。

综上所述,研究认为,景观性格理论的引入,弥补了传统保护方式的不足,也为线性文化景观的保护和发展提供了新的视角。

9.2　研究的创新点

本研究的创新点主要体现在如下几个方面:

(1) 理论研究方面的创新。

研究选择的“线性文化景观”是一个较新的概念。随着我国世界遗产文化景观数量的增加,国内对文化景观的认识不断上升,但对于呈现线性形态的文化景观,国内的研究很少,且往往与“文化线路”、“遗产运河”、“遗产廊道”等概念混为一谈。研究通过对线性文化景观概念产生的历史及概念涉及的一系列文献资料的系统研究,厘清了线性文化景观的概念、发展历史和适用范围,阐述了不同概念的侧重点,并对最易混淆的“文化线路”进行了较大篇幅的辨析。

(2) 方法方面的创新。

在线性文化景观的总体分类方法上,研究提出采用功能性-概念性并重的分类方式,对线性文化景观的总体类型进行了全面解析,并通过类型学方法归纳了线性文化景观的几种原型,应用在实际的保护规划工作中。

在线性文化景观遗产价值的解读方面,研究引入景观性格理论,通过景观要素、景观要素之间的组合关系及特征、景观性格三个层次分析了四种线性文化景观的组成,归纳了它们的关键要素、景观特征和整体的景观性格。

在线性文化景观的保护方式方面,研究结合世界遗产的“真实性”和“完整性”两大检验原则,以景观性格评估为工具,对四种线性文化景观的景观要素、景观要素之间的组合关系及特征的“真实性”和“完整性”的侧重点分别进行了研究,并提出相应的保护方式。

在线性文化景观的发展策略方面,研究基于对景观性格的理解,指出发展中需要注意的情况,并提出了具体策略。

(3) 技术方面的创新。

在实证研究中引入 3S 技术，通过 ArcGIS 建立了“闽江福州段 GIS 数据库”，并与先期建立的 WIKI 网站“福州老建筑百科”和自行开发的轻量 WebGIS“地图上的福州老建筑百科”完成对接，实现了基于互联网的公众参与平台与基于本地服务器的管理端无缝对接的 GIS 数据库系统。

(4) 规划实践方面的创新。

在规划编制方面，利用参与编制《福州历史文化名城保护规划》、《烟台山历史文化风貌区保护规划》等的机会，将景观性格理论付诸闽江福州段景观资源的分析、分类和评价，针对规划提出一系列建议，其中多数得到了采纳。

9.3 需要进一步探讨的问题

如前文所述，线性文化景观是一个复杂的适应性系统。囿于笔者的认知、掌握的资料和实践方面的局限，研究还存在许多不足。论文提出需要进一步探讨的问题如下：

(1) 如何将景观性格理论应用在形态更复杂的线性文化景观中。

研究的第 3 章曾经指出，线性文化景观包括多种形态，例如有些呈网状结构的文化景观(cultural landscape with network shape，如山地丘陵地区的文化景观)，实际上是由一系列曲线形态的线性文化景观组成的，它们也应当被视为线性文化景观(或线性文化景观的集合)。在墨尔本大学访学期间，笔者的导师 Gini Lee 教授曾建议，对线性文化景观的研究应将更多的精力集中于此类文化景观，但这个类型的线性文化景观非常复杂，基础资料的搜集和整理需要的时间很长，本研究中只能遗憾的放弃。此类线性文化景观在现实中比曲线形态的线性文化景观更为常见，如何将景观性格理论应用在其中还有待研究。

(2) 如何将线性文化景观的无形要素(尤其是观念和行为)反映在景观性格分类中，并通过数据库记录和展示。

景观性格理论在一定程度上基于视觉要素(visual elements)，即景观性格提取时主要依靠“观看”。在面对带有意境的或蕴含观念和行为的景观时，景观性格的提取和分类会遇到一定困难，尤其当采集人员具有不同的审美观和价值取向，这个问题会愈发严重。同时，此类无形的景观要素也很难通过景观性格数据库来记录，无形的景观要素与景观性格区域之间的联系也较难确定。在有些线性文化景观中，传统观念和行为已经或将要与物质形式脱节，如盐井的制盐产业在经济生活中扮演的角色越来越弱，盐对生活的重要性、制盐工艺的传承等都受到一定的威胁，这些无形要素的变化如何反映在景观性格分类、分区中，有待进一步研究。

(3) 在基础资料不完备的情况下，如何控制线性文化景观性格分类、分区的准确性。

景观性格理论强调，完善的基础资料是进行景观性格分类、分区和评估的前提，而缺乏基础资料恰恰是困扰我国各类规划编制、保护工作开展的主要问题之一。笔者在进行闽江福州段景观性格分类的过程中，仅 DEM 高程数据、行政区划图、地形图、标记图等基础数据的搜集就花去大量时间，其中一些还有精度较低、坐标偏移等问题，如在本地尺度分析沿江炮台射击范围时，20～30 m 精度的 DEM 无法得出理想的结果。因此，在基础资料不完备的情况下，如何保证景观性格分类、分区还能保持相对准确，有待进一步研究。

参考文献

[1] 赵智聪. 作为文化景观的风景名胜区认知与保护[D]. 北京：清华大学，2012.

[2] Natural England. Landscape character assessment guidance for england and scotland [R]. 2011.

[3] 韩锋. 探索前行中的文化景观[J]. 中国园林，2012(5)：5－9.

[4] Fowler P J. World Heritage Cultural Landscapes 1992－2002 [J]. Cultural Landscapes: The Challenges of Conservation, 2002: 16.

[5] 单霁翔. 大型线性文化遗产保护初论：突破与压力[J]. 南方文物，2006(3)：2－5.

[6] 泰勒. 韩锋，田丰，编译. 文化景观与亚洲价值：寻求从国际经验到亚洲框架的转变[J]. 中国园林，2007(11)：4－9.

[7] 赵智聪."削足适履"，抑或"量体裁衣"？——中国风景名胜区与世界遗产文化景观概念辨析[C]//中国风景园林学会. 中国风景园林学会2009年论文集. 中国北京，2009：229－233.

[8] 李旭旦. 人文地理学概说[M]. 北京：科学出版社，1985：11.

[9] 王恩涌. 人文地理学[M]. 北京：高等教育出版社，2000：7.

[10] Elkins T H. Human and regional geography in the German-speaking lands in the first forty years of the twentieth century [J]. Reflections on Richard Hartshorne's The Nature of Geography. Occasional publications of the Association of American Geographers, ed. N. Entrikin and SD Brunn. 1989: 17－34.

[11] 单霁翔. 从"文化景观"到"文化景观遗产"(上)[J]. 东南文化，2010(2)：7－18.

[12] 胡海胜，唐代剑. 文化景观研究回顾与展望[J]. 地理与地理信息科学，2006(05)：95－100.

[13] 汤茂林，金其铭. 文化景观研究的历史和发展趋向[J]. 人文地理，1998(02)：45－49.

[14] 董新. 论人文地理学的三大支柱[J]. 南京师大学报(自然科学版)，1991(04)：132－136.

[15] 顾朝林. 人文地理学流派[M]. 北京：高等教育出版社，2008.

[16] 王恩涌.中国文化地理[M].北京：科学出版社，2008.

[17] 金其铭.中国农村聚落地理[M].南京：江苏科学技术出版社，1988.

[18] 谢凝高，武弘麟，等.楠溪江流域风景名胜区规划[R].北京大学地理系，1988.

[19] 申秀英，刘沛林，邓运员，等.景观基因图谱：聚落文化景观区系研究的一种新视角[J].辽宁大学学报(哲学社会科学版)，2006(03)：143－148.

[20] 王云才，石忆邵，陈田.传统地域文化景观研究进展与展望[J].同济大学学报(社会科学版)，2009(1)：18－24.

[21] 王云才.传统地域文化景观之图式语言及其传承[J].中国园林，2009(10)：73－76.

[22] 王云才，史欣.传统地域文化景观空间特征及形成机理[J].同济大学学报(社会科学版)，2010(1)：31－38.

[23] 许静波.论文化景观的特性[J].云南地理环境研究，2007(4)：73－77.

[24] Aplin G. World heritage cultural landscapes [J]. International Journal of Heritage Studies. 2007，13(6)：427－446.

[25] Lowenthal D. The heritage crusade and the spoils of history [M]. Cambridge University Press，1998.

[26] Howard P，Ashworth G G J. European heritage，planning and management [M]. Intellect Books，1999.

[27] 韩锋.文化景观——填补自然和文化之间的空白[J].中国园林，2010(9)：7－11.

[28] Denyer S. Authenticity in World Heritage cultural landscapes：continuity and change [C]. 2005.

[29] Rössler M. World Heritage cultural landscapes：A UNESCO flagship programme 1992－2006 [J]. Landscape Research. 2006，31(4)：333－353.

[30] 韩锋.世界遗产文化景观及其国际新动向[J].中国园林，2007(11)：18－21.

[31] Carruthers J. Mapungubwe：an historical and contemporary analysis of a World Heritage cultural landscape [J]. Koedoe-African Protected Area Conservation and Science. 2006，49(1)：1－13.

[32] Akagawa N，Sirisrisak T. Cultural landscapes in Asia and the Pacific：implications of the World Heritage Convention [J]. International journal of heritage studies. 2008，14(2)：176－191.

[33] Pollock Ellwand N，Miyamoto M，Kano Y，et al. Commerce and conservation：An Asian approach to an enduring landscape，Ohmi-Hachiman，Japan [J]. International Journal of Heritage Studies. 2009，15(1)：3－23.

[34] Taylor K. Cultural landscapes and Asia：Reconciling international and Southeast Asian regional values [J]. Landscape Research. 2009，34(1)：7－31.

[35] Taylor K，Altenburg K. Cultural landscapes in Asia-Pacific：Potential for filling World

Heritage gaps 1 [J]. International journal of heritage studies. 2006, 12(3): 267 - 282.

[36] Swanwick C. Topic Paper 6: Techniques and criteria for judging capacity and sensitivity [J]. Countryside Agency and Scottish Natural Heritage, 2004.

[37] Swanwick C. Recent practice and the evolution of Landscape Character Assessment [J]. Landscape Character Assessment Guidance for England and Scotland, 2003.

[38] Rippon S. Historic landscape character and sense of place [J]. Landscape Research. 2013, 38(2): 179 - 202.

[39] Ogleby C L, G M M S. Between a rock and a database: A cultural site management system for the rock paintings of Uluru, Central Australia [Z]. International Society on Virtual Systems and Multimedia (Ogaki), 2004.

[40] Jones M. The European landscape convention and the question of public participation [J]. Landscape Research. 2007, 32(5): 613 - 633.

[41] Jansen-Verbeke Myriam. 基于文化景观的旅游化讨论(英文)[J]. 资源科学,2009(6): 934 - 941.

[42] 单霁翔. 从"文化景观"到"文化景观遗产"(下)[J]. 东南文化,2010(3): 7 - 12.

[43] 王毅. 文化景观的类型特征与评估标准[J]. 中国园林,2012(1): 98 - 101.

[44] Han F. Cross-cultural misconceptions: Application of World Heritage concepts in scenic and historic interest areas in China [Z]. United States: 2004.

[45] 韩锋. 亚洲文化景观在世界遗产中的崛起及中国对策[J]. 中国园林,2013(11): 5 - 8.

[46] 张祖群,赵荣,杨新军,等. 中国传统聚落景观评价案例与模式[J]. 重庆大学学报(社会科学版),2005(02): 18 - 22.

[47] 杨晨. 扬州瘦西湖景观性格研究[D]. 上海: 同济大学,2011.

[48] 陈倩. 试论英国景观特征评价对中国乡村景观评价的借鉴意义[D]. 重庆: 重庆大学,2009.

[49] 林铁南. 英国景观特征评估体系与我国风景名胜区评价体系的比较研究[J]. 风景园林,2012(1): 104 - 108.

[50] 李华东,单彦名,冯新刚. 英国历史景观特征评估及应用[J]. 建筑学报,2012(06): 40 - 43.

[51] 邬东璠. 议文化景观遗产及其景观文化的保护[J]. 中国园林,2011(4): 1 - 3.

[52] 严国泰,赵书彬. 建立文化景观遗产管理预警制度的战略思考[J]. 中国园林,2010(9): 12 - 14.

[53] 易红. 中国文化景观遗产的保护研究[D]. 杨凌: 西北农林科技大学,2009.

[54] 黄明玉. 文化遗产与"地方"[N]. 中国文物报,(2).

[55] 叶扬.《中国文物古迹保护准则》研究[D]. 北京: 清华大学,2005.

[56] 琪·罗,韩锋,徐青.《欧洲风景公约》: 关于"文化景观"的一场思想革命[J]. 中国园

林,2007(11):10-15.

[57] 诺伯舒兹挪.场所精神:迈向建筑现象学[M].武汉:华中科技大学出版社,2010.

[58] 李屹.《贵阳建议》突出"保护活着的文化遗产"[N],中国文化报,2008-10-30.

[59] 城市文化景观遗产保护杭州宣言[N].杭州日报,2011-09-26(1).

[60] 袁菲.城乡发展历史与遗产保护[J].城市规划学刊,2013(02):120-122.

[61] Sugio K. Intangible heritage and cultural routes in a universal context [C]. 2002.

[62] 李伟,俞孔坚.世界文化遗产保护的新动向——文化线路[J].城市问题,2005(4):7-12.

[63] Martorell A. The route of Santiago in Spain (Camino Frances) as WHS: Its conservation and management [C]. 2005.

[64] 李伟,俞孔坚,李迪华.遗产廊道与大运河整体保护的理论框架[J].城市问题,2004(1):28-31.

[65] 吕舟.文化线路:世界遗产的新类型[J].中华遗产,2006(01):11-13.

[66] 吕舟.文化线路构建文化遗产保护网络[J].中国文物科学研究,2006(1):59-63.

[67] 丁援.无形文化线路理论研究[D].武汉:华中科技大学,2007.

[68] 丁援.国际古迹遗址理事会(ICOMOS)文化线路宪章[J].中国名城,2009(5):51-56.

[69] 王建波,阮仪三.作为遗产类型的文化线路——《文化线路宪章》解读[J].城市规划学刊,2009(4):86-92.

[70] 单霁翔.关注新型文化遗产——文化线路遗产的保护[J].中国名城,2009(5):4-12.

[71] 阮仪三,丁援.价值评估、文化线路和大运河保护[J].中国名城,2008(1):38-43.

[72] 王建波,阮仪三.作为文化线路的京杭大运河水路遗产体系研究[J].中国名城,2010(9):42-46.

[73] 冬冰,张益,谢青桐.文明的空间联系:大运河、新安江和徽杭古道构建的徽商文化线路[J].中国名城,2009(9):16-20.

[74] 陈怡.大运河作为文化线路的认识与分析[J].东南文化,2010(1):13-17.

[75] 康新宇.在用巨型线性文化遗产保护——大运河浙江段五城市(杭州、嘉兴、湖州、绍兴、宁波)遗产保护规划[J].城市规划通讯,2010(6):14-16.

[76] 骆文伟.文化线路视域下的"海上丝绸之路:泉州史迹"申报世界遗产探索[J].湖南医科大学学报(社会科学版),2009(4):69-71.

[77] 余剑明.云南茶马古道文化线路的现状与保护[J].中国文化遗产,2010(4):91-101.

[78] 王丽萍.文化线路与滇藏茶马古道文化遗产的整体保护[J].西南民族大学学报(人文社科版),2010(7):26-29.

[79] 杨雪松,赵逵."川盐古道"文化线路的特征解析[J].华中建筑,2008(10):211-214.

[80] 赵逵.川盐古道上的传统聚落与建筑研究[D].武汉:华中科技大学,2007.

[81] 赵逵,张钰,杨雪松.川盐文化线路与传统聚落[J].规划师,2007(11):89-92.

[82] 王靖,张伶伶,戴晓旭.城市空间中的“文化线路”[J].华中建筑,2010(7):148-150.
[83] 周剑虹.文化线路保护管理研究[D].西安:西北大学,2011.
[84] 王景慧.文化线路的保护规划方法[J].中国名城,2009(7):10-13.
[85] 王志芳,孙鹏.遗产廊道——一种较新的遗产保护方法[J].中国园林,2001(5):86-89.
[86] Little C E. Greenways for america [M]. JHU Press, 1995.
[87] 王肖宇.基于层次分析法的京沈清文化遗产廊道构建[D].西安建筑科技大学,2009.
[88] Zube E H. Greenways and the US national park system [J]. Landscape and urban planning. 1995, 33(1): 17-25.
[89] Robertson R A, Others. Recreational use of urban waterways: the Illinois and Michigan canal corridor [J]. Western Wildlands. 1989, 15(3): 14-17.
[90] Conzen M P, Wulfestieg B M. Metropolitan Chicago's regional cultural park: Assessing the development of the Illinois & Michigan Canal national heritage corridor [J]. Journal of Geography. 2001, 100(3): 111-117.
[91] Gobster P H, Westphal L M. The human dimensions of urban greenways: planning for recreation and related experiences [J]. Landscape and Urban Planning. 2004, 68(2): 147-165.
[92] 奚雪松,俞孔坚,李海龙.美国国家遗产区域管理规划评述[J].国际城市规划,2009(4):91-98.
[93] 朱强.遗产廊道规划的理论框架——以工业遗产廊道为例[C]//中国城市科学研究会.城市发展研究——2009城市发展与规划国际论坛论文集.中国黑龙江哈尔滨:2009:121-124.
[94] 俞孔坚,奚雪松,李迪华,等.中国国家线性文化遗产网络构建[J].人文地理,2009(3):11-16.
[95] 刘海龙.构建中国遗产地整合保护网络的若干关键问题探讨[C]//中国风景园林学会.和谐共荣——传统的继承与可持续发展:中国风景园林学会2010年会论文集(上册).中国江苏苏州:2010:84-87.
[96] 李迪华.构建大运河遗产廊道——京杭大运河骑行的感想和希望[J].中国文化遗产,2006(1):50-57.
[97] 俞孔坚,朱强,李迪华.中国大运河工业遗产廊道构建:设想及原理(上篇)[J].建设科技,2007(11):28-31.
[98] 俞孔坚,朱强,李迪华.中国大运河工业遗产廊道构建:设想及原理(下篇)[J].建设科技,2007(13):39-41.
[99] 王肖宇,陈伯超,毛兵.京沈清文化遗产廊道研究初探[J].重庆建筑大学学报,2007(2):26-30.

[100] 王肖宇,陈伯超. 美国国家遗产廊道的保护——以黑石河峡谷为例[J]. 世界建筑,2007(7):124-126.

[101] 王玏. 北京河道遗产廊道构建研究[D]. 北京:北京林业大学,2012.

[102] Cameron C. The Challenges of Historic Corridors [J]. Cultural Resources Management Bulletin (CRM). 1993, 16(11).

[103] Yahner T G, Korostoff N, Johnson T P, et al. Cultural landscapes and landscape ecology in contemporary greenway planning, design and management: a case study [J]. Landscape and urban planning. 1995, 33(1): 295-316.

[104] Gulliford A. Preserving Western History [M]. UNM Press, 2005.

[105] 朱强,刘海龙. 绿色通道规划研究进展评述[J]. 城市问题,2006(05):11-16.

[106] 刘小方. 文化线路辨析[J]. 桂林旅游高等专科学校学报,2006(5):622-625.

[107] 严国泰,林铁南. 对构建历史边界线路遗产保护体系的思考[J]. 中国园林,2012(3).

[108] Natural England. Landscape character assessment guidance for England and Scotland [R]. 2011.

[109] Clark J, Darlington J, Fairclough G J, et al. Using historic landscape characterisation: English Heritage's Review of HLC: Applications 2002-03 [M]. English Heritage and Lancashire County Council, 2004.

[110] Turner S. Historic landscape characterisation: A landscape archaeology for research, management and planning [J]. Landscape Research. 2006, 31(4): 385-398.

[111] Rippon S. Historic landscape character and sense of place [J]. Landscape Research. 2013, 38(2): 179-202.

[112] Mücher C A, Klijn J A, Wascher D M, et al. A new European Landscape Classification (LANMAP): A transparent, flexible and user-oriented methodology to distinguish landscapes [J]. Ecological Indicators. 2010, 10(1): 87-103.

[113] Fry G. The landscape character of Norway — landscape values today and tomorrow [J]. Landscape Our Home — Essays on the culture of the European landscape as a task. Zeist, Stuttgart. 2000.

[114] Hughes R, Buchan N. The landscape character assessment of Scotland [J]. Landscape Character: Perspectives on Management and Change. 1999: 1-12.

[115] Caspersena O H. Public participation in strengthening cultural heritage: The role of landscape character assessment in Denmark [J]. Geografisk Tidsskrift-Danish Journal of Geography. 2013, 1(109): 33-45.

[116] Brabyn L. Classifying landscape character [J]. Landscape research. 2009, 34(3): 299-321.

[117] Abidin Z, Arbina N, Lee G. Methodology for evaluating the landscape character of

Malaysian heritage urban river corridors [J]. 2011.

[118] 瑞斯·司万维克,高枫,邓位.英国景观特征评估[J].世界建筑,2006(7):23-27.

[119] 吴伟,杨继梅.英格兰和苏格兰景观特色评价导则介述[J].国际城市规划,2008(05):97-101.

[120] 林轶南.英国景观特征评估体系与我国风景名胜区评价体系的比较研究[J].风景园林,2012(1):104-108.

[121] 张柔然.基于景观特征评价的风力农场规划手法——以英国谢菲尔德风力农场规划为例[J].中国园林,2011(04):57-61.

[122] 杨晨.扬州瘦西湖景观性格研究[D].上海:同济大学,2011.

[123] 陈倩.试论英国景观特征评价对中国乡村景观评价的借鉴意义[D].重庆:重庆大学,2009.

[124] 朱杰.基于英国风景特质评估体系的吉首市风景特质评估研究[D].武汉:华中农业大学,2013.

[125] 史晨暄.世界遗产"突出的普遍价值"评价标准的演变[D].北京:清华大学,2008.

[126] Unesco. The Chinese Silk Road as World Cultural Heritage Route — A systematic Approach towards Identification and Nomination [R]. 2004.

[127] 赵智聪.作为文化景观的风景名胜区认知与保护[D].北京:清华大学,2012.

[128] 史晨暄.世界遗产"突出的普遍价值"评价标准的演变[D].北京:清华大学,2008.

[129] 张成渝.国内外世界遗产原真性与完整性研究综述[J].东南文化,2010(04):30-37.

[130] 王毅,郑军,吕睿.文化景观的真实性与完整性[J].东南文化,2011(3).

[131] 国家文物局.国际文化遗产保护文件选编[M].北京:文物出版社,2007:389.

[132] Denyer S. Authenticity in World Heritage cultural landscapes: continuity and change [C]. 2005.

[133] Mitchell N, Rossler M, Tricaud P. World Heritage Cultural Landscapes: A Handbook for Conservation and Management [M]. 4/2/UNESCO/Cult/09/E, 2009.

[134] Jung C C G. The archetypes and the collective unconscious [M]. Princeton University Press, 1981.

[135] 窦树德.人文地理学[M].太原:山西人民出版社,2009.

[136] 胡振洲.聚落地理学[M].台北:三民书局,1994.

[137] Albright H M, Schenck M A. Creating the national park service — The missing years [M]. University of Oklahoma Press Norman, 1999.

[138] 傅抱璞.起伏地形中的小气候特点[J].地理学报,1963(3):175-187.

[139] 杨湘桃.风景地貌学[M].长沙:中南大学出版社,2005.

[140] 威利,贾伟明.维鲁河谷课题与聚落考古——回顾与当前的认识[J].华夏考古,2004(01):66-68.

[141] 毛刚. 生态视野——西南高海拔山区聚落与建筑[M]. 南京：东南大学出版社，2003：240.

[142] 李建华，杨健，李建柱. 西南碉寨的空间立体防御体系及其聚落形态试析[J]. 建筑学报，2011(11)：21-24.

[143] Derwent Valley Mills Partnership. The Derwent Valley Mills and their communities [M]. Derwent Valley Mills Partnership，2001：100.

[144] 中央民族学院图书馆编. 盐井乡土志[M]. 出版者不详，1979.

[145] 哈比布，张建林，姚军，等. 西藏自治区昌都地区芒康县盐井盐田调查报告[J]. 南方文物，2010(1)：84-97.

[146] Lay M G. Ways of the world：A history of the world's roads and of the vehicles that used them [M]. Rutgers university press，1999.

[147] 戈叔亚. 寻找一条"照片上的公路"——二战史上著名的"24 拐"在哪里[J]. 华夏人文地理，2002(02)：102-109.

[148] 陈福义，范保守. 商业地理学理论与应用[M]. 北京：中国商业出版社，1993.

[149] 郑晴云. 朝圣与旅游：一种人类学透析[J]. 旅游学刊，2008(11)：81-86.

[150] 殷力欣. 阿富汗巴米扬河谷的历史文化遗存[J]. 建筑创作，2006(9)：98-107.

[151] 吴焯. 克孜尔石窟兴废与渭干河谷道交通[J]. 中国社会科学院历史研究所学刊 第二集，2001：156-179.

[152] 王恩涌. 文化地理学导论——人・地・文化[M]. 北京：高等教育出版社，1989.

[153] 王恩涌，王正毅，楼耀亮，等. 政治地理学——时空中的政治格局[M]. 北京：高等教育出版社，1998：436.

[154] 舒畅，刘勇，纯青. 我们的共和国丛书建设卷红旗渠[M]. 北京：中国和平出版社，2003：7.

[155] 吕舟. 第六批国保单位公布后的思考[N]. 中国文物报，2006-08-18(6).

[156] 张强. 论基督教朝圣网络与贸易路线的重合[J]. 黄石理工学院学报(人文社会科学版)，2013(1)：57-58.

[157] Penning-Rowsell E C，Searle G H. The "Manchester" landscape evaluation method：a critical appraisal [J]. Landscape Research. 1977，2(3)：6-11.

[158] 邱仲麟. 明代长城沿线的植木造林[J]. 南开学报(哲学社会科学版)，2007(03)：32-42.

[159] Woolliscroft D. Signalling and the design of Hadrian's Wall [J]. Archaeologia Aeliana 5th Series. 1989 (Vol. XVII)：5-20.

[160] 王琳峰. 明长城蓟镇军事防御性聚落研究[D]. 天津：天津大学，2012.

[161] 文物编辑委员会. 中国长城遗迹调查报告集[M]. 北京：文物出版社，1981：140.

[162] 裴钰. 长城开发穷途末路了？[J]. 中国经济周刊，2010(38)：52-53.

[163] 张帆,邱冰.自发性空间实践:大运河遗产保护研究的盲点——以无锡清名桥历史文化街区为研究样本[J].中国园林,2014(02):22-27.

[164] 王云才,陈田,石忆邵.文化遗址的景观敏感度评价及可持续利用——以新疆塔什库尔干石头城为例[J].地理研究,2006(03):517-525.

[165] 邓明艳,罗佳明.英国世界遗产保护利用与社区发展互动的启示——以哈德良长城为例[J].生态经济,2007(12):141-145.

[166] Flink C A, Robert M S. Greenways [M]. Washington: IslandPress. 1993, 167(3).

[167] 亓兴兰,刘健,余坤勇,等.基于RS与GIS的闽江流域森林景观格局分析[J].福建林学院学报,2006(01):36-40.

[168] Stovel H. Effective use of authenticity and integrity as world heritage qualiifying conditions [J]. City & Time. 2007, 3(2): 3.

附录 A 与文化景观相关的世界遗产委员会及专家会议[①]

年份	会 议 名 称	地点	与文化景观相关的议题
1993.10	关于“文化景观的突出普遍价值”的国际专家会议(International Expert Meeting on Cultural Landscapes of Outstanding Universal Value)	德国 滕普林	文化景观的未来行动计划(Action Plan for the Future)。
1993.12	世界遗产委员会第 17 次会议(17COM)	哥伦比亚 卡塔赫纳	修订文化遗产提名标准及《操作指南》中文化景观的解释性段落;发起区域比较专题;管理文化景观的具体的操作指南;文化景观行动计划、文化景观的专题研究。
1994.11	关于“遗产运河”的专家会议(Expert Meeting on Heritage Canals)	加拿大 安大略	遗产运河(Heritage Canals)的定义、价值、具有代表性的方面、真实性和完整性、管理方式。
1994.11	关于“作为我们文化遗产一部分的线路”的专家会议(Expert Meeting on Routes as Part of our Cultural Heritage)	西班牙 马德里	文化线路的标准、范围、内涵、鉴别方式、组成要素等。
1994.12	世界遗产委员会第 18 次会议(18COM)	泰国 普吉岛	提出在 1995 年的行动计划中,关注并召开与亚太地区梯田文化景观有关的会议;提出一项与澳大利亚的合作会议,关注文化景观的关联性特征(associative character)。

① 本表部分参考自:赵智聪.作为文化景观的风景名胜区认知与保护.2012,清华大学.第 181—200 页.

续 表

年份	会 议 名 称	地点	与文化景观相关的议题
1995. 3	关于“亚洲稻作文化及梯田景观”的区域性专题研究会议(Regional Thematic Study Meeting on Asian Rice Culture and its Terraced Landscapes)	菲律宾马尼拉	稻作景观及梯田,以及类似的持续性的有机进化的景观(continuing organnically evolved landscapes)的定义、评价及挑战。
1995. 4	关于“关联性文化景观”的亚太工作组(the Asia-Pacific Workshop on Associative Cultural Landscape)	澳大利亚悉尼、蓝山、新南威尔士	关联性景观的定义、评价标准、真实性、完整性、边界问题,以及管理、监测和社区参与。
1996. 4	关于“欧洲文化景观的突出普遍价值”的专家会议(Expert Meeting on European Cultural Landscapes of Outstanding Universal Value)		欧洲文化景观的定义、评估及评价方式;活态景观(living landscape)的重要性。
1998. 5	关于“安第斯山脉文化景观”的区域性专题会议(Regional Thematic Meeting on Cultural Landscapes in the Andes)	秘鲁阿雷基帕、奇瓦伊	以安第斯山脉地区的案例为例,讨论和检验世界遗产文化景观的分类标准,并研究了安第斯地区的特征、文化景观的可持续发展、普遍性和代表性、真实性和完整性、管理方式等。
2001. 7	关于“阿尔卑斯山弧形区域”各国联合申报世界遗产的政府会议(States Parties Meeting towards a joint nomination of areas of the Alpine Arc for the World Heritage List)	意大利都灵	提出阿尔卑斯山弧形区域(Alpine Arc)各国联合将这个欧洲最古老的文化景观申报为世界遗产。
2012	关于“农牧交错带文化景观”的国际会议(International Meeting on the Cultural Landscapes of Agropastoralism)		

附录 B　欧洲公布的文化线路[①]

英文名称	中文名称	登录时间/年	穿越国家	内　　容	主题
The Santiago De Compostela Pilgrim Routes	圣地亚哥朝圣之路	1987	比利时、法国、德国、意大利、卢森堡、葡萄牙、西班牙、瑞士	为前往西班牙的圣地亚哥·德孔波斯特拉，向基督教十二使徒之一的圣雅各朝拜的旅行路线。	宗教
The Hansa	汉莎同盟之路	1991	比利时、爱沙尼亚、芬兰、德国、拉脱维亚、立陶宛、荷兰、挪威、波兰、俄罗斯、瑞典、英国	由德国商人开辟的一条与波罗的海相关的贸易之路，持续几百年之久。	商贸
The Heinrich Schickhardt Route	海因里希·史克哈特之路	1992	法国、德国	由有“施瓦达芬奇”之称的著名建筑师海因里希·史克哈特设计建造的一系列教堂、城堡、学校、工厂以及城镇组成。	军事
The Viking Routes	维京海盗之路	1993	白俄罗斯、比利时、丹麦、爱沙尼亚、芬兰、法国、德国、希腊、冰岛、爱尔兰、拉脱维亚、立陶宛、荷兰、挪威、波兰、葡萄牙、俄罗斯、西班牙、瑞典、土耳其、乌克兰、英国	欧洲各国及欧洲以外国家共有的、关于维京海盗的一系列故事和遗址的集合。	军事

① 笔者根据欧洲理事会发布的文化线路官方资料翻译、整理，见 http://www. coe. int/t/dg4/cultureheritage/culture/Routes/default_en. asp

续 表

英文名称	中文名称	登录时间/年	穿越国家	内　容	主题
The Via Francigena	弗兰奇杰纳古道	1994	法国、意大利、瑞士、英国	公元990年，任坎特伯雷大主教的西格里克从罗马回到英国，并在日记上写下他在欧洲的行程，这条路线成为如今的“弗兰奇杰纳古道”。	宗教
The Vauban and Wenzel Routes	沃邦和文策尔之路	1995	法国、卢森堡	为环绕卢森堡的防御体系，得名于设计者沃邦元帅和文策尔二世（卢森堡公爵）。	军事
The Routes of El Legado of Andalusi	安达卢西亚遗产之路	1997	西班牙	西班牙安达卢西亚地区的各城市与格拉纳达连接的道路及沿线遗迹的集合。	文化艺术
European Mozart Ways	欧洲莫扎特之路	2002	奥地利、比利时、捷克、法国、德国、意大利、荷兰、斯洛伐克、瑞士、英国	由一系列与莫扎特生平及音乐有关的宫殿、广场、花园、客栈和旅馆组成的文化线路。	文化艺术
The Phoenicians' Route	腓尼基人之路	2003	阿尔及利亚、克罗地亚、塞浦路斯、埃及、法国、希腊、意大利、黎巴嫩、利比亚、马耳他、摩洛哥、巴勒斯坦领土、葡萄牙、西班牙、叙利亚、突尼斯、土耳其、英国	为腓尼基人从公元前12世纪开始建立的主要贸易线路，是地中海文化重要且基本的组成部分。	商贸
The Pyrenean Iron Route	比利牛斯山脉的铁矿之路	2004	安道尔、法国、西班牙	由富藏铁矿的比利牛斯山脉中的一系列森林、早期矿井、冶炼厂、道路等组成，见证了该地区曾有的辉煌历史。	工业

续 表

英文名称	中文名称	登录时间/年	穿越国家	内容	主题
The Saint Martin of Tours Route	圣马丁的旅行之路	2005	阿尔巴尼亚、安道尔、奥地利、比利时、波黑、保加利亚、克罗地亚、塞浦路斯、捷克、丹麦、爱沙尼亚、芬兰、法国、德国、希腊、匈牙利、冰岛、爱尔兰、意大利、拉脱维亚、列支敦士登、立陶宛、卢森堡、马耳他、摩尔多瓦、摩纳哥、黑山、荷兰、挪威、波兰、葡萄牙、罗马尼亚、塞尔维亚、斯洛伐克、西班牙、瑞典、瑞士、马其顿、乌克兰、英国	早期传教士、旅行家圣马丁的环游欧洲之路,包括成千上万纪念他的建筑和构筑物,与他相关的城镇和无数故事。	宗教
The Cluniac Sites in Europe	欧洲克吕尼运动遗迹	2005	法国、德国、意大利、西班牙、瑞士、英国	由欧洲中世纪教会著名的"克吕尼改革"运动留下的一系列物质和非物质遗产组成。	宗教
The Routes of the Olive Tree	橄榄树之路	2005	阿尔巴尼亚、阿尔及利亚、波黑、塞浦路斯、克罗地亚、埃及、法国、希腊、意大利、约旦、黎巴嫩、利比亚、马耳他、摩洛哥、葡萄牙、塞尔维亚、斯洛文尼亚、西班牙、叙利亚、突尼斯、土耳其	橄榄树是和平与对话的普遍象征;地中海文明也是"橄榄树的文明"。橄榄树之路包括一系列遗址、文化事件和活动。	农业
The Via Regia	王者大道	2005	白俄罗斯、比利时、法国、德国、立陶宛、波兰、西班牙、乌克兰	王者大道是连接东西欧的最古老、也是最长的道路,始于乌克兰的基辅,终于圣地亚哥的德康波斯特拉,沿路有一系列历史城市和遗迹。	交通

续 表

英文名称	中文名称	登录时间/年	穿越国家	内容	主题
Transromanica — The Romanesque Routes of European Heritage	通向罗马——罗马风格之路	2007	奥地利、法国、德国、意大利、葡萄牙、塞尔维亚、西班牙	为欧洲波罗的海与地中海之间八个与罗马有渊源的国家的、反映罗马风的系列遗产的集合。	文化艺术
The Iter Vitis Route	葡萄园之路	2009	亚美尼亚、奥地利、阿塞拜疆、克罗地亚、法国、格鲁吉亚、德国、希腊、匈牙利、意大利、马耳他、摩尔多瓦、葡萄牙、罗马尼亚、斯洛文尼亚、西班牙、马其顿	葡萄种植和酿酒业在欧洲的 18 个国家扮演了重要的角色，葡萄园之路将这一系列农业景观连接起来，反映了从大西洋到高加索、从地中海到波罗的海的欧洲认同的多样性。	农业
The European Route of Cistercian abbeys	欧洲西多会修道院之路	2010	比利时、捷克、丹麦、法国、德国、意大利、波兰、葡萄牙、西班牙、瑞典、瑞士	为欧洲天主教隐修院修会“西多会”的一系列遗产的集合，包括 11 个国家近 200 处遗址，以及与西多会修士相关的一系列水利、农业技术等。	宗教
European Cemeteries Route	欧洲墓地之路	2010	奥地利、克罗地亚、爱沙尼亚、法国、德国、希腊、意大利、挪威、波兰、葡萄牙、俄罗斯、塞尔维亚、斯洛文尼亚、西班牙、瑞典、英国	由分布在 16 个欧洲国家、位于 37 个不同城市的 49 处墓地组成，包括一系列优秀的建筑、雕塑等组成的物质遗产和历史、故事等非物质遗产。	文化艺术
Prehistoric Rock Art Trail	史前岩画之路	2010	法国、爱尔兰、意大利、挪威、葡萄牙、西班牙	包括分布在 6 个欧洲国家的 100 多处史前岩画，反映出原始社会文化与自然之间存在的辩证关系。	文化艺术

续　表

英文名称	中文名称	登录时间/年	穿越国家	内　容	主题
European Route of Historical Thermal Towns	欧洲传统温泉水疗城镇之路	2010	德国、比利时、克罗地亚、法国、西班牙、匈牙利、意大利、捷克、罗马尼亚、英国	由欧洲的一系列传统的温泉水疗城镇组成，肇始于19世纪，是近代健康旅游的开端，并衍生出一系列休闲度假胜地。	休闲娱乐
The Route of Saint Olav Ways	圣奥拉夫朝圣之路	2010	丹麦、挪威、瑞典	为前往挪威特隆赫姆的尼德罗斯大教堂的朝圣之路，那里埋葬着挪威国王奥拉夫二世，他是基督教的虔诚信仰者。	宗教
The European Route of Jewish Heritage	欧洲犹太遗产之路	2010—2011	比利时、波黑、克罗地亚、捷克、丹麦、法国、希腊、匈牙利、意大利、立陶宛、荷兰、挪威、波兰、罗马尼亚、塞尔维亚、斯洛伐克、斯洛文尼亚、西班牙、瑞典、瑞士、乌克兰、英国	包括一系列考古遗址、犹太教堂、墓地、浴池、住所、纪念碑，以及档案室和图书馆、专类博物馆等。	民族
The Casadean Sites	卡萨丁修会遗迹	2012	比利时、法国、意大利、西班牙、瑞士	为一系列与欧洲中世纪教会——卡萨丁隐修会有关的物质及非物质遗产的集合。	宗教
The European Route of Ceramics	欧洲陶瓷之路	2012	法国、德国、意大利、荷兰、葡萄牙、西班牙、土耳其、英国	包括一系列与陶瓷有关的物质与非物质遗产，将一系列工厂、博物馆、学校等通过陶瓷主题联系在一起。	工业
The European Route of Megalithic Culture	欧洲巨石文化线路	2013	丹麦、德国、荷兰、瑞典	包含新石器时期欧洲共享有“巨石文化”的四个国家的一系列遗迹，中世纪至今的各种描述和艺术作品是这些遗迹重要性的最好例证。	文化艺术

续 表

英文名称	中文名称	登录时间/年	穿越国家	内容	主题
The Huguenot and Waldensian trail	胡格诺与华尔多小道	2013	法国、德国、意大利、瑞士	为受到1685年法国“异端”法令迫害的胡格诺和华尔多教派的教徒迁徙的路径。该路径反映了两个教派的历史，同时也见证了教徒们融入宗主国的脚步，以及自由、人权、容忍和团结的欧洲核心价值观。	宗教

附录 C　世界遗产中的线性文化景观①

英文名称	中文名称	国别	列入时间/年	长度/km	宽度/m	地理	核心区面积/km^2	缓冲区面积/km^2	文化景观类别	提名标准	混合遗产	濒危
Cultural Landscape and Archaeological Remains of the Bamiyan Valley	巴米扬山谷的文化景观和考古遗迹	阿富汗	2003	264	不详	河谷	159	342	3	(i)(ii)(iii)(iv)(vi)		是
Madriu-Perafita-Claror Valley	马德留-配拉菲塔-克拉罗尔大峡谷	安道尔	2004	118	不详	山谷	4 247	不详	2(2)	(v)		
Quebrada de Humahuaca	塔夫拉达·德乌玛瓦卡	阿根廷	2003	155	300	河谷	172 116	369 649	2(2)	(ii)(iv)(v)		

① 样本及数据来源：WHC Activities：Cultural Landscape，http://whc.unesco.org/en/culturallandscape

续 表

英文名称	中文名称	国别	列入时间/年	长度/km	宽度/m	地理	核心区面积/km²	缓冲区面积/km²	文化景观类别	提名标准	混合遗产	濒危
Hallstatt-Dachstein/Salzkammergut Cultural Landscape	哈尔施塔特-达特施泰因萨尔茨卡默古特文化景观	奥地利	1997	不详	不详	湖区	28 446. 2	20 013. 9	2(2)	(iii)(iv)		
Wachau Cultural Landscape	瓦豪文化景观	奥地利	2000	40	不详	河谷	18 387	2 942	2(2)	(ii)(iv)		
Fertö/Neusiedlersee Cultural Landscape	新锡德尔湖与费尔特湖地区文化景观	奥地利、匈牙利	2001	100	不详	湖区	52 413	40 119	2(2)	(v)		
Viñales Valley	比尼亚莱斯山谷	古巴	1999	不详	不详	山谷	不详	不详	2(2)	(iv)		
Coffee Cultural Landscape of Colombia	哥伦比亚咖啡文化景观	哥伦比亚	2011	不详	不详	山谷	141 120	207 000	2(2)	(v)(vi)		
Jurisdiction of Saint-Emilion	圣艾米伦区	法国	1999	25	不详	河谷	7 847	5 101	2(2)	(iii)(iv)		
The Loire Valley between Sully-sur-Loire and Chalonnes	卢瓦尔河畔叙利与沙洛纳间的卢瓦尔河谷	法国	2000	280	375	河谷	85 394	208 934	2(2)	(i)(ii)(iv)		

续 表

英文名称	中文名称	国别	列入时间/年	长度/km	宽度/m	地理	核心区面积/km²	缓冲区面积/km²	文化景观类别	提名标准	混合遗产	濒危
Ecosystem and Relict Cultural Landscape of Lopé-Okanda	洛佩——奥坎德生态系统与文化遗迹景观	加蓬	2007	120	6 000	河谷	491 291	150 000	2(1)	(iii)(iv)(ix)(x)	是	
Upper Middle Rhine Valley	莱茵河中上游河谷	德国	2002	65	400	河谷	27 250	34 680	2(2)	(ii)(iv)(v)		
Dresden Elbe Valley	德累斯顿的埃尔伯峡谷	德国	2004	18	100	河谷	1930	1 240	2(2)	(ii)(iii)(iv)(v)		
Tokaj Wine Region Historic Cultural Landscape	托卡伊葡萄酒产地历史文化景观	匈牙利	2002	不详	不详	河谷	13 255	74 879	2(2)	(iii)(v)		
Incense Route — Desert Cities in the Negev	熏香之路——内盖夫的沙漠城镇	以色列	2005	65	1 000	道路	6 655	63 868	2(1)	(iii)(v)		
Costiera Amalfitana	阿马尔菲海岸景观	意大利	1997	不详	不详	海岸	11 231		2(2)	(ii)(iv)(v)		
Iwami Ginzan Silver Mine and its Cultural Landscape	石见银山遗迹及其文化景观	日本	2010	19.5	3.3	山谷	529	3 134	2(1)、2(2)	(ii)(iii)(v)		
Sacred Sites and Pilgrimage Routes in the Kii Mountain Range	纪伊山地的圣地与参拜道	日本	2004	307.6	1	道路	495	1 137	3	(ii)(iii)(iv)(vi)		

续 表

英文名称	中文名称	国别	列入时间/年	长度/km	宽度/m	地理	核心区面积/km^2	缓冲区面积/km^2	文化景观类别	提名标准	混合遗产	濒危
Sulaiman-Too Sacred Mountain	苏莱曼-图圣山	吉尔吉斯斯坦	2009	1.7	不详	山谷	112	4 788	3	(iii)(vi)		
Ouadi Qadisha (the Holy Valley) and the Forest of the Cedars of God (Horsh Arz el-Rab)	夸底·夸底沙(圣谷)和神杉林	黎巴嫩	1998	35	不详	山谷	不详	不详	3	(iii)(iv)		
Curonian Spit	库尔斯沙嘴	立陶宛、俄罗斯	2000	98	4 000	海岸	33 021	不详	2(2)	(v)		
Kernavė Archaeological Site (Cultural Reserve of Kernavė)	克拿维考古遗址(克拿维文化保护区)	立陶宛	2004	2.4	不详	河谷	194	2 455	2(1)	(iii)(iv)		
Orkhon Valley Cultural Landscape	鄂尔浑峡谷文化景观	蒙古	2004	80	28	河谷	121 967	61 044	2(2)	(ii)(iii)(iv)		
Alto Douro Wine Region	葡萄酒产区上杜罗	葡萄牙	2001	120	不详	河谷	24 600	225 400	2(2)	(iii)(iv)(v)		
Cultural Landscape of the Serra de Tramuntana	特拉蒙塔那山区文化景观	西班牙	2011	90	15 000	海岸	30 745	78 617	2(2)	(ii)(iv)(v)		
Lavaux, Vineyard Terraces	拉沃葡萄园梯田	瑞士	2007	30	不详	海岸	898	1 408	2(2)	(iii)(iv)(v)		

附录 D 闽江福州段 GIS 数据库图层表

数据集		数据	类型	来源	备注
应用层数据集		景观性格分区图	规划	自绘	
		福州老建筑百科建筑词条数据库	要素点	福州老建筑百科	带有地理坐标的数据共 466 条
		《福州烟台山历史文化风貌区、公园路历史建筑群、马厂街历史建筑群保护规划》	规划	上海同济城市规划设计研究院	2013 年
		《福州历史文化名城保护规划》	规划	上海同济城市规划设计研究院	2009 年
		《福州市区优秀近现代建筑保护规划》	要素点、规划	福州市规划院	2005 年
历史景观性格数据集	历史地图	1949 年《福州市区详图》	历史地图	福建省图书馆	
		1937 年《福州街市图》	历史地图	福建省图书馆	出自野上英一《福州考》
		1928、1930 年《福州市全图》	历史地图	福建省图书馆	两张地图仅细节略有不同

续 表

数据集		数据	类型	来源	备注
历史景观性格数据集	历史地图	清光绪年《福州炮台大要全图》	工程图	北京大学图书馆	约绘制于 1884—1894 年
		1891 年 Map of Foochow	历史地图	福州城建档案馆	出自《福州文史资料选辑》第 3 辑
地理景观性格数据集	地形图	2009 年仓前地形图	地形图	福州市规划院	1∶500
		2005 年仓前地形图	地形图	福州市规划院	1∶500
		1981 年福州市中洲地形图	地形图	福州市规划院	1∶5 000
		1945 年《美国军用地图》	地形图	美国德克萨斯大学图书馆	1∶12 500
		1931 年闽侯县地形图	地形图	台湾内政部图书馆	1∶10 万，分辨率较低
	区划图	《福州市政区图》	行政区划图	福建省地图出版社	1∶60 万
		《福建省综合自然区划图》	自然区划图	福建省自然地图集	1∶250 万
	遥感影像	天地图 DOM 瓦片地图	卫星遥感影像	天地图 WMS 服务器	分辨率 10 m—30 m
		谷歌地球 2002—2009 卫星图	卫星遥感影像	谷歌地球	分辨率 10 m—30 m
	数字高程	DLR 10M DEM	DEM 数字高程	DLR	分辨率 10 m，覆盖闽江马尾段以东
		Aster SRTM 30M DEM	DEM 数字高程	中科院“地理空间数据云”	分辨率 30 m，全覆盖

附录 E　烟台山历史风貌区遗产信息登记表样张

编　号	C-3			现状照片
地　址	观井路 29 号弄 5 号			
原名称	同珍洋行、俄国茶行、基督教青年会、福建协和大学、福建美丰银行、协和制药部			
现名称	福州制药厂职工楼			
始建年代	1840—1899 年/不晚于 1891 年	建筑结构	砖木结构	
现状质量	基本完好	产权现状	单位产/福州制药厂	
原有功能	商业、宗教、教育、金融业、工业	现有功能	福州制药厂职工宿舍	
建筑类型	公共建筑	建筑风格	殖民地柱廊式，有中式装饰	
保护级别	一级/登记	建筑师	不详	
建筑面积	1 728 m^2	占地面积	596 m^2	
建筑高度	11.6 m	人口		
布局结构	平面呈正方形，边长 24 米，立面宽七间。二层及屋顶经过改造，屋顶采用了中式起翘飞檐翼角，同时仍有西式壁炉的烟囱突出。			

续 表

价值评估	周边环境/景观要素
【建筑价值】风貌区内少数保存完好的清代洋行建筑，结构结实坚固，风格未受明显破坏，是研究福州近现代城市发展的宝贵实物资料。该建筑屋顶翼角起翘，在近代洋行建筑中极为罕见。 【景观价值】烟台山的地标性建筑物之一，在清代以来的早期照片中往往成为被摄物，并与山麓的松树共同组成烟台山的典型风貌之一。所在地块为烟台山制高点，可俯瞰闽江全景。 【历史价值】系烟台山区域使用功能变化最多的建筑之一，前后有据可查的使用单位有7个，涉及商业、宗教、教育、金融、工业等多种行业，是研究福州近代开埠以来政治经济发展的重要实证。	【坐标】北纬26.048679° 东经119.309911° 【地形】位于烟台山东侧，南邻烟台山公园 位置 ■山顶 □山腰 □山脚 | □南麓 ■北麓 | 坡度 ■陡峭 □平缓 坡向 □东 □西 □南 ■北 【视野】补充描述 沿江80年代新建多层有遮挡作用 视野 ■开阔 □幽闭 □受限 | 闽江 □完全可见 ■部分可见 □不可见 大庙山 □完全可见 □部分可见 ■不可见 【植被】补充描述 传统照片中以松树为主的历史风貌已不可见 荫庇率 ■高 □中 □低 | 种类 ■乔 □灌 □草 | 主导 榕树×4 60↑ 【街区】补充描述 所处街区以西式建筑为主，大多数为公用事业和商业建筑 宽度 □宽 ■窄 宽度 1.5—2 m 高宽比 1.3 铺装 ■石阶 □土路 □水泥路 □柏油路 | 墙体 □夯土 ■红砖 □青砖 □面漆

后 记

掷笔屈指，在同济求学已历五载。回首来时路，既有初来乍到的茫然、坐而论道的收获，亦不乏跋山涉水的辛劳、千里单骑的孤独。如今学业即将完成，倍感欣慰之际，感激之情油然而生。

首先要感谢我的导师严国泰教授。五年来，先生言传身教、孜孜不倦，令我受益匪浅。他带我走上文化景观的研究道路，一步步引导我实现设定的目标；当论文写作遇到困难，他不厌其烦、指点迷津，帮助我调整思路；当书稿进展顺利，他谆谆教诲、语重心长，要求我戒骄戒躁。先生学术造诣精深、严于律己，对学生却十分宽容；我的研究和书稿得以顺利完成，与他营造的宽松、自由的学术环境是分不开的。先生永远是我学习的楷模。

感谢各位老师在本文写作阶段给予的大力协助。墨尔本大学景观系 Gini Lee 教授、Jane Lennon 博士提供了许多澳洲文化景观保护的案例和研究成果，这些资料为本文的比较研究部分奠定了坚实的基础。韩锋教授对书稿修改提出宝贵建议，并及时纠正了我在写作方向上的偏差，促使我进一步思考景观性格理论与世界遗产文化景观的对接关系。刘天华教授、周向频教授、刘颂教授对本书进行了审阅，提出了许多有益的建议，为本书的后续研究指引了方向。

感谢赵书彬、撒莹、张杨、金一、马蕊、曾婧、高一菲、庄璐、谢杨等同门给予的帮助；感谢 309 的同事林昱、谢伟民、袁婷婷、梁诗捷提供了工程实践方面的资料；感谢好友王建波博士、李文墨博士、杨晨博士带来了许多学科研究的新动向。你们的支持和陪伴使我的博士研究生学习阶段充满了欢乐。

感谢“福州老建筑群”、“福州老建筑百科”网站的小伙伴们。我从来没有想到我们可以走得这样远。我们共同证明了公众参与对于景观遗产保护的重要性，这是五年来我最值得骄傲的事。

最后要感谢我的家人。离家十年,父母一如既往地给予我支持,你们永远是我的坚强后盾。感谢我的女友程冰月,你的陪伴总能带给我温暖,让我拥有继续前行的动力。

谢谢你们。

林轶南